Handbücher für die praktische naturwissenschaftliche Arbeit · Band 1

Dr. Georg Stehli

Neubearbeitet von Dr. Dieter Krauter

Mikroskopie für Jedermann

Eine methodische erste Einführung
in die Mikroskopie
mit praktischen Übungen

Zugleich eine weiterführende Anleitung zum
Kosmos-Arbeitskasten „Mikroskopie“

Mit 119 Abbildungen im Text

Kosmos · Gesellschaft der Naturfreunde
Franckh'sche Verlagshandlung · Stuttgart

Umschlag von Edgar Dambacher. Umschlagfotos von Martin Deckart, Johannes Lieder und Dr. Rudolf Lindauer

21. Auflage / 114.—129. Tausend

Franckh'sche Verlagshandlung, W. Keller & Co., Stuttgart / 1971 / Printed in Germany / LH 14 Ste / ISBN 3-440-01376-6 / Gesamtherstellung: K. Triltsch, Graph. Betrieb, Würzburg

Mikroskopie für Jedermann

Vorwort zur 1. Auflage

Ungeheures verdankt die Welt dem Mikroskop. Wie einseitig und eng begrenzt wäre unser Wissen von der Natur, hätte nicht die Forschung der bahnbrechenden Naturwissenschaftler durch die mikroskopische Betrachtung in den letzten zweieinhalb Jahrhunderten Neuland erschlossen. Gewaltiges bedeuten — um nur ein besonders augenfälliges Beispiel daraus herauszugreifen — die Arbeiten eines Pasteur, eines Koch, Behring oder Ehrlich im Kampf um die Behauptung des Lebens gegen die Bakterien, denen frühere Zeiten hilflos ausgeliefert waren.

Wer mikroskopiert, lernt die Natur mit anderen Augen betrachten und den Sinn und Zusammenhang der großen Welt verstehen. Eine völlig neue Welt erschließt sich damit dem Naturfreund. Die Beobachtung der Lebensvorgänge selbst bei anscheinend recht einfach gebauten Pflanzen, die ungeahnten Einblicke in den Bau der Tiere, die bewegte Welt im Wassertropfen — solche Blicke in die Geheimnisse der Natur sind unvergeßlich, sie gehören zum wertvollsten, unersetzlichen Bildungsgut des modernen Menschen. Auch ist das Mikroskopieren zumindest ebenso fesselnd wie jede andere Liebhaberei unserer Zeit. Man hat dabei nicht nur augenblickliche und angenehme Entspannung, erhebende und anregende Beobachtungen, sondern schafft sich Erkenntnisse, die weit über das hinausgehen, was eine andere Beschäftigung vermitteln könnte.

Das Mikroskopieren als Liebhaberei setzt keine Kenntnisse oder Fertigkeiten voraus. Es kostet, wie der Lehrgang zeigen wird, wenig Geld, jedenfalls nicht mehr als jede andere Liebhaberei. Das sei besonders jenen Naturfreunden gesagt, die sich aus Furcht vor den angeblich damit verbundenen Schwierigkeiten und hohen Unkosten von dieser doch ebenso lehrreichen wie unterhaltsamen Beschäftigung abhalten lassen. Deshalb wendet sich das vorliegende Bändchen ja auch mit Absicht nur an solche Leser, die sich noch nicht mit Mikroskopie beschäftigt haben und sich durch eigene Arbeit, sei es im Selbstunterricht, in Kursen oder in Schülerübungen, mit dem Gebrauch des Mikroskops vertraut machen wollen. Um dieses Ziel zu erreichen, führt das Bändchen rein methodisch in das ganze zu behandelnde Gebiet der Mikroskopie ein, indem es nach Erläuterung von Bau und Handhabung des Mikroskops und seiner Hilfsapparate, vom Leichtesten ausgehend, den Anfänger ganz allmählich mit allen technischen Handhabungen vertraut macht, ihm nach den jeweils gewonnenen Erkenntnissen immer neue Arbeitsgebiete erschließt, so daß er nach gründlicher Durcharbeitung und nicht bloßem Lesen des Buches über den erforderlichen Schatz an Erfahrungen und Kenntnissen verfügt, die ihn befähigen, an selbst gestellte Aufgaben heranzugehen.

Jeder Naturfreund, der sich unserer Führung anvertraut, erlebt ohne umständliche Vorstudien schon vom ersten Augenblick an ungeschmälerte Schaufreuden am Mikroskop, und mit fortschreitender Übung lernt er bald die Befriedigung kennen, die ihm gründliche wissenschaftliche Arbeit gibt. Stellen sich dabei neue Schwierigkeiten ein, so gibt die in einem Schlußkapitel nach Stoffgebieten geordnete und zusammengestellte Fachliteratur, die jedoch durchweg die hier vermittelten Vorkenntnisse voraussetzt und ohne diese nicht verstanden werden kann, die erforderliche Anleitung zu ihrer Überwindung. Als Ergänzung empfiehlt sich für jeden Freund mikroskopischer Studien die dauernde Lektüre der Zeitschrift „Mikrokosmos“ *), die laufend über die Fortschritte der Mikroskopie unterrichtet, immer neue Anleitungen zu geeigneten Untersuchungen bringt, die Selbstanfertigung aller möglichen Behelfe erläutert, neue Arbeitsverfahren mitteilt, über die neu erscheinende Literatur unterrichtet und zudem ihren Lesern noch mancherlei Vorteile beim Bezug von Arbeitsbehelfen, Reagenzien, Farbstoffen und bei der Beschaffung von Präparaten und Untersuchungsmaterial gewährt. Gerade dieser Punkt ist für den Anfänger von besonderer Wichtigkeit, weil er auf diese Weise billig Studienstoff erhält, den er sich sonst nur schwer und mit großen Kosten verschaffen kann.

Das Bändchen, das nach langjährigen Erfahrungen niedergeschrieben wurde, bezweckt also nur eine erste Einführung in das gesamte Gebiet der Mikroskopie, es läßt daher alle für den Anfänger komplizierten Fragen der Dunkelfeldbeleuchtung, der Mikrophotographie, der Mikroprojektion usw. unberücksichtigt. Das Buch ist im engsten Zusammenhang mit dem Mikrorüstzeug „Kosmos“ entstanden, von dem es einen wesentlichen Bestandteil bildet.

Im Juli 1932

Georg Stehli

*) „Mikrokosmos“, Zeitschrift für angewandte Mikroskopie, Mikrobiologie, Mikrochemie und mikroskopische Technik. Jährlich 12 Hefte. Stuttgart, Franckh'sche Verlagshandlung.

Vorwort zum 114.—129. Tausend

Viele naturbegeisterte Menschen hat Georg Stehlis „Mikroskopie für Jedermann“ in das Reich des Kleinen und Kleinsten eingeführt. Die Gliederung dieses Werkes hat sich in Jahrzehnten tausendfach bewährt.

Seit der ersten Auflage der „Mikroskopie für Jedermann“ wurde die mikroskopische Untersuchungstechnik durch viele neue Verfahren bereichert. So erwies es sich als notwendig, die in dem Buch beschriebenen Methoden von Auflage zu Auflage dem jeweiligen Stand der Mikrotechnik anzupassen und neue Verfahren aufzunehmen. Nach Georg Stehlis Tod am 1. Oktober 1951 habe ich vom 47. Tausend an diese Aufgabe übernommen.

Der Liebhabermikroskopiker, der ja meist berufstätig ist, kann sich mit zeitraubenden Präparationsgängen nur selten abgeben. Deshalb wurde bei den neueren Auflagen besonderer Wert darauf gelegt, neben den alten bewährten Methoden auch moderne Schnellverfahren zu beschreiben.

Am Aufbau des Buches brauchte nur wenig geändert zu werden.

Dieter Krauter

A. Unser Handwerkszeug

I Das Mikroskop

Ein gutes Mikroskop ist die erste und wichtigste Voraussetzung für unsere Untersuchungen. Zwar wird schon die einfachste und billigste „Zauberröhre“ dem Liebhaber viele geheimnisvolle und neue Wunder enthüllen; aber jeder, der einmal über die einfachsten Anfänge hinaus ist, wird das Bedürfnis verspüren, noch tiefer in die oft rätselhaft erscheinenden Zusammenhänge einzudringen, eingehendere Beobachtungen anzustellen, stärkere Vergrößerungen anzuwenden — mit einem Wort: **n o c h** mehr zu sehen. Groß ist daher die Enttäuschung, wenn das Mikroskop plötzlich nicht mehr „mitmacht“, wenn die Grenze seiner Leistungsfähigkeit allzu rasch erreicht ist.

Ein brauchbares Mikroskop sollte so eingerichtet sein, daß es durch Zukauf weiterer Optik ausgebaut werden kann. Ein gutes mittleres Stativ ist nicht wesentlich teurer als die verbreiteten, in der Leistung aber meist enttäuschenden Klein- und Schülermikroskope. Es bietet den großen Vorteil, daß es nach und nach, ganz wie es dem Geldbeutel des Benützers paßt, zum vollwertigen Forschungsinstrument ergänzt werden kann. Für ein ausbaufähiges Stativ genügt am Anfang eine einfache und daher billige Optik: Ein 10faches und ein 63faches Objektiv und ein 5faches Okular werden zunächst

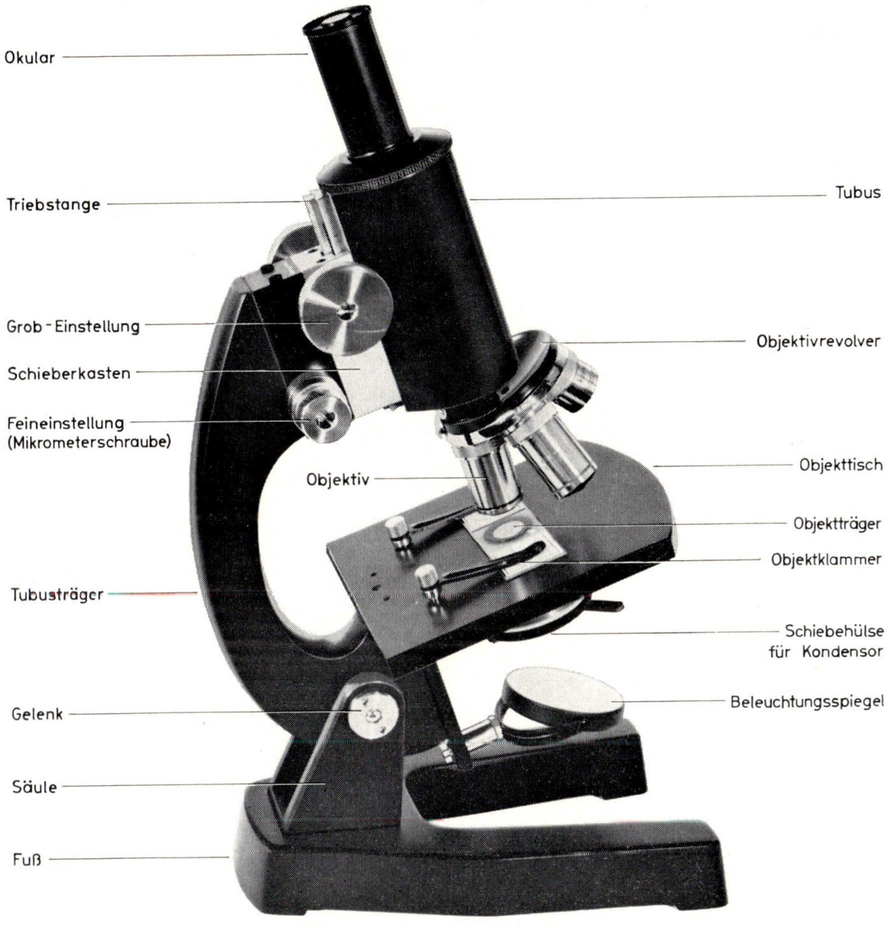

Abb. 1. Das Kosmos-Mikroskop Humboldt F, Kosmos-Foto, P. G. Deker

ausreichen. Empfehlenswert ist es, den sog. Kondensor schon gleich zu Anfang zu kaufen.

Ein voll ausbaufähiges, nicht übermäßig teures Instrument ist z. B. das Kosmos-Mikroskop Humboldt F (Abb. 1).

1. Wie ein Mikroskop gebaut ist. Das Kosmos-Mikroskop Humboldt F ruht auf einem schweren Hufeisenfuß, auf dem sich eine niedere massive Säule erhebt. An dieser Säule ist der obere Teil des Mikroskops mit einem einfachen, ziemlich stramm gehenden Gelenk befestigt. Dadurch kann die eigentliche „Zauberröhre", der Tubus, nach Belieben bis zu 90° gekippt werden; dies ermöglicht eine ungezwungene bequeme Kopfhaltung bei der Betrachtung des Präparats (Abb. 1). Dicht über dem Gelenk ist der geräumige viereckige Objekttisch angebracht, auf dem das zu untersuchende Präparat mit zwei starken Federn, den Objektklammern, unverrückbar festgeklemmt wird. Über dem Objekttisch erhebt sich ein starker, etwa bis zur Mitte des Tisches ausladender Träger, der den Tubus trägt und daher Tubusträger heißt. Am unteren Ende des Tubus ist das Objektiv angeschraubt; in der oberen Tubusöffnung sitzt das Okular.

Zur groben Einstellung des Objektivs auf das zu untersuchende Präparat dient die in eine Zahnstange (Triebstange) eingreifende und mit zwei seitlichen großen Triebknöpfen versehene Grobe Schraube; sie bewegt den Tubus schnell auf und ab. Die Feineinstellung wird mit Hilfe einer zweiten Einstellvorrichtung mit kleinen Triebknöpfen, der Mikrometerschraube, vorgenommen.

Mit der Mikrometerschraube können wir den Tubus um winzige, nach hundertstel Millimeter errechnete Beträge verschieben. Der Mechanismus dieser Schraube ist im Innern des Schieberkastens untergebracht.

2. Die optische Einrichtung des Mikroskops zeigt uns schematisch die Abb. 2. Wir sehen einen Längsschnitt durch die optische Achse eines zusammengesetzten Mikroskops, worunter man die durch die Mittelpunkte sämtlicher Linsen gelegte Linie x versteht. C ist ein dem zu untersuchenden Objekt zugekehrtes Linsensystem (Objektiv). Dieses Objektiv ist aus achromatischen (d. h. ein Bild ohne farbige Ränder liefernden) Linsen zusammengesetzt. Damit farblose Bilder erreicht werden können, ist jede Linse aus verschiedenen Glassorten zusammengestellt.

Unter dem Objektiv befindet sich der Objekttisch t, eine mit einer Mittelöffnung versehene Metallplatte, darauf das Präparat P, dargestellt durch den kleinen Pfeil. Das Objektiv C sitzt an einem innen geschwärzten Metallrohr, dem Tubus T, in dessen oberer Öffnung ein zweites Linsensystem A steckt. Es besteht aus zwei Linsen a und d, zwischen denen gewöhnlich eine Randblende liegt, und heißt Okular, weil es dem Auge (oculus) des Betrachters zugekehrt ist. Unter dem Objekttisch ist ein Beleuchtungsspiegel S angebracht, der das zur Objektbeleuchtung nötige Licht durch die Tischöffnung in das Präparat wirft; daraus folgt, daß das zu untersuchende Objekt durchscheinend sein muß. Wie Abb. 2 zeigt, durchsetzt die optische Achse x (= Tubusachse) alle Teile genau im Mittelpunkt; nur in diesem Fall — bei genauer Zentrierung — liefert das Mikroskop scharfe, unverzerrte Bilder.

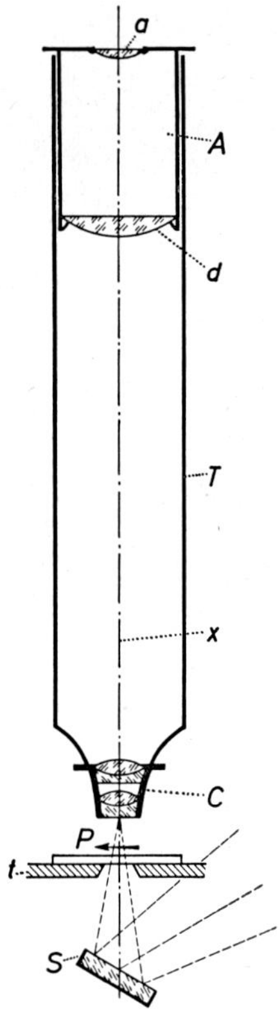

Abb. 2. Längsschnitt durch den optischen Teil eines Mikroskops. Erklärung im Text

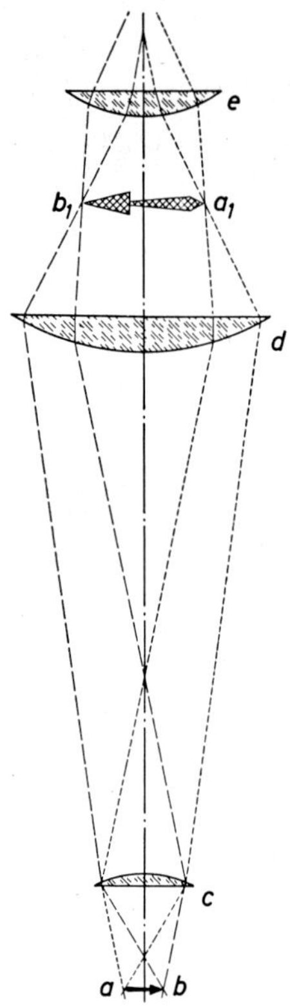

Abb. 3. Schematische Darstellung des Strahlengangs im Mikroskop. Erklärung im Text

3. Wie die Optik wirkt, zeigt Abb. 3. Das Objektiv c ist zur Vereinfachung diesmal nur durch eine einzige Linse dargestellt. Es entwirft ein sog. reelles, d. h. photographierbares Bild des Objekts, was durch die vom Objekt a—b ausgehenden gestrichelten Linien angedeutet wird. Durch die Linse d des Okulars werden diese Strahlen gebrochen und in der Blendenebene hinter d zu dem vergrößerten, aber seitenverkehrten Bilde b1—a1 vereinigt. Dieses vergrößerte Bild wird durch die Augenlinse e des Okulars wie durch eine einfache Lupe betrachtet; der Beobachter erblickt also ein nochmals, wenn auch nur schwach vergrößertes, scheinbares Bild des Objekts. Da das gewöhnliche Huygenssche Okular das seitenverkehrte Bild nicht umkehren kann, erscheint das Bild im Mikroskop verkehrt. Daraus folgt, daß wir das Präparat nach rechts schieben müssen, wenn wir eine am rechten Bildrand liegende Stelle in die Mitte des Gesichtsfelds bringen wollen, oder nach unten, wenn eine unten liegende Stelle nach oben verschoben werden soll usw.

Wie jedes gute Mikroskop kann das Kosmos-Mikroskop Humboldt mit mehreren Objektiven z. B. 10 x und 63 x) und mit mehreren Okularen (z. B. 5 x und 12 x) ausgerüstet werden. Die Objektive sind auf eine ganz bestimmte, beim „Humboldt“ 170 mm betragende Tubuslänge „korrigiert“ [1]). Objektive und Okulare können in weiten Grenzen beliebig miteinander kombiniert werden.

Auf diese Weise erhalten wir verschiedene Vergrößerungen, über die eine mitgelieferte Vergrößerungstabelle Aufschluß gibt. Wir können so die Optik bis zu den höchsten überhaupt erreichbaren Leistungen steigern. Dabei ist zu beachten, daß sich die Gesamtvergrößerung eines Mikroskops aus der Eigenvergrößerung von Okular und Objektiv zusammensetzt, und zwar ist sie gleich dem Produkt aus beiden Größen. Ein 30faches Objektiv ergibt also mit einem 6fachen Okular eine Gesamtvergrößerung von 180. Das Vergrößerungsvermögen der Objektive und Okulare hängt von ihrer Brennweite ab, und zwar vergrößert ein System um so stärker, je kleiner seine Brennweite ist [2]).

Bei dieser Gelegenheit mag erwähnt werden, daß die weitverbreitete Ansicht, die Stärke der Vergrößerung bestimme den Wert eines Mikroskops, in dieser Form ganz irrig ist. Viel wichtiger als die reine Vergrößerungsangabe ist die sog. A u f l ö s u n g. Wir verstehen unter dem Auflösungsvermögen eines optischen Systems den kleinsten Abstand zwischen zwei Punkten oder Strichen, bei dem diese gerade noch getrennt wahrnehmbar sind. Die mit einem guten Mikroskop bei günstigen Beleuchtungsverhältnissen erreichbare Auflösung liegt bei 0,2 μ (1 μ = 1 Mikron = $^1/_{1000}$ mm). Kleinste Bakterien, die ein wenig größer sind als 0,3 μ, können wir daher mit Hilfe eines besonderen Objektivs, der sog. Ölimmersion, noch erkennen — Viren dagegen, die bedeutend kleiner sind, nicht mehr.

Das Auflösungsvermögen unseres Auges ist sehr viel geringer als das eines brauchbaren Mikroskops — d e s h a l b können wir mit dem Mikroskop m e h r sehen als mit unbewaffnetem Auge. Verantwortlich für das Auflösungsvermögen ist hauptsächlich das Objektiv, wogegen das Okular nicht wesentlich zur Erhöhung der Auflösung beiträgt. Die Objektive sind daher der wichtigste (und empfindlichste) Teil des Mikroskops und müssen ganz besonders schonend behandelt werden.

Viele Anfänger machen den Fehler, durch Verwendung besonders starker Okulare ungeheure Vergrößerungen erreichen zu wollen. Es ist natürlich ohne weiteres möglich, beispielsweise ein 100faches Objektiv mit einem 25fachen Okular zu kombinieren und so auf eine 2500fache Gesamtvergrößerung zu kommen. Die Auflösung wird aber durch die starke Okularvergrößerung keineswegs weiter gesteigert, so daß man auch nicht mehr sieht als etwa mit einem 12fachen Okular. Dazu kommt aber noch etwas anderes: Bei einer so starken, mit Hilfe des Okulars erzielten Vergrößerung wird das Bild sehr lichtschwach, die Strukturen erscheinen nicht mehr klar und scharf gezeichnet und es besteht die Gefahr optischer Täuschungen. Es gibt nun ein einfaches Mittel, um festzustellen, mit welchen Okularen man bei einem bestimmten Objektiv zweckmäßig arbeiten kann:

Bei jedem Objektiv ist die numerische Apertur angegeben — sei es auf dem Objektiv selbst, sei es auf einer von der Herstellerfirma mitgelieferten Liste. Wir merken uns nun als Faustregel: Die Gesamtvergrößerung sollte nie das 1000fache der numerischen Apertur des verwendeten Objektivs überschreiten. Bei einem 100fachen Objektiv mit der numerischen Apertur 1,30 (sog. Ölimmersion) können wir also höchstens ein 13faches Okular verwenden. Jedes stärkere Okular würde zur „l e e r e n V e r g r ö ß e r u n g“ führen, die nur bei ganz bestimmten Zwecken, etwa zum Ausmessen kleinster Körperchen, verwendet werden kann. Aber auch nach unten gibt es eine Grenze. Die Gesamtvergrößerung soll nach Möglichkeit das 500fache der numerischen Apertur des Objektivs nicht unterschreiten, da sonst das Auflösungsvermögen des Objektivs nicht voll ausgenützt wird. Den Vergrößerungsbereich zwischen dem 500-fachen und dem 1000fachen der numerischen Apertur bezeichnet man daher als „f ö r d e r l i c h e V e r g r ö ß e r u n g“.

[1]) An dieser sogenannten m e c h a n i s c h e n Tubuslänge darf nichts geändert werden, auch nicht, wenn nachträglich ein O b j e k t i v r e v o l v e r (s. S. 19 und Abb. 4) unten an den Tubus angeschraubt wird. Man hilft sich hier in der Weise, daß man die Tubuslänge durch Entfernung eines Z w i s c h e n r i n g e s, der genau der Höhe des Revolvers entspricht, korrigiert.

[2]) Beim Humboldt-Mikroskop besitzen Objektive, Tubus und Objektivrevolver das international genormte Gewinde. Es können also auch Objektive anderer Herkunft verwendet und umgekehrt Kosmosobjektive an anderen Mikroskopen angebracht werden.

D i e m i t d e m M i k r o s k o p H u m b o l d t F e r r e i c h b a r e n V e r g r ö ß e r u n g e n :

Objektive **Okulare**

Okulare						
Bezeichnung	5x	6x	8x	10x	12x	15x
Brennweite, mm	50	40	30	25	20	17
Eigenvergrößerung	5	6	8	10	12	15

Bezeichnung	Brennweite mm	Numer. Apertur	Eigenvergrößerung	Vergrößerung m. d. Okularen 5x	6x	8x	10x	12x	15x
3,5 : 1	34,1	0,10	3,5	17,5	21	28	35	42	52,5
5 : 1	27,4	0,11	5	25	30	40	50	60	75
6 : 1 „Virator"	—	—	6	30	36	48	60	72	90
12 : 1 „Virator"	—	—	12	60	72	96	120	144	180
14 : 1 „Virator"	—	—	14	70	84	112	140	168	210
16 : 1 „Virator"	—	—	16	80	128	128	160	192	240
10 : 1	16,16	0,25	10	50	60	80	100	120	150
20 : 1	8,95	0,40	20	100	120	160	200	240	300
30 : 1	6,17	0,55	30	150	180	240	300	360	450
40 : 1	4,56	0,65	40	200	240	360	400	480	600
63 : 1	3,04	0,85	63	315	378	504	630	756	945
Immersion 100 : 1 Öl	1,916	1,25	100	500	600	800	1000	1200	1500

II Präparier- und Hilfsgeräte

Außer dem Mikroskop braucht jeder Mikroskopiker ein kleines Arsenal von Präparier-Instrumenten, Glasgeräten und anderen Hilfsmitteln. Es ist schwer, hierfür dem Anfänger allgemeine Richtlinien zu geben, weil die nötigen Geräte für die verschiedenen Zweige der Mikroskopie recht verschieden sind. Als Grundstock einer solchen Ausrüstung führen wir im folgenden einige Geräte an, mit denen wir für den allerersten Anfang ausreichen. Die meisten Präpariergeräte und Chemikalien können von Kosmos-Lehrmittel bezogen werden. Den Rest erhalten wir im Laborbedarfsgeschäft, in der Apotheke oder Drogerie.

O b j e k t t r ä g e r, blasen- und schlierenfreie Traggläser im Format 26 × 76 mm, auf die die zu untersuchenden Objekte gelegt werden.

D e c k g l ä s e r, äußerst dünne, kreisrunde oder viereckige Glasplättchen zum Bedecken der Objekte.

U h r g l ä s e r und G l a s k l ö t z e (sog. Salznäpfchen) zur Aufbewahrung kleiner Materialmengen während der Präparation. Man sollte fünf Uhrgläser von etwa 5 cm Durchmesser besitzen.

Größere Materialvorräte, z. B. Stengelstücke, Blätter, tierische Organe u. dgl. bewahrt man zweckmäßig in P r ä p a r a t e g l ä s e r n auf, die mit passendem Kork billig bei der Abt. Kosmos-Lehrmittel erhältlich sind. Alte Arzneigläser, kleine Einmachgläser usw. erfüllen dieselben Dienste (überhaupt können wir an Glassachen nie zu viel haben, wie wir bald merken werden).

Einen dünnen, etwa 20 cm langen G l a s s t a b mit halbkugeligen Enden zum tropfenweisen Übertragen von Flüssigkeiten auf den Objektträger.

Eine P i n z e t t e aus gutem Stahl zum Fassen der Deckgläschen und anderer Objekte, die man

Abb. 4. Kosmos-Arbeitskasten Mikroskopie, Kosmos-Foto, P. G. Deker

mit bloßen Fingern schlecht greifen und halten kann.

Einen Nadelhalter mit verschiedenen Präpariernadeln zum Zerzupfen des Untersuchungsmaterials. In solchen Haltern lassen sich auch gewöhnliche Nähnadeln gut verwenden. Man kann die Nadeln auch leicht in ein festes Heft einsetzen. So können wir uns gute Präpariernadeln selbst herstellen.

Zwei feine Haarpinsel, die beim Übertragen von Beobachtungsmaterial auf den Objektträger gute Dienste leisten.

Eine Pipette, eine fein ausgezogene Glasröhre, mit der man geringe Flüssigkeitsmengen samt den darin enthaltenen Organismen ansaugen kann, um sie zur Untersuchung zu isolieren. Solche Pipetten können wir leicht selbst herstellen: Eine größere Glasröhre wird in den oberen Teil der Flamme einer Spirituslampe oder eines Gasbrenners gehalten und unter ständigem Drehen bis zur Rotglut erhitzt. Dann wird die Röhre nach beiden

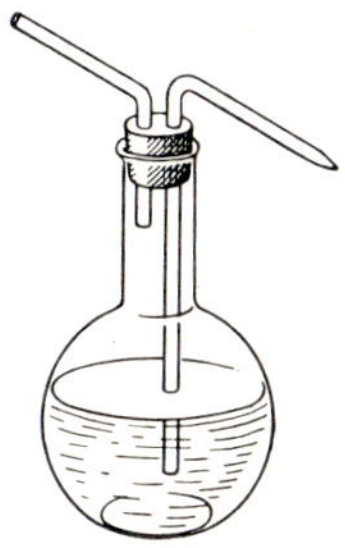

Abb. 5. Spritzflasche

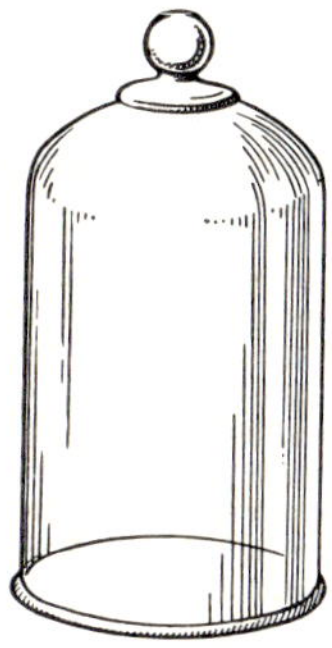

Abb. 6. Glasglocke

Seiten rasch auseinandergezogen und an der verdünnten Spitze abgebrochen oder mit einer Glasfeile durchgefeilt. Wir erhalten auf diese Weise zwei Pipetten, auf die wir zur bequemeren Handhabung eine Gummikappe setzen, falls wir nicht beim Ansaugen jedesmal mit dem Daumen die Röhre verschließen wollen.

Von vornherein verschaffen wir uns eine kleine Spritzflasche (Abb. 5), eine Spirituslampe[3]) mit Dreifuß und Drahtnetz (Abb. 7) und einige Glasglocken (wozu auch entsprechende Einmachgläser ausreichen). Die Glasglocken brauchen wir, um offene Präparate und Instrumente vor dem Verstauben zu schützen. Diese Geräte können wir uns selbst herstellen:

[3]) Am besten ist natürlich ein Bunsenbrenner für Gas, aber nicht jeder Haushalt hat einen Gasanschluß. Es gibt auch Bunsenbrenner für Propangas; als Behelf können wir auch Campingbrenner mit Propangaspatronen verwenden. Gut, aber teuer sind Elektrobrenner.

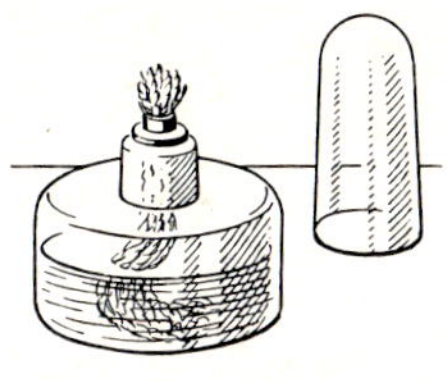

Abb. 7. Spirituslampe

Abb. 8. Aus dickem Eisendraht angefertigter Dreifuß

Aus einer kleinen Tintenflasche, in deren Hals wir einen passenden Blechring als Dochthalter setzen, ist in wenigen Augenblicken eine Spirituslampe erstellt. Aus dickem Eisendraht entsteht ein Dreifuß. Die Spritzflasche macht etwas mehr Mühe, aber aus einer kleinen Kochflasche, im Notfall sogar aus einer Medizinflasche mit weitem Hals, einem zweimal durchbohrten Kork und zwei nach dem Muster von Abb. 5 in der Flamme gebogenen Glasröhren läßt sich auch diese Aufgabe lösen. Blasen wir in das eine Rohr, so spritzt aus dem in eine feine Spitze gezogenen anderen Rohr ein dünner Wasserstrahl hervor. Brauchen wir mehr Wasser, so benützen wir das erste Rohr als Ausguß.

Von den eigentlichen Präpariergeräten, die in einem mit Watte ausgelegten Zigarrenkistchen untergebracht werden können, sind fast unentbehrlich:

Ein Skalpell, ein spitzes Messerchen aus gutem Stahl, das fest in einem Heft sitzt. Es dient zum Zurechtschneiden kleinerer und zum Zerlegen größerer Objekte.

Eine Lanzettnadel, deren Spitze die Form einer winzigen Lanzenspitze hat. Sie ist ein vorzügliches Schneideinstrument für den Zoologen, da die beiden Kanten scharf geschliffen sind. Der Botaniker braucht sie beim Übertragen größerer Schnitte aus Flüssigkeiten auf die Objektträger.

Außer diesen Geräten braucht jeder Mikroskopiker ein scharfes Taschenmesser, eine kräftige Schere und eine kleinere Schere mit geraden Schnäbeln. Empfehlenswert ist es, sich von vornherein ein komplettes Mikroskopierbesteck zu

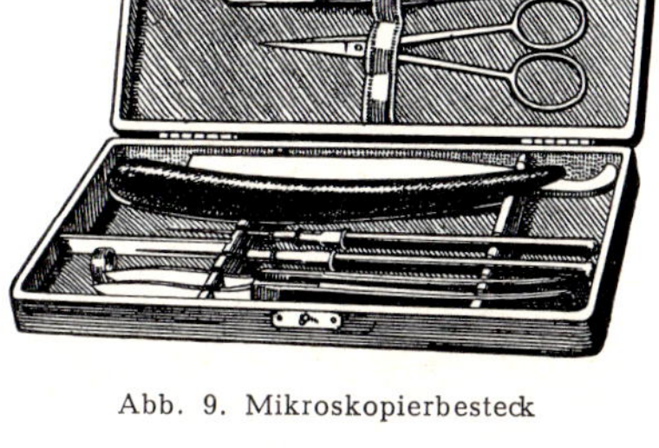

Abb. 9. Mikroskopierbesteck

kaufen, das alle Präpariergeräte in geeigneter Zusammenstellung enthält (Abb. 9).

An *Chemikalien* enthält unser Grundstock: Glyceringelatine und Caedax als Einschlußmittel, Methylbenzoat, Glycerin, Eau de Javelle zum Aufhellen der Präparate. Da das letztere ebenso wie Jodtinktur, die zum Stärkenachweis dient, Metalle angreift, ist große Vorsicht geboten (Mikroskop!).

Farblösungen in jeweils gebrauchsfertiger Lösung: Alkoholisches Boraxkarmin nach Grenacher, Hämatoxylin nach Delafield, Eosin, Safranin, saures Hämalaun nach Mayer.

Alkohol. Der unvergällte Äthylalkohol ist hoch besteuert. Wir können ihn — außer zu Fixierungszwecken — entbehren. Für die gewöhnlichen Untersuchungen reicht Brennspiritus aus, der etwa 95%ig ist. Für feinere Untersuchungen, zum Ansetzen von Farblösungen, zum Aufbewahren von Pflanzen und Tieren und zur restlosen Entwässerung der Objekte bei der Herstellung von Dauerpräparaten verwenden wir *Isopropylalkohol.* Isopropylalkohol ist im Handel sogar 100%ig, also völlig wasserfrei, erhältlich. Er ist — weil man ihn nicht trinken kann — sehr viel billiger als unvergällter Äthylalkohol.

Alkohol niedrigerer Konzentration stellen wir uns aus 95%igem Alkohol durch Verdünnen mit destilliertem Wasser her. Wir können dabei nach dem folgenden einfachen Rezept verfahren (der kleine Fehler, der bei diesem Verfahren entsteht, spielt für unsere Zwecke keine Rolle):

Wir füllen von dem 95%igen Alkohol so viele Kubikzentimeter in einen graduierten Meßzylinder, wie die gewünschte Konzentration betragen soll (z. B. nehmen wir 50 cm^3 des 95%igen Alkohols, um 50%igen Alkohol herzustellen). Mit destilliertem Wasser füllen wir dann auf 95 cm^3 auf. Wollen wir aus 70%igem Alkohol 50%igen herstellen, so nehmen wir 50 cm^3 70%igen Alkohol und füllen mit dest. Wasser auf 70 cm^3 auf.

Zweckmäßig halten wir uns 35-, 70-, 80-, 90- und 95%igen Alkohol vorrätig (sog. Stufenalkohol zum Entwässern). Für den 100%igen Alkohol, den wir auch noch brauchen, verwenden wir wasserfreien Isopropylalkohol. Zum Aufbewahren der Alkoholstufen eignen sich 50 g oder 100 g fassende Fläschchen, die mit dicht sitzenden Korken zu verschließen sind. Die Flüssigkeit darf den Korken nicht berühren. Nie darf Alkohol längere Zeit offen stehen: Er ist feuergefährlich, verdunstet sehr rasch und höherprozentiger Alkohol hat außerdem die unangenehme Eigenschaft, aus der Luft Wasser anzuziehen; er wird dadurch in unerwünschter Weise verdünnt.

Alle Reagenzien müssen mit Etiketten versehen sein. Glasflaschen stellen wir, damit sie nicht umfallen können, in eine Zigarrenkiste ohne Deckel.

Weiter gehören auf den Arbeitstisch zwei Gefäße mit frischem Wasser zum Reinigen der Präpariergeräte — ein schmutziger Glasstab oder eine unreine Präpariernadel können fremde Bestandteile in ein Präparat bringen und u. U. alles verderben.

Eine Schachtel *Etiketten* zum Signieren der Dauerpräparate.

Holundermark und *Kork,* mit deren Hilfe kleine Objekte beim Schneiden gefaßt werden.

Einige Bogen Filtrierpapier vervollständigen die erste Ausrüstung, die der Anfänger zu seinen Arbeiten braucht.

Wer sachgemäß arbeiten will, führt ein *Tagebuch.* Die Tagebuchaufzeichnungen beginnen schon beim Sammeln des Materials und werden durch alle Stadien der Präparation hindurch fortgesetzt. Günstig ist es, wenn wir für jedes Objekt eine besondere Seite einrichten. Hier vermerken wir tabellarisch außer der genauen Bezeichnung des Präparats, die am Schluß im Register des Tagebuchs wiederholt wird, alle Angaben über Fundort und Herkunft des Materials, Konservierung und Präparation sowie die Nummer der Mappe, in der das Präparat später aufbewahrt wird.

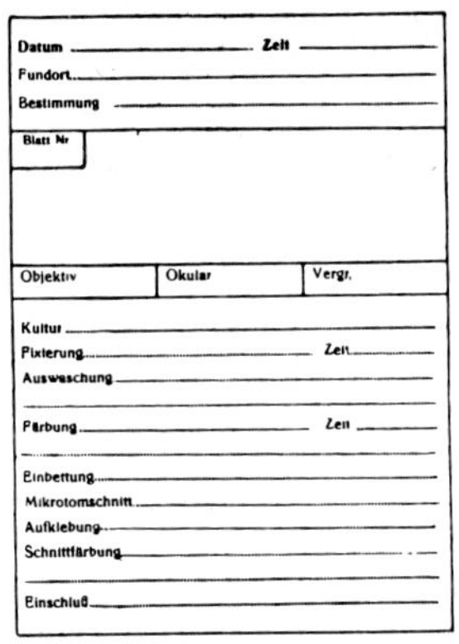
Datum ____ Zeit ____
Fundort ____
Bestimmung ____
Blatt Nr
Objektiv | Okular | Vergr.
Kultur ____
Fixierung ____ Zeit ____
Auswaschung ____
Färbung ____ Zeit ____
Einbettung ____
Mikrotomschnitt ____
Aufklebung ____
Schnittfärbung ____
Einschluß ____

Abb. 10. Stark verkleinerte Wiedergabe der von der Kosmos-Lehrmittelabteilung herausgegebenen Merk- und Zeichenkarte. Wirkliche Größe 10,8 × 19,4 cm

Als solches Tagebuch können wir ein festgebundenes Buch oder Heft aus gutem Schreibpapier verwenden. Wer lose Blätter vorzieht, benützt zweckmäßig die von der Abt. Kosmos-Lehrmittel herausgegebenen „Merk- und Zeichenkarten“, die in Schnellheftern aufbewahrt werden.

4. *Reinigen der Deckgläser und Objektträger.* Deckgläser und Objektträger müssen vor Gebrauch peinlichst gesäubert werden. Besonders das Reinigen der Deckgläser erfordert einige Übung, wenn wir sie nicht gleich dutzendweise zerbrechen wollen. Sehr erleichtert wird diese Arbeit, wenn wir eine Anzahl Deckgläser und Objektträger in Glasdosen mit Brennspiritus vorrätig halten. Brauchen wir ein Deckglas, so holen wir es mit der Pinzette aus der Dose heraus, fassen es mit einem feinen, oft gewaschenen Leinenläppchen zwischen Daumen und Zeigefinger und reiben vorsichtig mit nur ganz geringem Druck. Ist das Deckglas ganz blank, so fassen wir es mit Daumen und Zeigefinger der anderen Hand an den Kanten und legen es auf das Präparat auf. Niemals dürfen wir mit den Fingern die Flächen des Deckglases berühren, da sonst fettige Abdrücke darauf kommen, die bei der nachfolgenden Untersuchung empfindlich stören.

Auf die gleiche Weise reinigen wir auch die Objektträger; nur ist bei diesen starken Gläsern weniger Vorsicht nötig. Auch die gereinigten Objektträger werden nur noch an den Kanten angefaßt.

Reinlichkeit ist überhaupt das A und O bei jeder mikroskopischen Arbeit!

5. O b j e k t i v e und O k u l a r e sind ganz besonders vorsichtig zu behandeln. Hier heißt es erst recht „Finger weg von den Linsen!" Sie müssen vor Staub bewahrt und dürfen nicht gedrückt oder verkratzt werden. Zum Reinigen nehmen wir am besten reines, verwaschenes Leinen, das erforderlichenfalls mit ganz wenig Benzin angefeuchtet wird. Zurückbleibende Leinenfäserchen putzen wir mit einem sauberen Haarpinsel ab.

Die Linsensysteme sollen nach Möglichkeit nicht auseinandergeschraubt werden. Bei den Okularen kann in Ausnahmefällen zum Reinigen die obere Linse abgeschraubt werden — Objektive aber dürfen nur vom geschulten Optiker oder von der Herstellerfirma auseinandergenommen werden!

Bei Anwendung von Chemikalien achten wir sorgfältig darauf, daß nicht die geringsten Spuren an die Objektivlinsen kommen. Sollte versehentlich doch einmal die Frontlinse eines Objektivs verunreinigt werden, so waschen wir sofort mit weichem Tuche ab, das nach Glyceringelatine mit Wasser, nach Caedax mit wenig Benzin angefeuchtet wird. Recht große Deckgläser schützen am besten vor solchen Unannehmlichkeiten.

6. B e h a n d l u n g der beim M i k r o s k o p i e r e n gebrauchten G e r ä t e. Metallgegenstände (Messer, Scheren, Nadeln usw.) dürfen nie naß liegen bleiben, sondern müssen auch während der Arbeit, also z. B. unmittelbar nach einem Schnitt, gründlich mit einem Stück weichen Leinenzeug abgetrocknet und mit einem Lederlappen geputzt werden. Wird die Arbeit für längere Zeit (Wochen oder Monate) unterbrochen, so werden die Metallgeräte mit Vaseline dünn eingefettet.

Das Mikroskop wird nach Abschluß jeder Arbeit darauf geprüft, ob es vollständig in Ordnung ist.

B. Wie wir das Mikroskop gebrauchen

7. D e r A r b e i t s t i s c h d e s M i k r o s k o p i k e r s. Der Arbeitstisch sollte so groß wie nur irgend möglich sein; wir brauchen die Tischfläche ja nicht nur zum Aufstellen des Mikroskops, sondern auch zum Präparieren, Färben, Zeichnen und vielen sonstigen Arbeiten, die eine Anzahl von Hilfsgeräten erfordern. Alle Utensilien, die für die jeweils vorzunehmenden Untersuchungen nötig sind, sollen auf dem Tisch Platz finden. Man hüte sich aber vor einem Zuviel an Geräten: Reagenzgläser, Färbeküvetten, Präparatemappen, Flaschen, Bücher u. a., die für die laufende Arbeit entbehrlich sind, stellen wir in ein Regal oder einen Schrank, damit stets genügend Platz für bequemes, ungehindertes Arbeiten bleibt.

Als Sitz wählen wir nach Möglichkeit einen verstellbaren Hocker.

Der Arbeitstisch muß — wenn wir mit Tageslicht arbeiten wollen — am Fenster stehen. Gardinen am Fenster werden entfernt, da sie beim Mikroskopieren stören und unglaublich viel Licht schlucken.

8. D a s M i k r o s k o p w i r d a u f g e b a u t. Wir nehmen das Mikroskop aus dem Kasten, wobei wir es — wie bei jedem Transport — am Tubusträger fassen. Nun schrauben wir am unteren Tubusende das schwächste Objektiv ein. Durch vorsichtiges Heben und Senken des Tubus wird das Objektiv so gestellt, daß seine Frontlinse (die äußere, sichtbare Linse des Objektivs) etwa einen halben Zentimeter über dem Objekttisch steht. Dabei sehen wir v o n d e r S e i t e auf das Objektiv und achten darauf, daß es nirgends anstoßen kann: Schon der feinste Kratzer macht das Objektiv wertlos!

B e v o r das Okular eingesetzt wird, schauen wir in den Tubus und versuchen, durch Drehen und seitliches Schwenken des Mikroskopspiegels die hintere Linse des Objektivs so auszuleuchten, daß das „Lichtfeld" an allen Stellen gleichmäßig hell ist. Nun erst wird ein schwaches Okular eingesetzt, durch das wir ein rundes und — wenn die Beleuchtung richtig eingestellt ist — ganz gleichmäßig erhelltes „Gesichtsfeld" wahrnehmen.

Der Mikroskopspiegel besteht auf einer Seite aus einem gewöhnlichen ebenen Planspiegel, auf der anderen Seite aber aus einem Hohlspiegel. Die Frage „Wann benütze ich den Planspiegel und wann ist die Anwendung des Hohlspiegels geboten?“ wird oft gestellt und selten richtig beantwortet. Tatsächlich läßt sich eine allgemein-gültige Antwort nur schwer geben. Der Hohlspiegel liefert ein helleres Gesichtsfeld, bei Verwendung des Planspiegels erscheinen die Strukturen des Objektes aber meist schärfer. Ist das Mikroskop nicht mit einem besonderen Beleuchtungsapparat, dem sog. Kondensor, ausgestattet, so braucht man bei stärkeren Vergrößerungen (über 100fach) meist den Hohlspiegel, da mit dem Planspiegel das Bild zu lichtschwach wird. Steht dagegen ein Kondensor zur Verfügung, so arbeitet man ausschließlich mit dem Planspiegel.

Beim Arbeiten mit starken und stärksten Vergrößerungen ist der Kondensor unentbehrlich, nur mit Hilfe des Kondensors wird das Bild auch für feinere Untersuchungen lichtstark genug. Der Kondensor wird in einer Steckhülse zwischen Spiegel und Objekttisch befestigt und kann — ganz wie es das verwendete Objektiv erfordert — höher oder tiefer gestellt werden (s. unten unter **10**).

Der Kondensor ist mit einer Irisblende versehen, und oft auch mit einem Haltering für eine Filterscheibe. Bei ganz schwachen Objektiven wird der Kondensor entfernt — je nach Konstruktion des Mikroskops durch Herausziehen aus der Steckhülse oder durch seitliches Herausklappen.

9. Das Präparat wird eingestellt. Beim Kauf eines Mikroskops erhält man gewöhnlich ein fertiges Dauerpräparat mitgeliefert, das meist Kieselalgen oder Schmetterlingsschuppen enthält. Steht ein solches Präparat nicht zur Verfügung, so fertigen wir nach der in Kapitel C gegebenen Anleitung ein einfaches Frischpräparat an.

Das Präparat legen wir — Deckglas nach oben — so auf den Objekttisch, daß der zu beobachtende Teil genau über die runde Tischöffnung zu liegen kommt. Nun sehen wir von der Seite her auf das Objektiv (ja nicht durch das Okular!) und schrauben mit der groben Einstellschraube ganz vorsichtig den Tubus herab, bis die Frontlinse des Objektivs nur mehr wenige Millimeter über dem Deckglas steht. Jetzt erst blicken wir durch das Okular und drehen langsam den Tubus wieder hoch. Wenn wir richtig beleuchtet haben, das Präparat richtig aufgelegt ist und wenn wir das Gesichtsfeld scharf beobachten, so wird in einer bestimmten Höhe plötzlich ein unscharfes Bild des Objektes im Gesichtsfeld auftauchen. Wird der Tubus weiter gehoben, so verschwindet das Bild, wird er vorsichtig um den entsprechenden Betrag wieder gesenkt, so erscheint auch das Bild wieder. Wir sehen also: Nur bei einem ganz bestimmten Abstand zwischen Objektiv und Präparat erhalten wir ein Bild des zu untersuchenden Gegenstandes. Dieser Abstand ist übrigens um so geringer, je stärker das Objektiv ist. Mit starken Objektiven müssen wir deshalb ganz besonders vorsichtig arbeiten, damit nicht die kostbare Frontlinse versehentlich auf den Objektträger aufgeschlagen wird.

Dem Anfänger wird es zuweilen passieren, daß er trotz angestrengtem Bemühen kein Bild ins Gesichtsfeld hereinbekommt. Woran mag das wohl liegen? Einmal ist es denkbar, daß das Untersuchungsobjekt nicht genau unter dem Objektiv liegt; man muß dann das Präparat eben entsprechend verschieben. Zum anderen aber kommt es vor, daß man beim Heben des Tubus über die Ebene, in der allein das Bild erscheinen kann, „hinausgerutscht“ ist; in diesem Fall muß man mit dem Einstellen nochmals von vorn beginnen.

Wir merken uns als wichtigste Grundregel beim Einstellen des Präparats: Der Tubus wird gehoben, bis das Bild erscheint. Verfährt man umgekehrt, senkt also den Tubus, so gerät man in eine doppelte Gefahr: Gar zu leicht berührt man mit dem Objektiv das Deckglas und zertrümmert das Präparat — wird dabei das Objektiv nicht ganz zerstört, so doch zumindest so verkratzt, daß man kein scharfes Bild mehr erhält.

Die „grobe Einstellung“ ist beendet, sowie das Bild im Gesichtsfeld erscheint. Zur nun folgenden „Feineinstellung“ verwenden wir die kleine Einstellschraube oder Mikrometerschraube. Durch Vor- und Rückwärtsdrehen der Mikrometerschraube versuchen wir, ein scharf umrissenes Bild des Objekts zu erhalten. Die Mikrometerschraube hebt bzw. senkt den Tubus bei einer Umdrehung nur um einen ganz geringen Betrag. Wir brauchen daher bei ihrer Verwendung nicht so übermäßig vorsichtig zu sein wie bei der groben Einstellschraube.

10. Wie erreicht man die beste Beleuchtung? Bei unseren späteren Arbeiten werden wir das Mikroskop oft nur zu kurzen, oberflächlichen Untersuchungen brauchen, die lediglich einer ersten Orientierung dienen, so z. B. zur Kontrolle eines Färbevorgangs, zur raschen Durchmusterung einer Planktonprobe, zur Auswahl eines besonders dünnen Schnittes. In solchen Fällen braucht uns die Beleuchtung nicht viel Kopfzerbrechen zu machen: Durch entsprechende Einstellung des Spiegels sucht man ein möglichst gleichmäßig erhelltes Gesichtsfeld zu erzielen; der Kondensor wird bei schwachen Objektiven tiefer gestellt, bei starken Objektiven aber fast bis an seinen oberen Anschlag hochgehoben. Die Helligkeit wird durch Verstellen der Irisblende am Kondensor oder — wenn kein Kondensor vorhanden ist — durch Verstellen der Tischblende reguliert. Als Lichtquelle genügt für derartige orientierende Untersuchungen das Tageslicht.

Viel größere Aufmerksamkeit müssen wir der richtigen Beleuchtung zuwenden, wenn die Objekte sorgfältig betrachtet und feinste Einzelheiten erkannt werden sollen. Das Auflösungs v e r m ö g e n eines Objektivs sagt ja noch nichts über die tatsächlich damit erzielte Auflösung aus: Ob das Auflösungsvermögen voll ausgenützt wird, hängt weitgehend von der Beleuchtung ab.

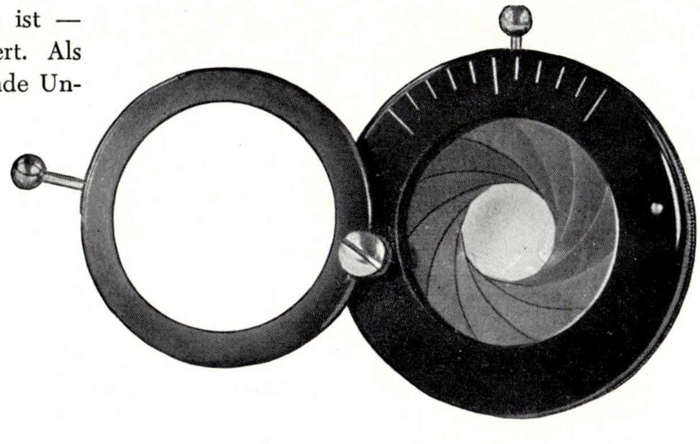

Abb. 12. Der Kondensor von Abb. 11 von der Unterseite gesehen. Die Irisblende ist halb geöffnet; sie wird durch den oberen sichtbaren Hebelknopf erweitert oder verengt. Der herausgeschwenkte Haltering dient zur Aufnahme einer Mattglasscheibe zur Dämpfung grellen Lichtes und einer Blauglasscheibe zur Angleichung künstlichen Lichtes an Tageslicht; er trägt zur Handhabung einen Griff

Tageslicht kommt für feinere mikroskopische Untersuchungen überhaupt nicht in Betracht. Allein schon für die richtige Einstellung der Beleuchtung brauchen wir eine künstliche Lichtquelle. Im einfachsten Fall nehmen wir eine alte Nachttischlampe mit starker, nicht mattierter Glühbirne. Auch eine Nähmaschinenlampe leistet gute Dienste. Sehr bequem zu handhaben sind die fertig käuflichen Mikroskopierleuchten für direkten Netzanschluß[4]). Wichtig ist in jedem Fall, daß die Birne nicht mattiert ist und daß zwischen Glühbirne und Mikroskopkondensor eine Mattglasscheibe eingeschaltet werden kann. Die Mattscheibe wird in den Filterhalter eingelegt oder vor die Glühbirne gesteckt oder mit irgendeinem Halter zwischen Glühbirne und Mikroskopspiegel gestellt. Als Notbehelf kann man an Stelle der Mattglasscheibe auch ein Blatt Durchschlagpapier nehmen.

Wir stellen jetzt zuerst einmal das Präparat mit dem Planspiegel scharf ein, wobei wir von vornherein auf gleichmäßige Ausleuchtung des Gesichtsfeldes achten (siehe unter **8**). Nun werden Mattscheibe und Präparat entfernt. Wir schauen durchs Okular und verschieben den Kondensor nach oben und unten, bis das Bild der Lichtquelle (Glühwendel der Birne) im Gesichtsfeld scharf abgebildet erscheint; meist wird dies bei ziemlich hoher Stellung des Kondensors der Fall sein. Darauf wird das Okular herausgenommen und die Irisblende des Kondensors zugezogen. Sehen wir jetzt durch den Tubus, so erkennen wir auf der Hinterlinse des Objektivs das Bild der Kondensorblende. Wir öffnen die Kondensorblende so weit, daß ihr Rand sich mit dem Rand der Objektiv-Hinterlinse deckt. Okular und Mattscheibe werden wieder eingesetzt, das Präparat aufgelegt, die Beobachtung kann beginnen. Sind all die verschiedenen Arbeitsgänge ordnungsgemäß durchgeführt worden, so werden wir ein wunderbar gleichmäßig helles Gesichtsfeld vorfinden. Kleinere Korrekturen können noch durch geringfügiges Verstellen des Spiegels und durch ganz vorsichtiges Verändern der Blendenöffnung vorgenommen werden. So werden wir bei der Betrachtung farbiger Objekte, besonders auch künstlich gefärbter, die Kondensorblende ein wenig weiter öffnen, um das „Farbbild" so leuchtend wie möglich zu erhalten; zur Untersuchung ungefärbter Objekte ist es dagegen oft ratsam, die Blende etwas stärker zuzuziehen, damit das „Strukturbild" in voller Schärfe hervortritt.

Abb. 11. Ein zweilinsiger Kondensor mit Irisblende für ein Kursmikroskop, num. Apertur 1,2

So kompliziert beim Lesen auch das Einstellen der Beleuchtung erscheinen mag — nach einiger Übung wird es uns gelingen, die bestmögliche Beleuchtung in weniger als zwei Minuten zu finden. Übung freilich gehört dazu, wie überhaupt zu jeder Arbeit am Mikroskop.

Ist das Mikroskop nicht mit einem Kondensor

[4]) Höchsten Ansprüchen genügen die Niedervolt-Mikroskopierleuchten mit Kollektor und Leuchtfeldblende, die die Einstellung des sog. Köhlerschen Beleuchtungsprinzips ermöglichen. Leider sind die Niedervoltleuchten mit den erforderlichen Zusatzgeräten so teuer, daß es keinen Sinn hat, sie hier näher zu beschreiben.

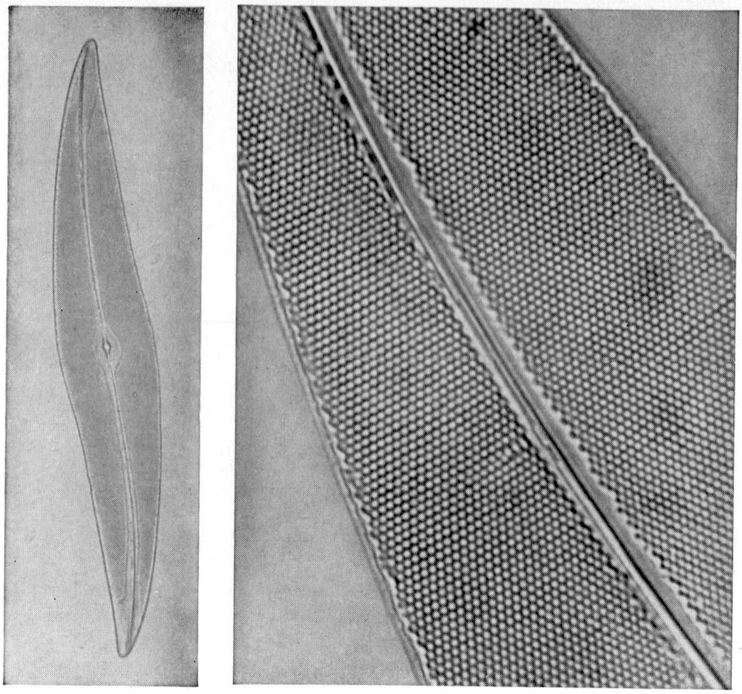

a) schwache Vergrößerung (270fach), schwaches Objektiv, demgemäß geringe Auflösung und weites Gesichtsfeld

b) starke Vergrößerung (1825fach), starkes Objektiv (sog. Ölimmersion), demgemäß hohe Auflösung und enges Gesichtsfeld

Abb. 13. Diatomeenschale (*Pleurosigma angulatum*) Aufnahme K. Löfflath

versehen, so müssen wir eben versuchen, durch Hin- und Herschwenken des Spiegels und durch Verändern der Tischblendenöffnung gute Beleuchtung zu erzielen. Arbeiten wir bei stärkeren Vergrößerungen ohne Kondensor, so muß der Hohlspiegel verwendet werden. Auch zum Mikroskopieren ohne Kondensor ist eine geeignete künstliche Lichtquelle dem Tageslicht vorzuziehen.

11. Das Betrachten und Durchmustern des Präparates. Haben wir das Präparat scharf eingestellt, so werden wir es natürlich eingehend betrachten wollen. Zunächst wird kontrolliert, ob die Öffnung der Kondensorblende für das vorliegende Präparat richtig gewählt wurde, oder ob noch eine Korrektur nötig ist: Wir schauen durchs Okular und verengen dabei die Blendenöffnung um einen ganz geringen Betrag. Wird das Bild dabei wesentlich schärfer und zeigen sich weitere, vorher nicht sichtbare Strukturen, so ist das ein Zeichen, daß die Kondensorblende zu weit geöffnet war. Bei jedem neuen Präparat und vor allem bei jedem Objektivwechsel muß die Blendeneinstellung nachgeprüft und gegebenenfalls korrigiert werden.

Bei vielen Präparaten werden wir gleich bei der ersten Betrachtung eine merkwürdige Feststellung machen: Das Mikroskop liefert nur von einer Ebene des Objektes ein scharfes Bild. Die Schärfentiefe des Mikroskops ist nämlich äußerst gering. Der Anfänger sucht sich da zu helfen, indem er die Scharfeinstellung des Bildes durch entsprechende Einstellung seines Auges bewirkt. Innerhalb gewisser Grenzen geht das; es bleibt aber immer ein ganz grober Fehler, da dadurch das Auge ungemein angestrengt wird. Zur scharfen Einstellung ist die Mikrometerschraube da. Die linke Hand bedient daher bei jeder mikroskopischen Beobachtung ständig die Mikrometerschraube. Durch geringfügiges Vor- und Zurückdrehen wird bald diese, bald jene Ebene des Untersuchungsobjektes scharf eingestellt — das Auge hat dabei gar nichts weiter zu tun, als in völliger Ruhe und ohne jede Anstrengung durchs Okular zu sehen. Der Akkommodationsmechanismus des Auges wird beim Mikroskopieren durch die Betätigung der Mikrometerschraube ersetzt.

Nun wollen wir einmal eine andere Stelle des Präparates ansehen. Dazu muß der Objektträger auf dem Objekttisch verschoben werden. Wir bemerken, daß das gar nicht so leicht auszuführen ist: Schon bei der geringsten Bewegung verschwindet das Bild vollständig aus dem Gesichtsfeld, und zwar entgegengesetzt der Richtung, in der wir das Präparat verschieben. Um das Präparat durchmustern zu können, sehen wir ins Mikroskop — linke Hand wie immer an der Mikrometerschraube — und bewegen den Objektträger ganz langsam drückend. Dieser Handgriff muß unbedingt so lange geübt werden, bis es gelingt, jedwede Stelle des Präparats nach Belieben in das Gesichtsfeld zu bekommen.

12. Die Objektive werden ausgewechselt. Um die genauere Struktur eines Objektes kennenzulernen, müssen wir zu einem stärkeren Objektiv greifen. Das Präparat wird mit den

Objektklammern auf dem Objekttisch festgeklammert, damit die Stelle, die wir bei stärkerer Vergrößerung untersuchen wollen, nicht wegrutschen kann. Der Tubus wird hochgeschraubt, das Objektiv — möglichst ohne jede Erschütterung des Mikroskops — abgeschraubt. Damit das Objektiv unter keinen Umständen herabfallen kann, halten wir die linke Hand darunter; erst recht ist dies erforderlich, wenn das starke Objektiv eingeschraubt wird. Ist das geschehen, dann senken wir den Tubus wieder ganz vorsichtig, bis die Frontlinse wenige Millimeter über dem Deckglas steht, schauen durchs Okular und heben den Tubus mit der groben Schraube, bis im Gesichtsfeld das Bild erscheint. Die Scharfeinstellung erfolgt dann wieder mit der Mikrometerschraube.

Wir stellen fest: Der Abstand zwischen Objektiv und Deckglas ist bei scharf eingestelltem Präparat viel geringer als beim schwachen Objektiv. Der Ausschnitt, den wir vom Untersuchungsgegenstand sehen, ist kleiner geworden. Das Bild erscheint viel dunkler. Das Objekt erscheint nicht nur wesentlich größer, sondern zeigt jetzt auch Strukturen, die vorher noch nicht zu erkennen waren (das stärkere Objektiv hat also ein höheres Auflösungsvermögen).

Der geringe Abstand zwischen Frontlinse und Deckglas zwingt uns bei starken Objektiven zu besonderer Vorsicht bei der Einstellung des Präparats, damit wir nicht die Frontlinse beschädigen und das Deckglas zerdrücken. Das zu dunkle Gesichtsfeld fordert eine Korrektur der Kondensoreinstellung (s. unter **10**), mindestens aber der Blendenöffnung.

Das Auswechseln der Objektive ist nicht nur zeitraubend, sondern führt oft auch dazu, daß man gerade die interessante Stelle des Präparats, deretwegen man zur stärkeren Vergrößerung gegriffen hat, nicht mehr findet. Wesentlich erleichtert wird der Objektivwechsel durch einen Revolver, der am Tubus befestigt wird und drei oder vier Objektive zugleich trägt. Diese werden durch einfache Drehung des Revolvers unter den Tubus gebracht, so daß also zu einem Wechsel der Vergrößerung nichts weiter gehört als ein leichter Druck gegen den Revolver. Da der Revolver gerade dem Anfänger die Arbeit ungemein erleichtert, empfiehlt es sich, ihn von vornherein anzuschaffen. Wir nehmen am besten einen drei- oder vierteiligen Revolver, auch wenn wir zunächst nur zwei Objektive haben. Später werden wir ja doch noch das eine oder andere Objektiv nachbeziehen. Der dreiteilige Revolver bietet die Möglichkeit, ein schwaches, ein mittleres und ein starkes Objektiv am Tubus anzubringen, womit wir — von Ausnahmefällen abgesehen — für alle Arbeiten gerüstet sind.

Der Revolver am Mikroskop Humboldt weist eine Vorrichtung auf, die das nachträgliche Anbringen am Tubus sehr vereinfacht. Die übliche Rändelschraube fällt weg, dafür ist das Gewindestück als besonderer, in der festen Platte drehbarer Teil konstruiert, der an das Ansatzgewinde des Tubus angeschraubt wird. Das geschieht mit Hilfe eines mitgelieferten Schlüssels, der, durch eine Öffnung der drehbaren Platte eingeführt, in zwei Kerbungen des Gewindestücks eingreift.

13. Wir lernen mit einem Auge sehen. Wir blicken in das Mikroskop und versuchen gleichzeitig, das nicht benutzte zweite Auge offenzuhalten. Das wird uns zu Anfang nicht möglich sein — immer wieder werden wir in Versuchung kommen, das unbenutzte Auge zuzukneifen, weil wir sonst „nichts sehen". Wir müssen lernen, die Bilder, die das freie Auge aufnimmt, subjektiv auszuschalten. Mit zunehmender Übung wird es aber immer leichter werden, beide Augen geöffnet zu halten.

Das Arbeiten mit einem geschlossenen Auge ermüdet außerordentlich. Längere mikroskopische Arbeiten und Untersuchungen feinster Strukturen sind nur möglich, wenn man beide Augen offenhält.

Wem es trotz bestem Willen und langer Übung nicht möglich ist, die Bilder des freien Auges auszuschalten, der kann als Notbehelf einen Augenschirm benützen. Einen solchen Augenschirm, wie ihn die Abb. 14 zeigt, kann sich jeder auf einfache Weise selbst herstellen.

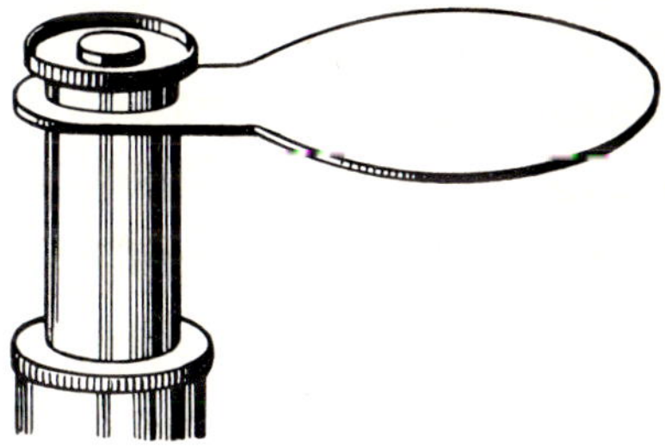

Abb. 14. Selbstangefertigter Augenschirm, unter dem Okular montiert

Brillenträger arbeiten am besten mit abgelegten Gläsern, namentlich bei längeren und angestrengten Arbeiten. Nur wenn häufiger, rascher Wechsel zwischen Mikroskopieren und anderen Arbeiten nötig ist, empfiehlt es sich, die Brille aufzubehalten. Nun ist aber das Beobachten mit dem Augenglas deshalb recht unangenehm, weil die Außenseite des Brillenglases dauernd auf der Augenlinse des Okulars schleift und kratzt; nach einiger Zeit sehen Brillenglas und Okularlinse aus, als ob sie mit Schmirgelpapier bearbeitet seien. Dieses Zerkratzen der Linsen kann man vermeiden durch Verwendung eines sog. Okularschutzringes, den man sich aus

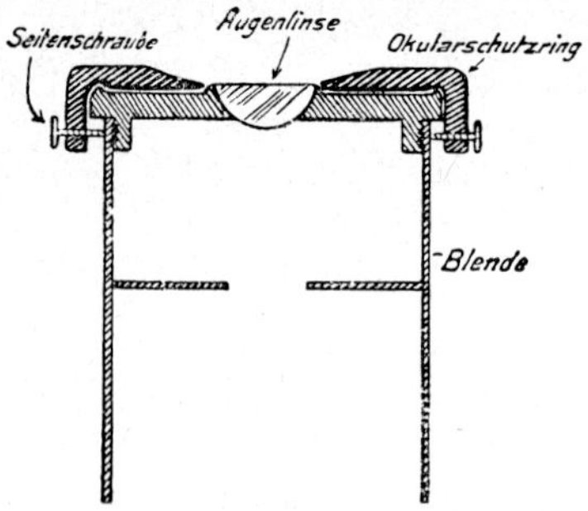

Abb. 15. Okularschutzring für Brillenträger

starkem Karton oder Hartgummi selbst basteln kann. Er läßt sich leicht von einem Okular auf das andere stecken und hält auch die stärksten gebogenen Brillengläser noch so weit von der Okularlinse entfernt, daß ein gegenseitiges Berühren und Zerkratzen der Linsenflächen ausgeschlossen ist.

Für den Anfang gewöhnen wir uns daran, mit dem linken Auge ins Mikroskop zu blicken. Nicht selten (z. B. beim Zeichnen) wird nämlich die rechte Hand neben dem Mikroskopieren her zu anderen Arbeiten gebraucht, und dann muß das rechte Auge die Hand beaufsichtigen. Später, wenn wir einige Erfahrungen gesammelt haben, werden wir auch das rechte Auge schulen, um bei längeren Arbeiten das linke Auge ablösen zu können.

14. Das Mückensehen. Jeder Mikroskopiker wird die Erfahrung machen, daß unter bestimmten Bedingungen, vor allem bei angestrengtem längerem Arbeiten, im Gesichtsfeld verwaschen begrenzte, helle und dunklere Körner, Körnerreihen und Fäden erscheinen. Sie ziehen langsam durchs Gesichtsfeld, verschwinden beim Blinzeln oder Augenwischen und tauchen in anderer Form wieder auf. Diese „Mücken" gehören selbstverständlich nicht zum Präparat, sondern entstammen Veränderungen im Auge des Beobachters. Sie sind nicht krankhaft, können aber sehr stören. Um die Störung nach Möglichkeit zu verhindern, vermeide man alles, was das Auge irgendwie reizen kann (Rauch, Staub, Blendungen, Reiben, Entzündungen, Blutandrang usw.).

15. Das Zeichnen mikroskopischer Objekte. Wir sollten uns von Anfang an daran gewöhnen, alles im Mikroskop Gesehene zu zeichnen. Es ist gar nicht wichtig, daß die Zeichnungen „schön" werden, wichtig ist nur, daß jede einzelne Struktur so korrekt wie nur irgend möglich wiedergegeben wird. Das Zeichnen allein zwingt uns nämlich zu eingehender Beobachtung, weil man ständig das mikroskopische Bild mit der Zeichnung vergleichen muß. Nur was man gezeichnet hat, hat man wirklich gesehen, und jeder Mikroskopiker ist immer wieder von neuem erstaunt, wie viele Einzelheiten er zunächst übersehen und erst beim Zeichnen entdeckt hat. Das manchem hart erscheinende Wort „Wer nicht zeichnen kann, kann auch nicht sehen" gilt ganz besonders für die Mikroskopie.

Meist ist es schwierig und zeitraubend, alle im Gesichtsfeld liegenden Strukturen zu zeichnen. Man hüte sich aber vor irgendwelchen Vereinfachungen bei der zeichnerischen Wiedergabe! Jede Zeichnung nach einem mikroskopischen Präparat soll naturgetreu sein, nicht nur einen oberflächlichen Eindruck des Beobachters wiedergeben. Auch die kleinste und feinste Einzelheit der Zeichnung muß wiederholt mit dem Bild im Mikroskop verglichen und notfalls korrigiert werden. Auf diese Weise lernt man mit der Zeit, die ganze unerhörte Mannigfaltigkeit der mikroskopisch kleinen Formen zu ordnen und zu verstehen. In vielen Fällen werden wir uns damit begnügen, den einen oder anderen kleinen Ausschnitt aus dem Gesichtsfeld zu zeichnen; wir werden etwa aus einem vielzelligen Gewebe nur eine Gruppe von fünf oder zehn Zellen auswählen.

Noch ein Rat zum mikroskopischen Zeichnen: Es ist gut, die Strukturen wesentlich größer zu zeichnen, als sie im Gesichtsfeld erscheinen. Die feineren Einzelheiten lassen sich dann leichter darstellen.

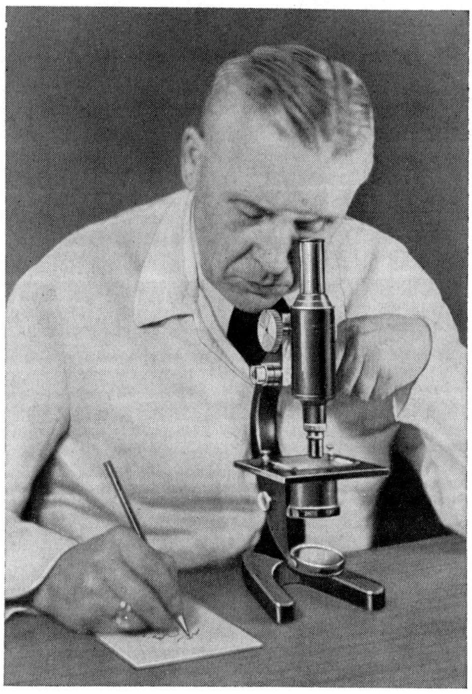

Abb. 16. Richtige Haltung beim Zeichnen am Mikroskop. Mit dem linken Auge in das Mikroskop sehen, rechtes Auge offenhalten; mit der linken Hand das Präparat scharfstellen, das mit der rechten Hand in die gewünschte Lage gebracht wird; rechte Hand frei zum Zeichnen.
Phot. Fritz Baur

Zum ganz exakten Zeichnen für wissenschaftliche Zwecke gibt es besondere Zeichenapparate. Sie sind nicht billig und für den Anfänger entbehrlich. Vielleicht ist an dieser Stelle eine Warnung vor der Mikrophotographie angebracht. Die moderne Mikrophotographie leistet sehr viel. Voraussetzung für brauchbare Mikroaufnahmen ist aber — neben einer guten Apparatur — eine vollendete Beherrschung der mikroskopischen Technik, besonders der Beleuchtungsmethoden. Wir wollen deshalb mit unserem Mikroskop erst ganz vertraut werden, ehe wir daran denken, die Präparate nicht nur anzusehen und zu zeichnen, sondern auch zu photographieren.

16. Arbeitsregeln für Anfänger

1. Du sollst Dein Arbeitsgerät stets sauber und in Ordnung halten, damit Du nicht alle Augenblicke etwas zu suchen oder zu reinigen brauchst.

2. Du sollst das Mikroskop nach Abschluß einer Untersuchung nie unbedeckt auf dem Arbeitstisch stehen lassen, weil es sonst verstaubt. Stelle es stets in seinen Behälter zurück oder stülpe eine Kunststoffhülle darüber.

3. Du sollst das Mikroskop beim Transport nie an dem Teil anfassen, der die Mikrometerschraube birgt. Dazu ist der Tubusträger da.

4. Hüte Dich, die Mikrometerschraube zu überdrehen. Sie kann den Tubus nur innerhalb weniger Millimeter heben oder senken. Von den Grenzen ihres Bereichs ist sie stets auf eine Mittelstellung zurückzuführen, worauf dann zuerst die grobe Einstellung vorzunehmen ist.

5. Du sollst beim Einstellen den Tubus nie von oben nach unten, sondern immer von unten nach oben bewegen, sonst wirst Du — besonders mit starken Objektiven — leicht das Präparat zerdrücken und das Objektiv beschädigen.

6. Du sollst kein direktes Sonnenlicht zum Mikroskopieren benützen. Das schädigt erstens Deine Augen, zweitens loschen die strömenden Lichtfluten feine Einzelheiten vollkommen aus, drittens schadet die grelle Bestrahlung dem Spiegel und dem Lack, mit dem das Instrument überzogen ist. Zerstreutes Licht ist zum Arbeiten geeignet.

7. Du sollst nie das eine Auge zudrücken, wenn Du mit dem anderen beobachtest.

8. Du sollst nie in einem kalten Zimmer arbeiten. Dort laufen die Linsen durch den Wasserdampf Deines Atems an, wodurch das Bild getrübt wird.

9. Du sollst beim Arbeiten mit Reagenzien darauf achten, daß sie nicht die Frontlinse beschmutzen. In vielen Fällen (Säuren!) kann dadurch das Objektiv unbrauchbar werden. Auf jeden Fall sind unklare Bilder die Folge. Achte darauf, daß die Deckgläser nicht zu klein sind.

10. Du sollst nie Reagenzien in der Nähe des Mikroskops offen stehen lassen, vor allem keine Säuren. Ebensowenig darf das Instrument mit Reagenzien zusammen in einem Schrank aufbewahrt werden. Das Mikroskop wird sonst über kurz oder lang leiden, da schon die Dämpfe mancher Reagenzien Metalle und Glas angreifen.

11. Du sollst die Objektive nie auseinanderschrauben, die Okulare nur dann, wenn sie zu reinigen sind. Objektive sind zur Reinigung der inneren Flächen, die nur selten nötig wird, am besten an die Lieferfirma des Mikroskops einzuschicken.

12. Du sollst beim Reinigen der Frontlinse des Objektivs nie Alkohol oder Xylol verwenden, da dadurch leicht eine Trübung eintreten kann (die die Linsen verbindenden Kittschichten werden gelöst). Zum Reinigen verwendet man einen ganz weichen, oft gewaschenen Leinenlappen, der mit etwas destilliertem Wasser angefeuchtet wird. Sind die Linsen mit Öl beschmutzt, so wird der Lappen mit ganz wenig Benzin angefeuchtet.

13. Du sollst nie Alkohol auf den Lack des Mikroskops bringen. Benutze zum Reinigen destilliertes Wasser oder etwas Benzin, dazu einen weichen Pinsel und einen weichen Leinenlappen.

14. Du sollst nie versuchen, eine schwer gehende Mikrometerschraube selbst zu reinigen. Dazu mußt Du das Instrument der Lieferfirma übergeben.

15. Du sollst zum Schmieren der groben Schraube oder der Tubushülse kein Öl verwenden. Es fördert den Staubansatz und schmutzt durch Verdicken. Reine Vaseline, mit einem weichen Leinenlappen zu hauchdünner Schicht verrieben, ist ein gutes Schmiermittel für Mikroskope.

C. Einfache Frischpräparate

Die Untersuchung von frischem Material ohne besondere Vorbehandlung steht beim Mikroskopieren immer an erster Stelle. Auch später, wenn wir gelernt haben „Dauerpräparate" herzustellen (das sind Präparate, die jahrzehntelang aufbewahrt werden können), werden wir nach Möglichkeit zu Beginn jeder Untersuchung das frische Material mikroskopieren.

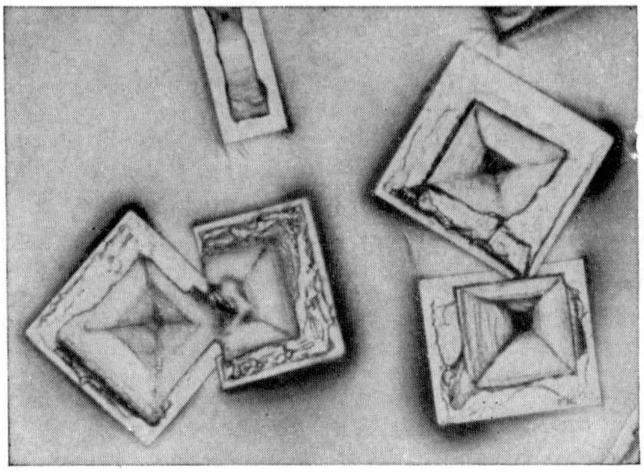

Abb. 17. Kochsalzkristalle, 125fach vergrößert
Aufnahme K. Löfflath

17. Kochsalzkristalle. Auf den Objektträger bringen wir mit der Pipette einen kleinen Tropfen Wasser und legen ein stecknadelkopfgroßes Körnchen Kochsalz in den Tropfen. Natürlich löst sich das Salz auf. Wir lassen die Lösung an einem staubfreien Ort verdunsten: Auf dem Objektträger bleibt ein weißes Fleckchen zurück. Den Fleck bedecken wir mit einem Deckglas — nur in ganz seltenen Ausnahmefällen wird ohne Deckglas untersucht — und betrachten nun dieses einfache Präparat unter dem Mikroskop. Wie immer stellen wir zuerst mit dem schwächsten Objektiv ein. Deutlich erkennen wir kleine und größere Quadrate mit dunklen Rändern und diesen parallelen Strichen. Auch die Mitte ist meist dunkler und die Diagonalen erscheinen sehr deutlich: Es sind Kochsalzkristalle (Abb. 17). Wir stellen einen recht schönen großen Kristall in die Mitte des Gesichtsfeldes ein. Mit der Mikrometerschraube heben und senken wir den Tubus ein wenig und betrachten dabei die Helligkeitsunterschiede bei verschiedenen Bildebenen. Noch ein interessantes Experiment können wir hier anschließen: Wir entfernen den Mikroskopspiegel, ohne sonst etwas an der Einstellung zu ändern. Sehen wir jetzt ins Mikroskop, so heben sich die Kochsalzkristalle prachtvoll plastisch auf dunklem Grunde ab. Sie werden nämlich von oben her beleuchtet (Auflicht).

Wir zeichnen die beobachteten Bilder genau ab, wobei uns die Zeichenkarten der Kosmos-Lehrmittelabteilung gute Dienste leisten (Abb. 10).

Wir setzen den Spiegel wieder ein und beobachten wieder im Durchlicht. Mit der Pipette setzen wir nun einen Tropfen Wasser an den Rand des Deckglases (kein Wasser auf das Deckglas bringen). Sowie das Wasser unter das Deckglas gesogen wird, sehen wir schnell ins Mikroskop: Die Kristalle werden durchsichtiger, heller, die Ecken und Kanten runden sich. Allmählich werden die Kristalle aufgelöst. Jetzt fallen dunkle, scharf begrenzte Kreise auf: Es sind Luftblasen.

18. Luftblasen. Wir stellen auf eine größere Luftblase ein, betrachten sie genau und halten dann die Hand vor den Spiegel, so daß nur mehr auffallendes Licht die Luftblase trifft: Die Luftblase zeigt sich als hell leuchtender Ring auf dunklem Untergrund. Das Aussehen von Luftblasen müssen wir uns gut merken, denn besonders Anfänger verwechseln oft Luftblasen mit Strukturen des Untersuchungsobjektes. Im Zweifelsfall hilft der beschriebene Versuch: Man hält einfach die Hand vor den Spiegel und betrachtet im Auflicht.

Wir gewöhnen uns daran, die benützten Geräte sofort nach Gebrauch zu reinigen. Die vom Atem getroffenen Teile des Mikroskops werden mit einem weichen Leinenlappen abgewischt.

19. Kartoffelstärke. Wir durchschneiden eine rohe Kartoffel, schaben ein wenig von der frischen Schnittfläche in einen Tropfen Wasser auf dem Objektträger und verrühren gut mit der Nadel. Nun wird das Deckglas aufgelegt. Auch hierbei ist einige Übung erforderlich!

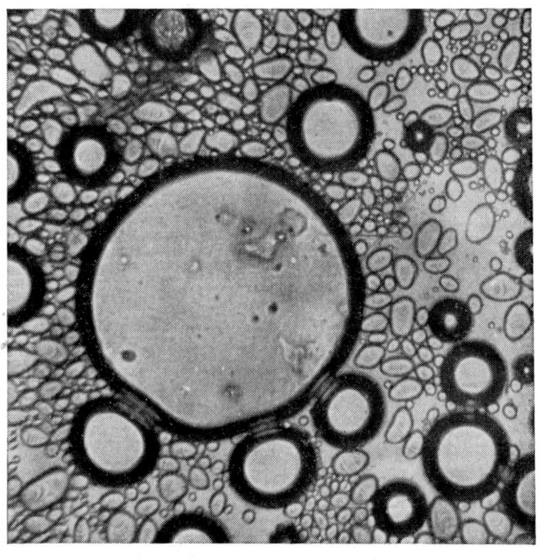

Abb. 18. Luftblasen. Phot. Dr. Mutschke

Wir fassen das gereinigte Deckglas an den Kanten mit Daumen und Zeigefinger und setzen es schief auf den Objektträger auf, so daß es mit diesem einen Winkel von etwa 30—40° bildet. Jetzt wird das Deckglas an den Tropfen herangeschoben, bis die dem Objektträger aufsitzende Kante das Wasser berührt; erst dann lassen wir das Deckglas langsam auf den Objektträger niedersinken. Durch das langsame Senken vermeiden wir Luftblasen, die bei der Untersuchung sehr stören würden.

Wahrscheinlich wird es beim erstenmal nicht gelingen, den Wassertropfen richtig zu bemessen: Haben wir zu viel Wasser genommen, so schwimmt das Deckglas; war der Tropfen zu klein, so sehen wir schon mit bloßem Auge viele kleine und große, unregelmäßige Luftblasen. In beiden Fällen können wir mit dem Präparat nicht viel anfangen. Wenn das Deckglas schwimmt, so kann man allenfalls mit Filtrierpapier oder Löschpapier den Überschuß an Wasser absaugen. Besser ist es aber, wir üben uns von vornherein, die Größe des Wassertropfens richtig abzuschätzen. Der Tropfen soll den Raum unter dem Deckglas gerade ausfüllen. Ist das Auflegen des Deckglases geglückt, so stellen wir das Präparat ein.

Mit schwachem Objektiv sehen wir rundlichelliptische kleine Körperchen. Das stärkere Objektiv zeigt, daß die Umrisse dieser Körperchen ungleichförmig sind; im Innern jedes Körnchens findet man bei starker Abblendung (Irisblende des Kondensors eng stellen!) eine zarte Schichtung (Abb. 20). All diese Körperchen sind Stärkekörner. Stärke ist ein wichtiger Reservestoff der Kartoffel und vieler anderer Pflanzen, der oft in besonderen Speicherorganen — im vorliegenden Falle in der Kartoffelknolle — gespeichert wird. Solche Speicherorgane der Pflanzen nützt der Mensch vielfach für seine Ernährung aus.

Abb. 19. Durchleiten einer Flüssigkeit unter dem Deckglas. Phot. Fritz Baur

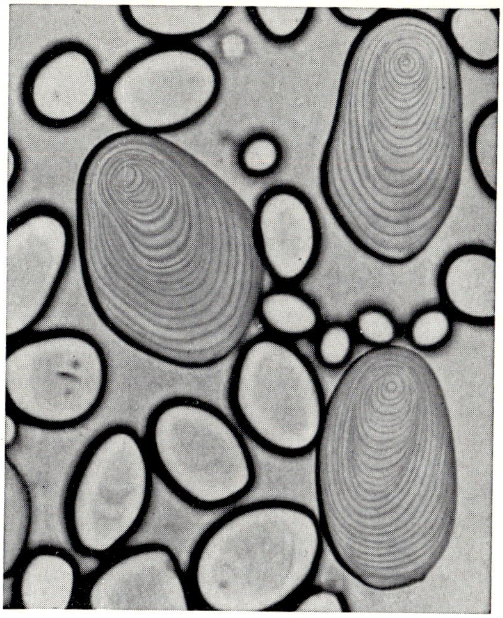

Abb. 20. Kartoffelstärke, 450fach vergrößert. Aufnahme K. Löfflath

Wir setzen jetzt an den Rand des Deckglases einen kleinen Tropfen Jodtinktur und halten an den gegenüberliegenden Deckglasrand einen Streifen Filtrierpapier. Das Filtrierpapier saugt Wasser ab, so daß die Jodlösung unter das Deckglas dringen kann. Wir finden, daß alle Stärkekörner, die mit dem Jod in Berührung kommen, eine intensive blaue Färbung annehmen. Nach längerer Einwirkung des Jods, oder wenn zu viel Jod verwendet wurde, geht die Färbung in ein tiefes Schwarz über.

Diese Jodreaktion der Stärke wollen wir uns gut merken: Oft werden wir bei späteren Untersuchungen auf Stärkekörner der verschiedensten Art stoßen, sei es in Pflanzenzellen, in Nahrungs- und Genußmitteln oder auch als Verunreinigung mikroskopischer Präparate. In allen Zweifelsfällen schafft dann die Jodreaktion völlige Klarheit.

Beim Arbeiten mit jodhaltigen Reagentien müssen wir sehr vorsichtig sein, da Jod die Metallteile des Mikroskops wie auch die Linsen angreift. Nicht das kleinste Tröpfchen der Jodtinktur darf ans Mikroskop kommen, und auf gar keinen Fall darf ohne Deckglas untersucht werden. Objektträger und Deckgläser, die mit Jodlösung in Berührung gekommen sind, können nicht ohne weiteres wieder verwendet werden; schon geringste Jodspuren zerstören nämlich die Färbungen von Dauerpräparaten. Verwenden wir einmal versehentlich einen Objektträger oder ein Deckglas, an dem Jodspuren haften, zur Herstellung eines gefärbten Dauerpräparats, so war die ganze — oft Stunden und Tage währende — Mühe vergebens: Schon nach kurzer Zeit wird das Präparat verblaßt sein. Wir werfen daher die mit Jod verunreinigten Deckgläser und Objektträger weg oder waschen sie in einer Fixiernatronlösung gut ab.

Zu einem anderen Präparat mit Kartoffelstärke setzen wir einen Tropfen 2—4%ige Kalilauge. Die Stärkekörner werden größer, quellen auf und zerfließen dann allmählich.

Wenn wir nun den Inhalt von Weizen-, Gerste-, Hafer-, Mais-, Reiskörnern in gleicher Weise untersuchen, so finden wir auch dort massenhaft Stärkekörner. Die Form der Stärkekörner ist je nach der

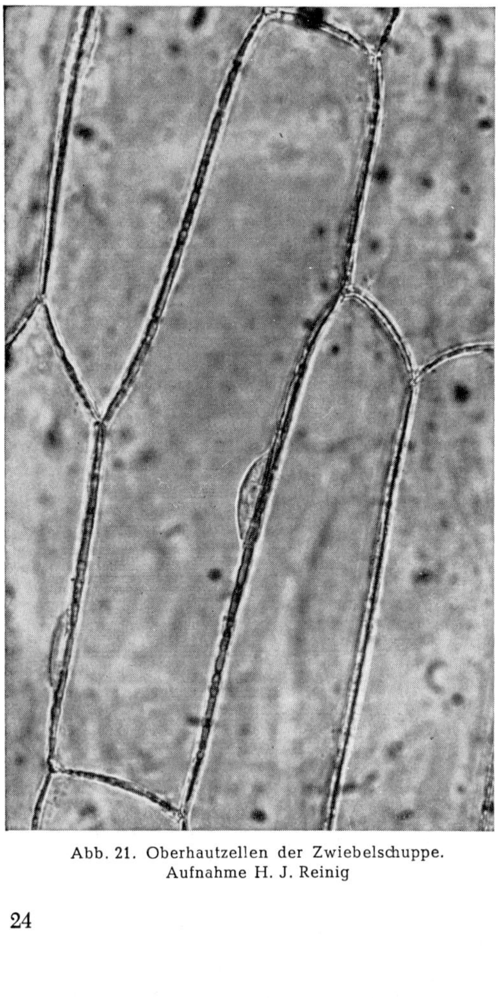

Abb. 21. Oberhautzellen der Zwiebelschuppe. Aufnahme H. J. Reinig

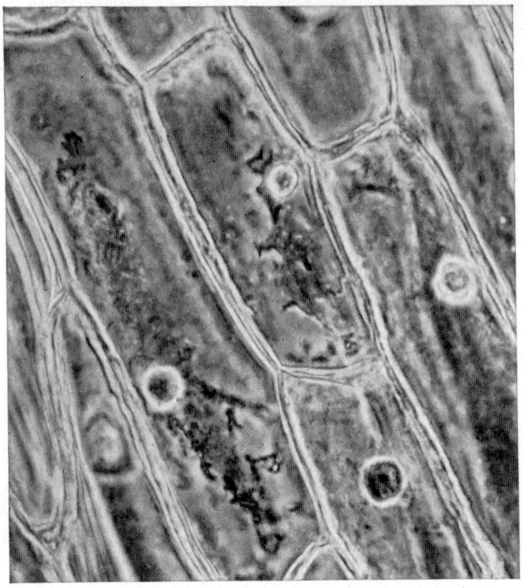

Abb. 22. Oberhautzellen der Zwiebelschuppe in Glycerin: Schrumpfung des Zellinhalts. Aufnahme K. Löfflath

Pflanzenart ganz verschieden: Wir können deshalb Mehl und andere stärkehaltige Nahrungsmittel oft mit einer ganz einfachen mikroskopischen Stärkeuntersuchung identifizieren[5]). Weitere lohnende Objekte für Stärkeuntersuchungen sind die Hülsenfrüchte (Bohnen, Erbsen, Linsen).

20. Küchenzwiebel (*Allium cepa*). Wir schneiden eine Zwiebel in der Längsrichtung mitten durch. Dabei bemerken wir, daß die Zwiebel aus einzelnen einander dicht anliegenden Schuppen aufgebaut ist. Eine solche Schuppe schälen wir heraus und ziehen mit der Pinzette von der inneren, konkaven Seite das oberste Häutchen ab. Ein kleines Viereck wird aus dem Häutchen ausgeschnitten und auf dem Objektträger in einem Tropfen Wasser ausgebreitet.

Nach Auflegen eines Deckglases sehen wir bei mittlerer Vergrößerung langgestreckte, oft sechseckige Zellen (Abb. 21). Bei starker Vergrößerung erkennen wir im Innern jeder Zelle ein zartes Bläschen, das meist in der Nähe der Zellwand liegt. Es ist der Zellkern, den wir gleich noch deutlicher sehen werden:

Wir fügen zu dem Präparat einen Tropfen Jodtinktur. Die Zellkerne färben sich zuerst gelblich, dann tief braungelb; die in den Zellkernen gelegenen Kernkörperchen zeigen sich nach Jodbehandlung als scharf begrenzte kleine Kreise. Ist das Präparat gut gelungen, so ist auch das gelblich ge-

[5]) Näheres über die mikroskopische Untersuchung von Nahrungs- und Genußmitteln ist in *Krauter*, Mikroskopie im Alltag, Franckh'sche Verlagshandlung Stuttgart, zu finden.

färbte, fein gekörnelt erscheinende Plasma zu sehen. Wir finden, daß keineswegs die ganze Zelle von Plasma erfüllt ist; meist liegt das Plasma nur als dünner Belag der Zellwand an. Erwachsene Pflanzenzellen enthalten nämlich einen oder mehrere große, safterfüllte Hohlräume, die Zellsafträume oder Vakuolen.

21. Nachweis der Plasmolyse. Wir stellen uns ein frisches Präparat eines frischen Zwiebelhäutchens her und saugen unter dem Deckglas einen Tropfen Glycerin durch. Das Glycerin entzieht den Zellen Wasser, wodurch der Plasmabelag schrumpft, sich von der Zellwand ablöst und schließlich mehr oder weniger kugelförmig im Innern der Zelle liegt. Man nennt diesen Vorgang Plasmolyse. Wenn man die Plasmolyse rechtzeitig unterbricht, indem man das Häutchen wieder in reines Wasser legt, kann der Schrumpfungsvorgang rückgängig gemacht werden (Deplasmolyse). Schöner gelingt die Plasmolyse, wenn man statt Glycerin eine starke Zuckerlösung nimmt.

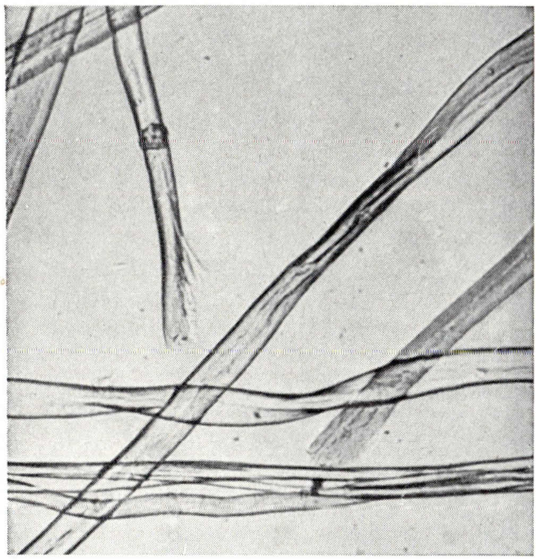

Abb. 23. Baumwolle. Aufnahme Dr. Mutschke

22. Baumwolle. Wir bringen einige Wattefäden in Wasser unter das Mikroskop. (Watte ist gereinigte Baumwolle.) Jedes einzelne Fädchen ist ein Samenhaar des Baumwollstrauchs (*Gossypium*) und besteht aus nur einer Zelle. Wir erkennen die Zellwände und bemerken auch gleich eine Eigenart, durch die sich Baumwolle von anderen in der Textilindustrie verwendeten Pflanzenzellen leicht unterscheiden läßt: Die Zellfäden sind an vielen Stellen in sich gedreht (Abb. 23).

23. Brennesselbrennhaar. Von jungen Blättern der Brennessel (*Urtica dioica*) schneiden wir mit dem Rasiermesser einige Haare ab und legen sie in Wasser ein. Wir müssen dabei sehr vorsichtig zu Werke gehen, da die Köpfchen der Haare leicht abbrechen. Jedes Haar ist im unteren Teil bauchartig erweitert und sitzt in einem vielzelligen Gewebe (Abb. 24). Die Spitze des Haares ist geknickt und endet in einem kleinen kugeligen Köpfchen. Bei geringster Berührung bricht dieses Köpfchen in schräger Ebene ab. In die Zellwände des Haares sind Kieselsäure und kohlensaurer Kalk eingelagert, wodurch das Haar steif und brüchig wird. Wenn wir unter dem Deckglas Salzsäure durchsaugen, löst sich der Kalk unter Aufschäumen. (Vorsicht, die Salzsäure darf mit keinem Teil des Mikroskops in Berührung kommen.)

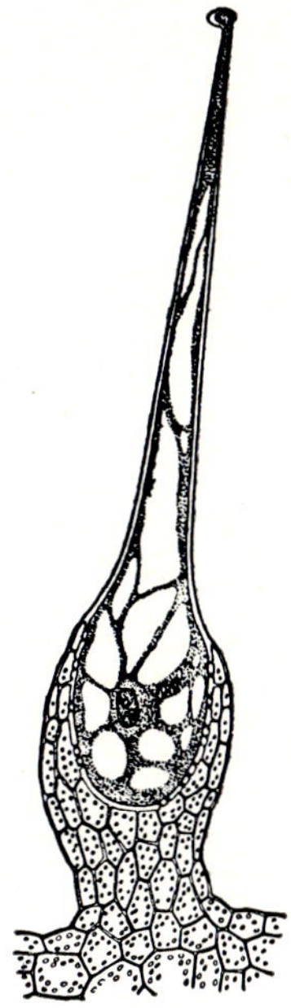

Abb. 24. Brennessel-Brennhaar

24. Wasserpest (*Elodea canadensis*).

a) Plasmaströmung. Beim Aquarienhändler oder aus einem benachbarten Teich beschaffen wir uns einige Ranken der Wasserpest. Einige junge Blättchen werden mit der Pinzette abgerissen und in Wasser untersucht. Dieses Objekt ist nun schon etwas schwieriger zu beobachten als die vorhergehend beschriebenen: Hatten wir z. B. beim Zwiebelhäutchen nur eine Lage von Zellen vor uns, so finden wir beim Blatt der Wasserpest deren zwei. Da das Mikroskop immer nur eine Ebene des Objektes scharf zeigt, müssen wir also fleißig mit der Mikrometerschraube arbeiten.

Abb. 25. Blatt der Wasserpest *(Elodea canadensis)*, etwa 200fach vergrößert. Aufnahme M. P. Kage

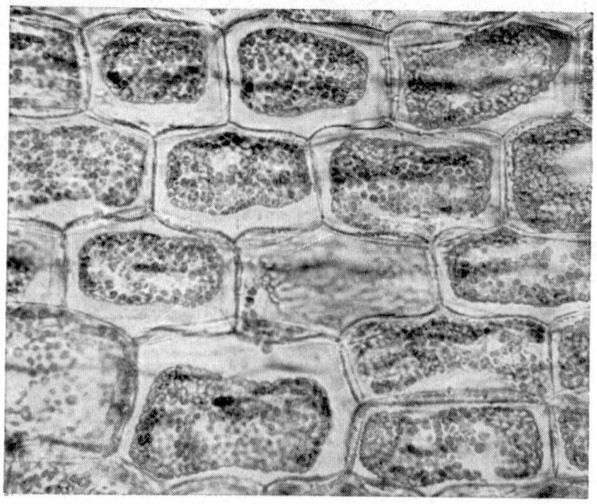

Abb. 26. Blatt der Wasserpest (*Elodea canadensis*), Schrumpfung des Zellinhalts nach Zusatz starker Rohrzuckerlösung. Aufnahme M. P. Kage

Wir finden rechteckige Zellen, in denen viele kleine grüne Scheibchen liegen (Abb. 25). Die grünen Scheibchen sind Chlorophyllkörner, die Träger des Farbstoffes Chlorophyll, der den Pflanzen ihre grüne Färbung verleiht. Nun stellen wir mit mittlerer bis starker Vergrößerung auf einige Zellen in der Nähe der Mittelrippe scharf ein und beobachten. Haben wir Glück, so werden wir schon nach einigen Minuten sehen, daß sich die Chlorophyllkörner zu bewegen scheinen; sie wandern alle in einer Richtung entlang den Zellwänden und umkreisen so allmählich die ganze Zelle. Allerdings wissen wir, daß die Chlorophyllkörner selbst unbeweglich sind — es muß also wohl das Plasma, in dem die Chlorophyllkörner schwimmen, die Bewegung vermitteln. Das Plasma können wir am ungefärbten, lebenden Präparat hier nicht sehen; aus der scheinbaren Bewegung der Chlorophyllkörner aber können wir schließen, daß es strömt.

Nicht immer kommt die Plasmaströmung gleich in Gang. Manchmal müssen wir bis zu einer halben Stunde Geduld haben, und in seltenen Fällen ist die Strömung überhaupt nicht zu beobachten. Wir wiederholen dann eben den Versuch mit einer anderen Ranke.

Untersuchen wir in gleicher Weise ältere Blätter mit größeren Zellen, so können wir aus der streng randständigen Lage der Chlorophyllkörner den großen zentralen Zellsaftraum erschließen. Zu einem solchen älteren Blatt setzen wir nun wieder einen Tropfen Glycerin oder Rohrzuckerlösung und beobachten die Plasmolyse, die hier noch viel deutlicher zu erkennen ist als beim Zwiebelhäutchen (Abb. 26).

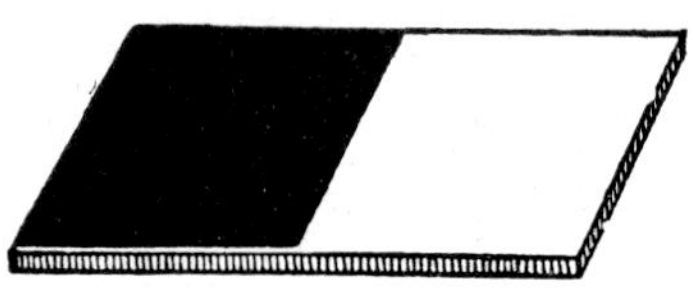

Abb. 27. Schwarz-weiße Präparierplatte

Bei einem anderen Präparat saugen wir unter dem Deckglas Alkohol durch: Die Plasmaströmung kommt fast augenblicklich zum Stillstand. Alkohol tötet den Zellinhalt.

b) V e g e t a t i o n s k e g e l. Wir breiten eine Sproßspitze der Wasserpest auf einer schwarz-weißen Präparierplatte [6]) aus, die für derartige Arbeiten äußerst empfehlenswert ist, und befeuchten sie reichlich mit Wasser. Mit zwei Präpariernadeln werden die eine Knospe bildenden Blättchen der Sproßspitze vorsichtig entfernt, bis der Vegetationskegel (Abb. 28) erscheint (evtl. eine Lupe zu Hilfe nehmen). Der Vegetationskegel wird abgetrennt und bei schwacher Vergrößerung untersucht: Vegetationspunkt, Blattanlagen, Anordnung der Zellen.

Abb. 28. Vegetationskegel der Wasserpest. Totalpräparat. Aufnahme M. P. Kage

25. W o l f s m i l c h (*Euphorbia*). Wir brechen einen Stengel dieses weitverbreiteten Krautes durch, fangen einen der hervorquellenden Milchtropfen mit einem Objektträger auf und bedecken ihn mit dem Deckglas. Wir sehen mit dem Mikroskop eine Menge kleinster Pünktchen, hier und da größere stäbchenförmige Körperchen (Abb. 29). Lassen wir den Tropfen eintrocknen, dann finden wir die Stäbchen leichter, da sie jetzt heller erscheinen als ihre Umgebung. Dann setzen wir an den Rand des Deckglases einen Tropfen Jodtinktur und lassen ihn eindringen: Die Stäbchen werden blau, z. T. sehr dunkel. Fügen wir an den Rand des Deckglases auch noch Kalilauge und ziehen mit Filtrierpapier am anderen Rande Flüssigkeit ab, so werden die Stäbchen wie-

[6]) Wer die Präparierplatte nicht kaufen will, kann sie sich auch leicht selbst herstellen. Eine genügend große Glasplatte wird halb mit schwarzem, halb mit weißem Papier unterklebt. Je nach der Beschaffenheit der Objekte legt man dann Objektträger, Uhrschälchen usw. entweder auf die schwarze oder auf die weiße Unterlage.

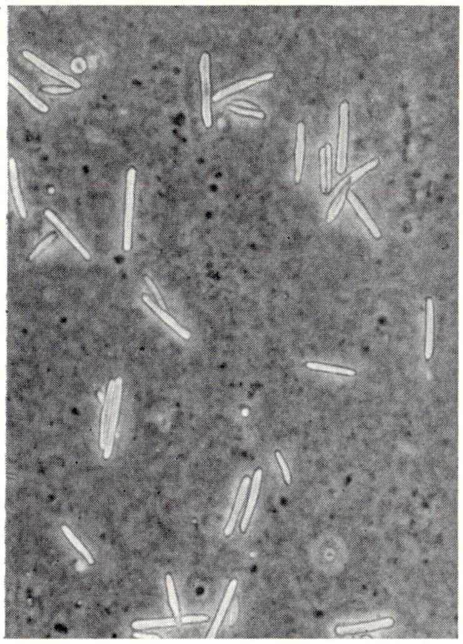

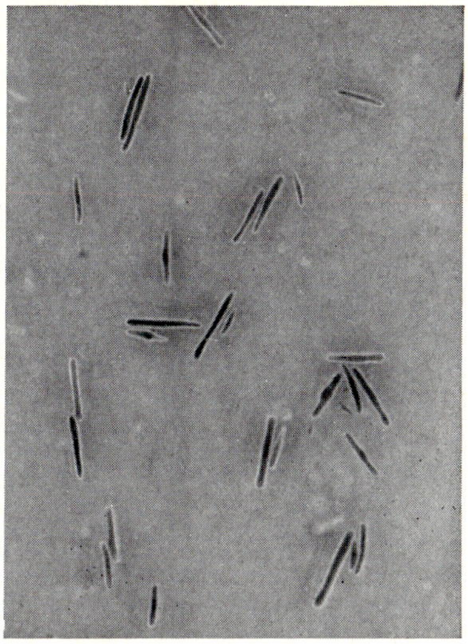

a b

Abb. 29. Stärkestäbchen aus einem Milchtropfen der Wolfsmilch (*Euphorbia*). a) ungefärbt, b) nach Zusatz von Jodlösung, 300fach vergr. Aufnahme K. Löfflath

der hell, quellen etwas, werden dadurch breiter und länger und krümmen sich. Es sind Stärkestäbchen.

26. Kristalle (Raphiden und Drusen). Die Meerzwiebel (*Scilla maritima*) wird häufig in Blumentöpfen am Fenster gezogen. Brechen wir von einem Blatt ein Stückchen los, so hängen an den Bruchstellen schleimige Tropfen. Wir bringen einen davon auf den Objektträger und bedecken ihn wieder mit dem Deckglas. Mikroskopisch erkennen wir lange, helle, nadelförmige Stäbchen, teils in Bündeln, teils einzeln durcheinanderliegend. Sie sind an beiden Enden zugespitzt (Abb. 30). Wir fügen wieder einen Tropfen Jodtinktur zu: Die Stäbchen färben sich nicht, sind also keine Stärkestäbchen. Es sind Kristallnadeln von oxalsaurem Kalk, die man Raphiden nennt. Schönere Kristalle, und zwar Drusen (zackige Kristallkugeln) findet man beim Wilden Wein *(Ampelopsis),* der vielfach zur Bekleidung von hohen Hauswänden und Mauern angepflanzt wird. Wir schaben mit dem Taschenmesser die Rinde von einem etwa 1 cm langen Stück eines älteren Ästchens bis fast aufs Holz ab. Das Geschabsel schwemmen wir in einem Glas mit Wasser auf, drücken es darin aus und untersuchen den Bodensatz des Wassers (besser ist es noch, ihn vorher im Uhrglas zu schlämmen). Neben den Drusen bemerken wir Raphiden, einzeln und besonders viele in festen Bündeln.

Drusen können wir auch aus dem Blattstiel der Roßkastanie oder aus dem Blattstiel vom Efeu gewinnen (Abb. 31).

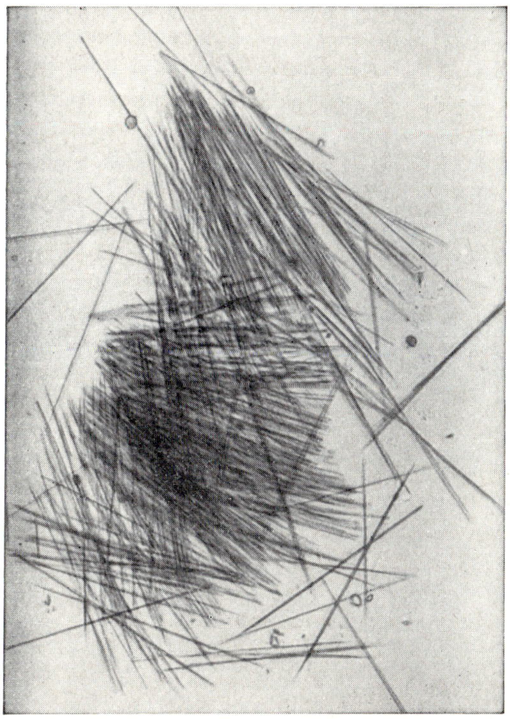

Abb. 30. Kristallnadeln (Raphiden), 375fach vergr. Aufnahme K. Löfflath

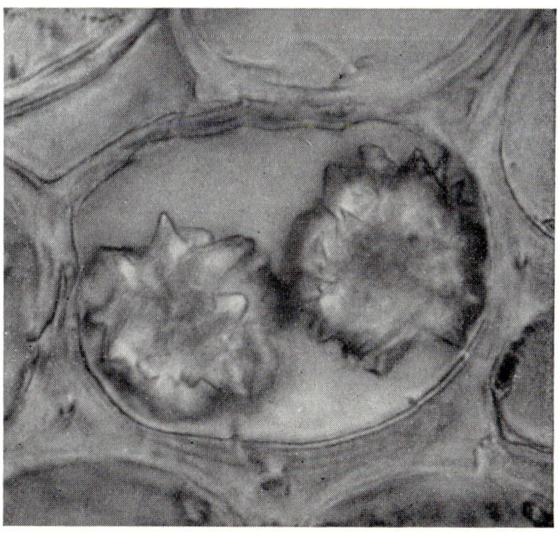

Abb. 31. Kristalldrusen in einer Zelle aus dem Blattstiel vom Efeu. Aufnahme K. Löfflath

27. Zellen aus der Mundhöhle. Pflanzliche Zellen haben wir jetzt schon beim Zwiebelhäutchen und beim Blatt der Wasserpest kennengelernt. Die Zellen der Tiere und des Menschen sehen aber ganz anders aus. Wohl werden wir auch hier Plasma und Zellkern als wesentliche Bestandteile jeder lebenden Zelle finden — die äußere Form der Zellen von Tieren und Menschen ist aber viel veränderlicher, unregelmäßiger, bei weitem nicht so starr wie die der pflanzlichen Zellen. Die Pflanzenzellen sind von einer festen Membran, der Zellwand, umschlossen; die starre Zellwand bedingt die unveränderliche Gestalt der einzelnen Pflanzenzelle. Tierische Zellen sind dagegen nicht von festen Membranen umgeben. Lediglich ein hauchzarter Saum festeren Plasmas grenzt tierische Zellen gegeneinander ab.

Mit einem halbierten Streichholz oder mit einem geeigneten Holzspatel schaben wir von der Innenfläche unserer Wangen ein wenig Material ab, bringen es auf einen Objektträger und verdünnen es — sollte es gar zu dickbreiig sein — mit einem Tropfen Speichel.

Wir sehen bei mittlerer bis stärkerer Vergrößerung flache, unregelmäßige Gebilde mit abgerundeten Ecken; es sind Epithelzellen, also Zellen des die Körperoberflächen auskleidenden Deckgewebes (Abb. 32). Wir werden solche Epithelzellen teils noch im Verband einander anliegend, teils einzeln aus dem Gewebe losgelöst finden. Wenn wir durch Verengerung der Kondensorblende etwas abblenden, so werden wir auch die Zellkerne als rundliche oder langgestreckte Bläschen im Innern der Zellen finden. Oft sind an der Oberfläche der Zellen stark lichtbrechende Körnchen und Stäbchen zu sehen: Das sind Bakterien, die wir später noch genauer kennenlernen wollen.

Meist ist in dem Geschabsel außer Epithelzellen und Bakterien noch eine ganze Menge anderer, meist sehr kleiner Bestandteile enthalten. Betrachten wir einige der allerkleinsten Teilchen, so zeigt es sich, daß sie in fortwährender zitternder Bewegung sind. Diese „Brownsche Molekularbewegung“ ist keine Lebenserscheinung, sondern beruht auf der Wärmebewegung der umgebenden Flüssigkeitsmoleküle. Schöner noch kann man übrigens die Brownsche Molekularbewegung studieren, wenn man einen Tropfen mit Wasser verdünnter Tusche mikroskopiert. Die Tuschepartikelchen tanzen da regellos im Gesichtsfeld herum.

Die Zellkerne der Epithelzellen können wir noch besser sichtbar machen, wenn wir einen Tropfen Löfflersches Methylenblau, das wir später für die Bakterienuntersuchungen ohnehin noch brauchen werden, unter dem Deckglas durchsaugen. Die Kerne färben sich nach kurzer Zeit intensiv blau.

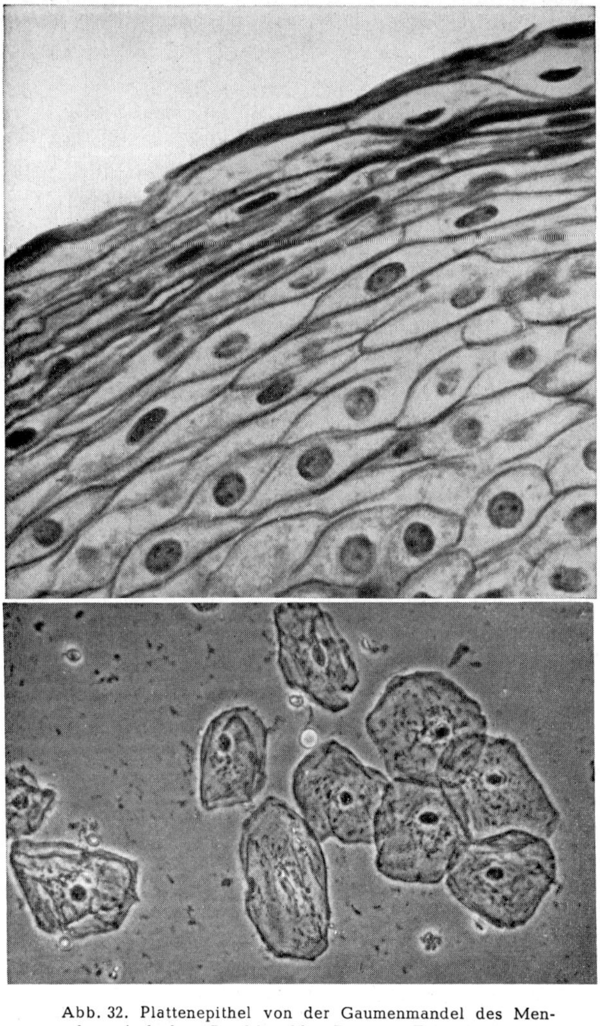

Abb. 32. Plattenepithel von der Gaumenmandel des Menschen. Aufnahme Dr. Mutschke. Darunter Epithelzellen aus dem Speichel des Menschen. Vergr. etwa 200fach. Aufnahme M. P. Kage

28. Milch. Die mikroskopische Betrachtung eines Tropfens Milch zeigt uns unzählige Fett-Tröpfchen verschiedener Größe in einer klaren Flüssigkeit (Abb. 33). Durch die große Anzahl dieser Fett-Tröpfchen ist die Milch in dickeren Schichten undurchsichtig.

29. Blut. Wir brauchen eine 10%ige Kochsalzlösung (10 g Kochsalz mit destilliertem Wasser auf 100 g auffüllen), eine

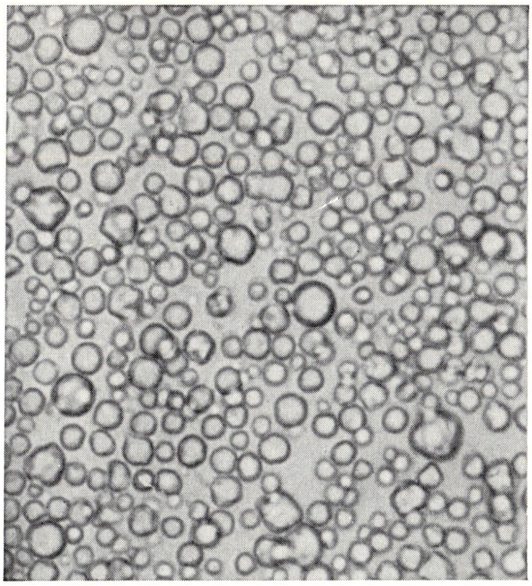

Abb. 33. Fett-Tropfen in Milch. Aufnahme Dr. Mutschke

0,9%ige Kochsalzlösung, peinlichst sauber mit Alkohol gereinigte Objektträger und Deckgläser, eine noch nicht benützte spitze Schreibfeder. Steht eine empfindliche Waage nicht zur Verfügung, so kann man die 0,9%ige Kochsalzlösung durch Verdünnen der 10%igen erhalten: 9 cm^3 10%ige Lösung werden im Meßzylinder mit destilliertem Wasser auf 100 cm^3 aufgefüllt [7]).

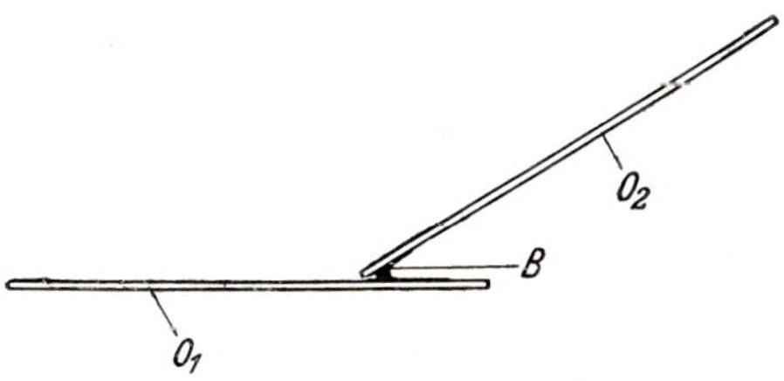

Abb. 34. Herstellung eines Blutausstriches. B = auszustreichender Blutstropfen, O_1 und O_2 = Objektträger.
Aus Krauter, Mikroskopie im Alltag

Wir können nun nicht einfach einen Tropfen Blut auf den Objektträger bringen und ihn mikroskopieren. In jedem Blutstropfen ist nämlich eine solche Unmenge Blutkörperchen enthalten, daß man in dickeren Schichten gar nichts sehen kann. Man muß das Blut entweder in einer ganz dünnen Schicht ausstreichen oder es sehr stark verdünnen. Wir wollen beide Wege beschreiten.

Mit starkem Alkohol reinigen wir die Kuppe des kleinen Fingers und stechen sie dann mit der ausgeglühten und wieder erkalteten Schreibfeder an. Den ersten Tropfen Blut wischen wir ab, den zweiten lassen wir in ein mit 0,9%iger Kochsalzlösung gefülltes Uhrschälchen fallen und rühren gleich um, mit dem dritten endlich stellen wir ein „Ausstrichpräparat" her.

Die Anfertigung eines Ausstrichpräparates ist einfach, erfordert aber rasches und sauberes Arbeiten. Der verwendete Blutstropfen muß ganz frisch sein: Schon wenige Sekunden nach dem Austritt aus der Wunde eignet er sich nicht mehr zum Ausstreichen. Wir setzen den Tropfen an das äußere Ende eines tadellos gereinigten Objektträgers. Ein zweiter, ebenfalls sorgfältig gereinigter Objektträger wird so aufgesetzt, daß er mit dem ersten einen spitzen Winkel bildet. Nun führen wir den oberen Objektträger so an den Blutstropfen heran, daß der Tropfen in den von beiden Objektträgern gebildeten Winkel zu liegen kommt. Sowie das Blut den oberen Objektträger berührt, breitet es sich an dessen Kante entlang aus. Stoßen wir jetzt den oberen Objektträger ruhig und gleichmäßig über den unteren hinweg, so wird er den ausgebreiteten Tropfen nachziehen und eine breite, hauchdünne Schicht von Blut hinter sich lassen. Ein solcher Ausstrich soll schwach gelblich aussehen. Zeigt er einen rötlichen Schimmer, so ist er zu dick.

Die mikroskopische Untersuchung des Ausstriches zeigt uns zahlreiche kreisrunde Scheibchen, die roten Blutkörperchen. In der Mitte jedes Blutkörperchens sehen wir einen helleren oder dunkleren Schatten. Bei guten Ausstrichen soll jedes Blutkörperchen einzeln liegen, ohne andere zu überdecken oder von anderen berührt zu werden (Abb. 35, 36).

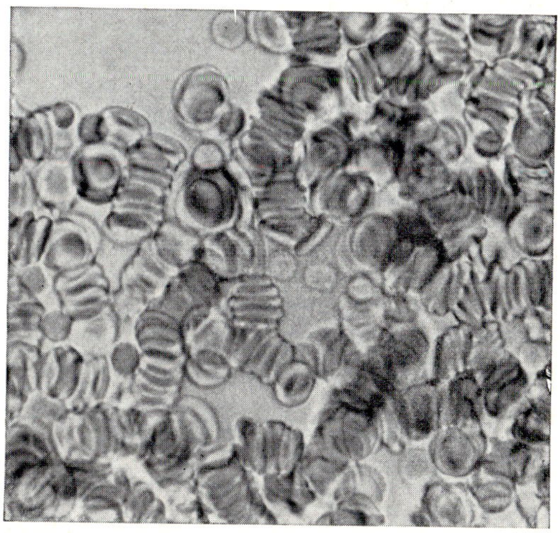

Abb. 25. Menschenblut, ungefärbt. Zu dickes Präparat: die roten Blutkörperchen legen sich geldrollenförmig aneinander. Aufnahme K. Löfflath

[7]) Die Lösung ist als „Physiologische Kochsalzlösung" auch in jeder Apotheke erhältlich.

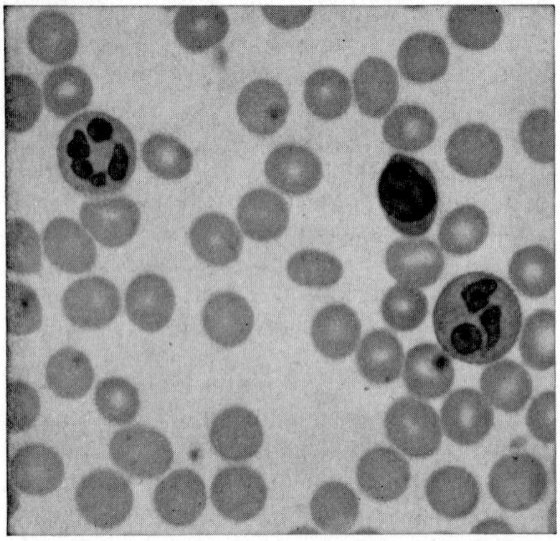

Abb. 36. Menschenblut, dünner Ausstrich, gefärbt nach May-Grünwald (vgl. S. 67). Außer den roten Blutkörperchen sind drei weiße Blutkörperchen mit Zellkernen zu erkennen. Aufnahme K. Löfflath

Solche Ausstriche sind für feinere Untersuchungen sehr wertvoll. Sie haben für uns aber einen Nachteil: Wir sehen die Blutkörperchen nur von einer Seite und können uns von der Kantenansicht gar keine Vorstellung machen. Da hilft uns jetzt die vorher mit der 0,9%igen Kochsalzlösung hergestellte Blutverdünnung weiter. Wir bringen einen Tropfen der Verdünnung auf den Objektträger, legen ein Deckglas auf und untersuchen. Von der in jedem Flüssigkeitspräparat zu Anfang herrschenden Strömung werden die Blutkörperchen mitgerissen. Dabei wird sich das eine oder andere auch einmal umdrehen, und in diesem Augenblick können wir die Kantenansicht beobachten. Wir stellen fest, daß die roten Blutkörperchen von der Seite her betrachtet nicht etwa — wie man aus dem Ausstrichpräparat schließen könnte — linsenförmig aussehen, sondern eher hantelförmig gestaltet sind. Sie sind nämlich beidseitig in der Mitte eingedellt, und diese Eindellungen sind es, die wir vorher beim Ausstrichpräparat als Schatten gesehen haben.

Jetzt saugen wir unter dem Deckglas 3%ige Essigsäure durch. Die roten Blutkörperchen werden heller und verschwinden schließlich ganz. Die Essigsäure löst nämlich die roten Blutkörperchen auf. Im Präparat sehen wir jetzt viele kleinste Körnchen — Reste der roten Blutkörperchen — und ganz wenige runde, farblose Körperchen. In diesen farblosen Körperchen sehen wir einen kleineren, gelappten oder runden Innenkörper, den Zellkern. Es handelt sich um weiße Blutkörperchen, die im Gegensatz zu den roten noch einen Zellkern haben und die im Blut viel seltener sind als die roten Blutkörperchen. (Ein Kubikmillimeter Blut enthält etwa 4—5 Millionen rote Blutkörperchen, aber nur etwa 8000 weiße.)

Bei einem weiteren Präparat saugen wir statt der Essigsäure destilliertes Wasser unter dem Deckglas durch, und bei einem dritten 10%ige Kochsalzlösung. Wir finden, daß die roten Blutkörperchen in destilliertem Wasser platzen, in der 10%igen Kochsalzlösung aber schrumpfen und zackige, stechapfelähnliche Formen annehmen. Die Salzkonzentration im Innern der roten Blutkörperchen entspricht nämlich ungefähr einer 0,9%igen Kochsalzlösung. In dieser, die wir deshalb auch „physiologische Kochsalzlösung" nennen, bleibt die Form der Blutkörperchen erhalten. Die 10%ige Kochsalzlösung entzieht den Blutkörperchen Wasser und bringt sie dadurch zum Schrumpfen.

30. Spermien (Samenfäden) werden wie Blut behandelt. An einer ganz frischen Keimdrüse eines Stiers (vom Metzger oder aus dem Schlachthof zu beziehen) oder eines Kaninchens wird der Nebenhoden durchschnitten und ein Tröpfchen der hervortretenden Flüssigkeit auf dem Objektträger mit physiologischer Kochsalzlösung vermischt. Beobachtung: Kopf, Mittelstück, Schwanzfaden (Abb. 37); Bewegung (bei einseitigem Ansaugen der Flüssigkeit Schwimmen gegen den Strom).

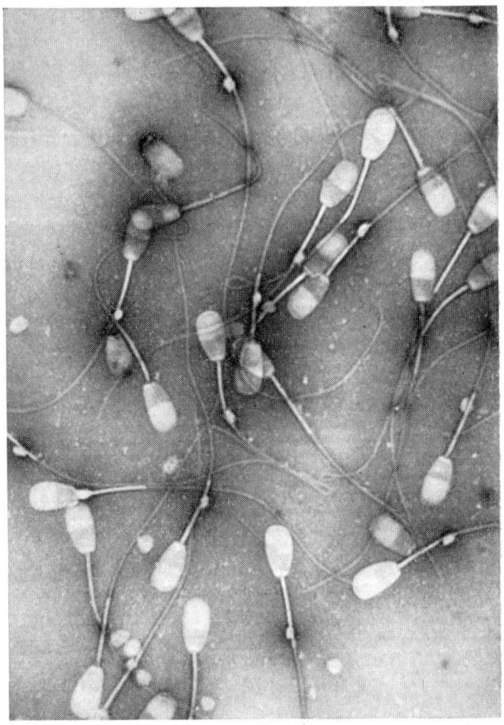

Abb. 37. Spermien des Stiers. Etwa 500fache Vergrößerung Ausstrich nach Breßlau (s. S. 49). Aufnahme M. P. Kage

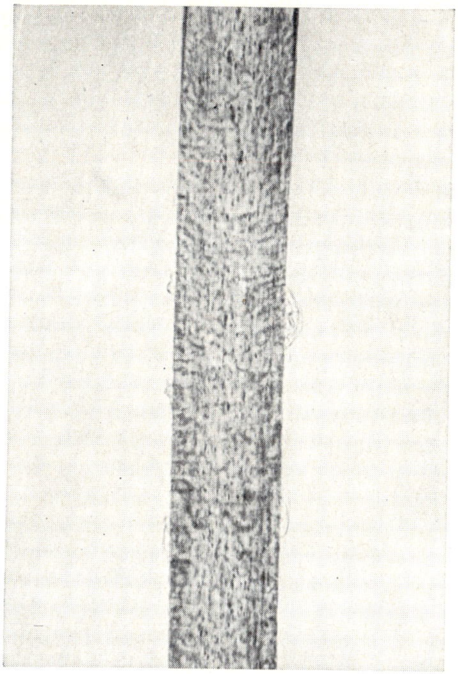

Abb. 38. Menschliches Haar. Objektiv 20×, Okular 10×. Aufnahme M. P. Kage

31. Haare des Menschen. Untersucht wird in einem Tropfen Glycerin. Wir sehen die drei Bestandteile des Haares: In der Mitte das Mark, das eine Säule aufeinanderliegender Zellen darstellt und besonders bei älterem Haar viele Luftbläschen enthält, wodurch das Haar weiß erscheint; dann folgt nach außen die Rindensubstanz. Sie bildet die Hauptmasse des Haares, besteht aus verhornten Oberhautzellen und enthält die Pigmentkörner, die dem Haar die Farbe geben. Nach außen wird das Haar abgeschlossen durch das Oberhäutchen (die Kutikula), das aus glatten, kernlosen, schuppenartig aufeinanderliegenden Zellen zusammengesetzt ist.

Frisch ausgezogenes Haar zeigt den Markzylinder — bei Untersuchung in Wasser — als dunklen Streifen.

Lassen wir zu einem trockenen Haar unter dem Mikroskop einen Tropfen Glycerin zufließen, so können wir die Luftverdrängung aus dem Markzylinder gut beobachten. Jedes Luftbläschen im Mark zeigt sich als silberglänzendes Pünktchen. Außer dem Menschenhaar sind als Material besonders zu empfehlen: Haare vom Schaf (Wolle), die

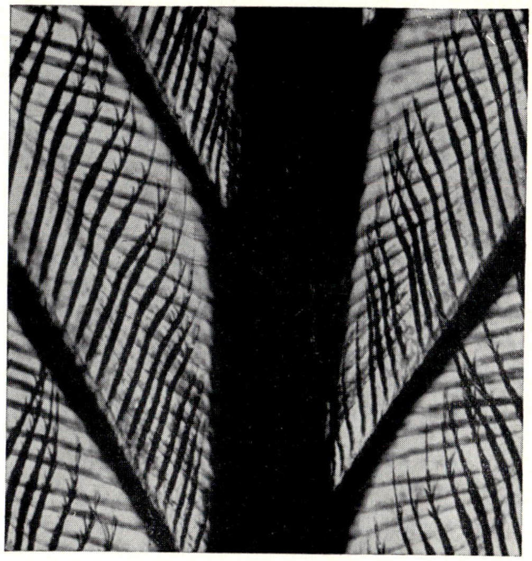

Abb. 39. Sperlingsfeder, 120fach vergr. Aufnahme K. Löfflath

oft kein Mark erkennen lassen, ferner das Haar der Fledermaus mit tütenförmigen Abschnitten, Haare von der Maus und vom Maulwurf.

32. Federn. Daunen von jungen Tauben oder Hühnchen, Spitzen von Deckfedern werden ebenso behandelt wie Haare. Beobachtung an Deckfedern: Äste I. und II. Ordnung (Rami und Radien), an letzteren Häkchen (Radioli) (Abb. 39).

33. Reinigung gebrauchter Objektträger und Deckgläser. Gebrauchte Objektträger und Deckgläser legen wir in ein verschließbares Gefäß mit Brennspiritus (z. B. in ein altes Marmeladeglas). Bei Bedarf werden sie dann mit einem Tuch getrocknet und sind gleich wieder gebrauchsfertig. Der Spiritus muß von Zeit zu Zeit gewechselt werden.

Bei Präparaten, die in Caedax oder Kanadabalsam eingeschlossen sind, müssen wir anders verfahren. Zuerst wird der Objektträger über einer kleinen Flamme erhitzt, wobei das Einschlußmittel so erweicht, daß das Deckglas mühelos entfernt werden kann. Darauf kommen Objektträger und Deckgläser in gebrauchtes Xylol oder in Petroleum, worin sich der Balsam auflöst. Zur Entfernung des Xylols bzw. Petroleums werden die Gläser dann noch in Brennspiritus abgespült.

Stark verschmutzte Objektträger lassen sich oft mit einem der Reinigungsmittel mit starker Netzwirkung (z. B. Rei oder Pril) säubern.

D. Insektenpräparate

(Die ersten Dauerpräparate)

Die vielgestaltige und so außerordentlich formenprächtige Insektenwelt bildet für den Anfänger eine unerschöpfliche Quelle lehrreicher Präparate, zu deren Herstellung keine besonderen Kenntnisse erforderlich sind.

Schon die eigenartigen Mundwerkzeuge der einzelnen Insektenarten ergeben eine ganze Sammlung; auch die Augen mit ihren eckigen Facetten, die Taster, die verschiedenen Formen von Fühlern, die Beine mit den verschiedenartigsten Endgliedern, die Flügel u. a. sind dankbare Objekte, die sich mühelos präparieren lassen. Wir greifen einige Beispiele heraus, die als Vorbilder für ähnliche Arbeiten dienen können.

Getötet werden die Insekten zweckmäßig mit Cyankali oder Chloroform. Cyankali ist ein gefährliches Gift und deshalb nur schwer zu beschaffen. Für unsere Zwecke genügt Chloroform vollauf. Wir beschaffen uns ein geeignetes, mit Kork verschließbares Röhrchen (größeres Tablettenröhrchen oder eines der bei der Kosmos-Lehrmittelabt. erhältlichen Präparategläser). Den Korken durchstechen wir mit einem Stückchen Draht; das Ende des Drahts soll aus dem unteren Teil des Korkens 2—3 cm vorstehen. Der Draht wird mit einem Wattebausch eng umwickelt und die Watte vor Gebrauch mit Chloroform gut durchtränkt. Der Kork ist so auf das Röhrchen aufzusetzen, daß der ins Innere ragende Wattebausch die Wandung möglichst nicht berührt. Haben wir nun ein Insekt gefangen, so nehmen wir den Korken ab, praktizieren das Tier in das Glasröhrchen (nach einiger Übung gelingt das leicht) und setzen rasch den Korken mit der chloroformgetränkten Watte wieder auf. Die Chloroformdämpfe töten das Tier in kürzester Zeit [8]).

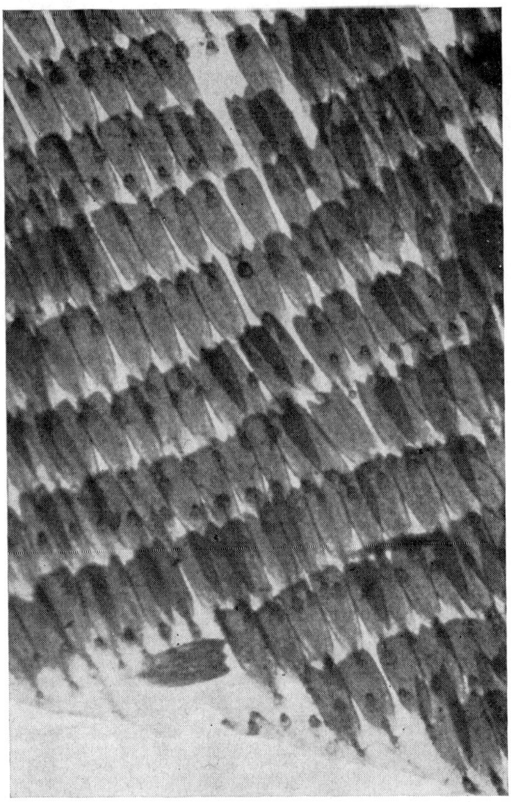

Abb. 40. Schmetterlingsschuppen. Aufnahme Dr. Mutschke

34. Schuppen eines Schmetterlings. Aus dünner Pappe schneiden wir uns einen Ring zurecht, dessen innerer Durchmesser etwas kleiner sein soll als der Durchmesser der verwendeten Deckgläser. Der Pappering wird in Caedax getaucht und — nach Abtropfen des überschüssigen Caedax — auf einen Objektträger fest angedrückt. Auf die Oberseite des Ringes tragen wir mit einem Glasstab noch rund herum einen ganz dünnen Caedaxstreifen auf. Nun tupfen wir ein Stück eines Schmetterlingsflügels kräftig auf ein Deckglas — auf der Glasfläche bleibt ein feiner Staub zurück, den wir uns näher ansehen wollen. Dazu drehen wir das Deckglas vorsichtig um (die Hauptmenge des Staubes bleibt dennoch am Glase haften), und legen es — Schichtseite nach unten — auf den vorbereiteten Pappering auf. Der aufgetragene Caedax verklebt die Deckglasränder fest mit der Pappe; in der Mitte haben wir jetzt ein „Fenster“, durch das wir den Staub des Schmetterlingsflügels mikroskopieren können.

Der „Staub“ besteht aus äußerst regelmäßigen Schuppen mit Längs- und Querstreifung, mit gezähntem oder glattem Rand und mannigfaltiger Färbung. Reizvoll ist es, die Schuppen verschiedener Schmetterlingsarten mikroskopisch zu vergleichen. Das können wir jetzt mühelos machen, denn unser Präparat ist ein Dauerpräparat, das beliebig lange aufbewahrt werden kann.

35. Schmetterlingsflügel kann man auf die gleiche Weise ganz oder stückweise einlegen. Da aber ein solches Präparat zu dick ist, um für durchfallendes Licht als Luft- oder Trokkenpräparat behandelt zu werden, stellen wir davon besser ein Caedaxpräparat her. Wir übergießen

[8]) Eingehende Angaben über Fang und Präparation von Insekten sind in *Stehli*, Sammeln und Präparieren von Tieren zu finden (Franckh, Stuttgart).

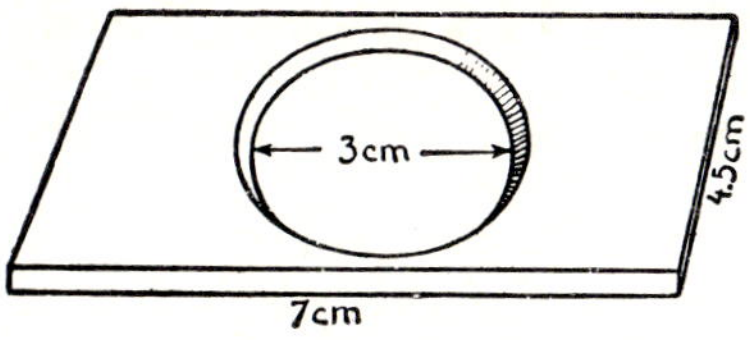

Abb. 41. Uhrglasteller

das mit der Schere abgeschnittene Stückchen in einem Uhrglas oder Salznäpfchen mit Xylol. Wir decken gut zu, damit sich das Xylol nicht trübt, und lassen das Ganze 2—3 Stunden stehen. Das Uhrglas kann man auf einen kleinen Uhrglasteller stellen, ein rechteckiges Holzbrettchen mit passendem Ausschnitt in der Mitte, das man mit der Laubsäge aus Zigarrenkistenholz leicht herstellen kann.

Auf den Objektträger bringen wir einen dem Deckglas entsprechend großen Tropfen Caedax und legen den xyloldurchtränkten Flügel mit einer Nadel hinein. Mit zwei Präpariernadeln, die mit etwas Xylol angefeuchtet sind, wird der Flügel so angeordnet, daß das Präparat ein übersichtliches Bild bietet. Dann wird ein Deckglas aufgelegt, und das Dauerpräparat ist fertig. Haben sich Luftblasen eingeschlichen, so werden sie durch gelindes Erwärmen über einer kleinen Flamme beseitigt. Sie werden mit einer heißen Nadel aufgestochen, sobald sie an den Rand des Deckglases kommen. Will das Deckglas, namentlich bei dicken Objekten, nicht waagerecht liegen bleiben, so unterlegen wir Deckglassplitterchen und füllen den Zwischenraum mit Caedax auf.

Das Präparat wird nun zum Trocknen flach und staubsicher ausgelegt. Später klebt man zur dauernden Bezeichnung rechts und links vom Deckglas je ein Papier- oder Pappetikett auf. Auf dem einen Etikett wird die systematische Bezeichnung des Objekts vermerkt (neben dem deutschen Namen auch die wissenschaftliche Bezeichnung), auf dem anderen werden die angewandte Färbung, Einschlußmittel, Fundort, Datum der Anfertigung, Name des Herstellers eingetragen.

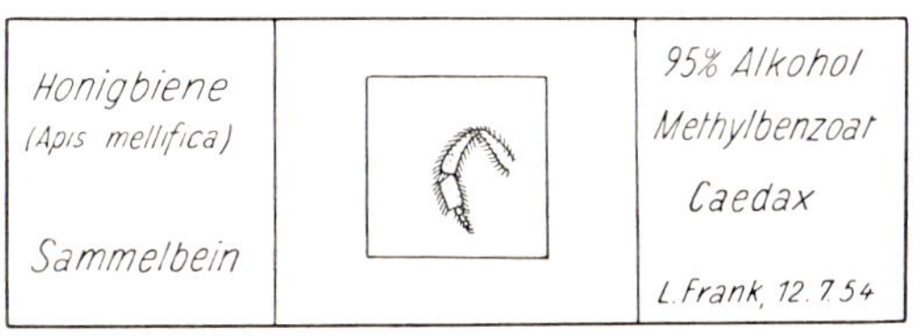

Abb. 42. Richtig montiertes und signiertes Dauerpräparat

Da ein mikroskopisches Dauerpräparat nur dann seinen vollen Zweck erfüllt, wenn es richtig und ausreichend „signiert" ist, d. h. alle Angaben trägt, die zur völligen Orientierung über das Objekt nötig sind, sollte sich jeder Mikroskopiker von vornherein angewöhnen, kein Präparat in seine Sammlung einzureihen, das diesen Forderungen nicht vollständig genügt.

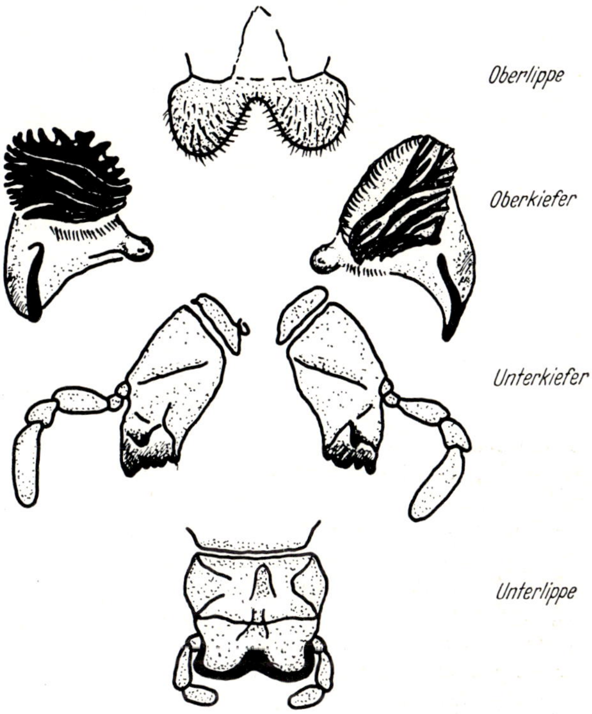

Abb. 43. Freipräparierte Mundwerkzeuge vom Maikäfer.
Nach Osterwald aus Mikrokosmos

36. Maikäfer-Mundwerkzeuge. Der Maikäfer wird in Alkohol, Äther oder Chloroform getötet, in 70%igem Alkohol konserviert und möglichst frisch verarbeitet. Die Mundwerkzeuge werden mit der Pinzette und der feinen Schere herauspräpariert, in ein Schälchen mit 95%igem Alkohol (Brennspiritus) geworfen und mindestens eine Stunde lang darin gelassen. Dann wird in Methylbenzoat übertragen, das dem Gewebe die letzten Wasserspuren entzieht und es gleichzeitig durchscheinend macht („aufhellt"). Die Objekte müssen so lange im Methylbenzoat bleiben, bis sie zu Boden gesunken und ganz durchscheinend sind. Unter Umständen kann das Stunden dauern. Wir können — fehlt es an der Zeit zur weiteren Präparation — die Objekte aber auch ohne Schaden

Abb. 44. Kochen in Kalilauge zur Mazeration von Weichteilen. Aufnahme Fritz Baur

mehrere Tage im Methylbenzoat lassen. Das Schälchen mit Methylbenzoat muß gut verschlossen sein[9]).

Die aufgehellten Stücke werden schließlich in Caedax eingebettet: Auf den Objektträger kommt ein Tropfen Caedax, in den die Teile mit Nadel und Pinzette vorsichtig übertragen werden. Mit zwei Nadeln werden die einzelnen Teile dann so angeordnet, daß das Präparat ein übersichtliches Bild der Mundwerkzeuge des Maikäfers bietet: Oberlippe, zwei starke gezähnelte Oberkiefer, zwei behaarte Unterkiefer mit Tastern, gegliederte Unterlippe (Abb. 43). Zuletzt wird noch ein Deckglas aufgelegt und das Dauerpräparat ist fertig. Ebenso wie die Mundwerkzeuge des Maikäfers können wir die der übrigen Insekten untersuchen. Auskunft über den verschiedenartigen Bau der Insektenmundwerkzeuge gibt jedes gute Lehrbuch der Zoologie (z. B. *Kühn*, Grundriß der allgemeinen Zoologie, Verlag Georg Thieme, Stuttgart).

Steht Methylbenzoat nicht zur Verfügung, so können wir als Aufhellungsmittel auch Xylol nehmen. Xylol vermag aber keine Wasserspuren aufzunehmen, weshalb die Objekte restlos entwässert sein müssen, bevor sie in Xylol verbracht werden. Die Entwässerung durch Austrocknen ist an und für sich möglich. Die Objekte schrumpfen beim Austrocknen jedoch so stark, daß feinere Strukturen für die Untersuchung nicht mehr zugänglich sind. Wir verwenden deshalb zur Entwässerung absoluten (d. h. 100%igen) Isopropylalkohol[10]). Die Mundwerkzeuge (oder ähnliche Objekte) werden aus 94%igem Alkohol in abs. Isopropylalkohol gelegt, verweilen in diesem eine bis mehrere Stunden, kommen dann für Stunden bis Tage in Xylol und werden hieraus wie beschrieben in Caedax eingebettet.

C a e d a x ist ein Kunstharz, das an der Luft allmählich trocknet. Mit Caedax angefertigte Dauerpräparate sind hervorragend haltbar, und man wird — sorgfältige Herstellung vorausgesetzt — kaum einmal erleben, daß ein Caedax-Präparat verdirbt. Caedax löst sich in Xylol, Methylbenzoat und Terpineol, nicht aber in Wasser oder Alkohol. Alle in Caedax einzuschließenden Objekte müssen deswegen zuerst in Alkohol entwässert werden (empfindliche Objekte sogar in Alkoholstufen von 20 zu 20%). Der Alkohol wird dann vor dem Einschluß mit einem Lösungsmittel entfernt, das sich sowohl in Alkohol als auch in Caedax löst, bei unserem Beispiel also Methylbenzoat oder Xylol.

Caedax-Präparate trocknen verhältnismäßig langsam. Man kann den Trocknungsprozeß beschleunigen, wenn man die Präparate an einen warmen Ort (Brutschrank oder in die Nähe eines Ofens) legt; die Temperatur sollte dabei aber keinesfalls 50° C überschreiten. Besser ist es, den Caedaxtropfen von vornherein so klein zu wählen, daß er nur gerade den Raum unter dem Deckglas ausfüllt; die Präparate werden dann rascher fest. Bei Schnittpräparaten sollte man ohnehin nur so viel Caedax zum Einschluß verwenden wie unerläßlich nötig ist.

Früher wurde als Einschlußmittel vor allem Kanadabalsam verwendet. Die Anwendung ist die gleiche wie bei Caedax. Kanadabalsam hat den Nachteil, daß gefärbte Präparate in ihm nicht sicher haltbar sind, da er meistens etwas nachsäuert. Alle Objekte, die in Kanadabalsam oder Caedax eingeschlossen werden, müssen zuvor t a d e l l o s entwässert und völlig mit Xylol, Methylbenzoat oder Terpineol durchtränkt sein. An Stelle der schönen Aufhellung durch das Harz erhält man sonst häßliche Trübungen.

Zu stark eingedickter Caedax oder Kanadabalsam kann mit Xylol wieder gelöst werden (nur reinstes Xylol verwenden!).

Die immerhin zeitraubende Caedaxeinbettung läßt sich umgehen durch die Verwendung wasserlöslicher Einschlußmittel wie Glycerin, Glyceringelatine und Gelatinol (s. S. 38). Caedaxpräparate sind aber dank der guten Aufhellung schöner als die mit anderen Einschlußmitteln hergestellten Präparate.

Zur Aufhellung stark pigmentierter Gewebe und zur Erweichung von Chitin verwendet man eine Lösung von Chlordioxyd. Die Herstellung von

[9]) Hervorragend geeignet für derartige Arbeiten sind die kleinen Präparategläser mit Kork, die von der Abt. Kosmos-Lehrmittel der Franckh'schen Verlagshandlung billig geliefert werden.

[10]) Isopropylalkohol ist viel billiger als abs. Äthylalkohol und genau so gut wie dieser zu verwenden.

Chlordioxyd ist sehr gefährlich. Wir verwenden deshalb eine gebrauchsfertig zu beziehende Chlordioxyd-Essigsäure-Lösung, die unter dem Namen Diaphanol im Handel ist. Mit dem fertigen Diaphanol können wir — bei gebührender Vorsicht — völlig gefahrlos arbeiten (Diaphanol kann vom Chemikalienhandel bezogen werden). Wir nehmen ein geeignetes, mit Kork verschließbares Glasröhrchen und dichten den Kork gut mit Vaseline ab. In das Glasröhrchen füllen wir Diaphanol und bewahren es im Dunkeln auf. Chlordioxyd reizt die Schleimhäute äußerst unangenehm (Atem anhalten!). Stark pigmentierte Objekte bringt man aus 65%igem Alkohol in Diaphanol und beläßt sie darin, bis sie genügend gebleicht sind (u. U. einige Tage). Danach werden die Objekte in mehrfach gewechseltem 65%igem Alkohol gut ausgewaschen. Diaphanol ist nur solange brauchbar, wie es kräftig gelb gefärbt ist. Beginnt sich die Lösung zu entfärben, so schütten wir sie weg. In den meisten Fällen wird die Aufhellung mit Methylbenzoat oder Xylol genügen; für den Anfang werden wir daher auch ohne Chlordioxyd auskommen können.

37. Maikäferauge. Das Auge läßt sich aus dem Kopf mit Schere, Pinzette und Nadeln leicht herauspräparieren. Da das Objekt sehr dick und reich an Farbstoff ist, muß das Chitin von den Weichteilen befreit und isoliert werden. Ein einfaches Mittel zur Zerstörung der Weichteile (Mazeration) ist das Kochen der betreffenden Objekte in 20—30%iger Kalilauge. Die Kalilauge löst das Fleisch auf, die Hornhaut des Auges löst sich ab und kann nun gut mikroskopiert werden. Wir schneiden das Auge ab und bringen es in ein Reagenzgläschen oder in ein Kochkölbchen, in dem sich ein wenig Kalilauge befindet. Beim Kochen ist Vorsicht geboten, denn die Kalilauge spritzt leicht heraus und kann gefährliche Verletzungen des Auges herbeiführen. Wir halten daher beim Erhitzen von Lauge die Öffnung des Reagenzglases stets von uns weg (Abb. 44). Spritzt Lauge auf Hände oder Kleider, so wäscht man sofort mit sehr viel Wasser aus und neutralisiert mit Essigsäure. Das stoßende Kochen und plötzliche Herausspritzen der Lauge wird gemindert, wenn man ein Holzspänchen mitkocht.

Nach der Mazeration muß gründlich in Wasser ausgewaschen werden (ein paar Stunden unter öfterem Wasserwechsel). Danach kommt das Objekt mindestens eine halbe Stunde lang in 95%igen Alkohol, worauf wir es wie unter **36** weiterbehandeln.

Im Präparat erkennen wir lauter regelmäßige Sechsecke. Das Insektenauge ist ja aus vielen Einzelaugen zusammengesetzt (Facettenauge), und jedes dieser Sechsecke gehört zu einem der Einzel-

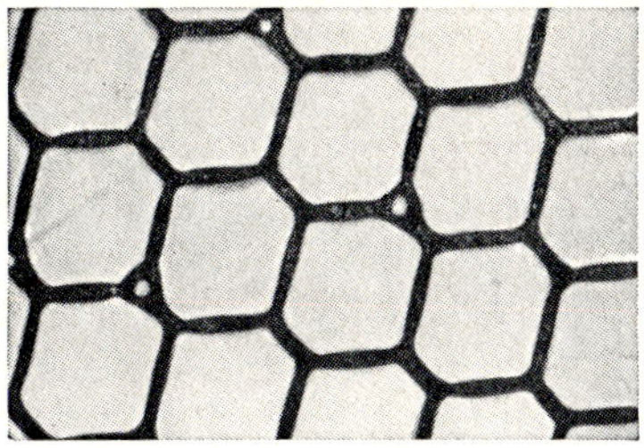

Abb. 45. Hornhaut des Maikäfers

augen (Abb. 45). Mit Hilfe der Mazeration in Kalilauge können wir alle Teile des Chitinskelettes der Insekten präparieren, bei kleinen Insekten (Blattläusen z. B.) sogar die ganzen Tiere. Das Kochen in Kalilauge ist allerdings nur eine „Schnellmethode“, bei der häufig feine Struktureinzelheiten zerstört werden. Besser ist es, die Objekte für mehrere Tage oder sogar 1 bis 2 Wochen lang in kalte Kalilauge zu legen (Gefäße gut verschließen). Die Hornhaut des Maikäferauges ist dünn und zart. Bei größeren Objekten müssen wir natürlich die Auswasch- und Entwässerungszeiten entsprechend verlängern.

38. Stechapparat der Honigbiene. Von der getöteten Biene schneiden wir die letzten Hinterleibssegmente ab und lösen den Stechapparat mit zwei Präpariernadeln in einem Salznäpfchen unter Wasser sorgsam heraus. Die Giftblase und ihre Drüsen lösen sich leicht von den festen Teilen, wenn wir den Stechapparat mit einer Pinzette fassen und vorsichtig losziehen. Von den viereckigen Teilen zu beiden Seiten des Stachels sind die frischen Teile sehr sorgfältig und achtsam zu entfernen, damit die Stachelscheide nicht verletzt wird. Dann kommen die isolierten Organe in Brennspiritus (2 Stunden), von da in Methylbenzoat (2 bis 24 Stunden), und werden in Caedax eingeschlossen. Hornissen- und Wespenstachel werden genau so behandelt.

39. Beine der Honigbiene werden in gleicher Weise über Brennspiritus und Methylbenzoat in Caedax eingebettet. Sie sind leicht mit der Schere abzutrennen. Das Vorderbein zeigt die für das Insektenbein charakteristischen Teile: Hüfte, Schenkelring, Schenkel, Schiene und den aus mehreren Gliedern bestehenden Fuß, dessen letztes Glied die Klauen und den Haftlappen trägt. An der oberen Ecke des Fußes bemerken wir den Putzapparat für die bei der Nahrungssuche beschmutzten Fühler; er besteht aus einer Putzscharte und einem Dorn. Am Hinterbein (Abb. 46), von dem wir nur den unteren Teil bis einschließlich der Schiene einbetten, interessiert uns vor allem das „Höschen“ oder „Körbchen“ zum Transport des

Abb. 46. Honigbiene, Sammelfuß. Aufnahme Dr. Mutschke

gesammelten Blütenstaubes, die innen muldenförmig ausgehöhlte Schiene, und ferner die Bürste, mehrere Reihen von Borsten am ersten Fußglied.

Ebenso wie die Beine der Honigbiene präparieren wir den interessanten Fuß einer Stubenfliege, das Hinterbein eines Wasserkäfers (z. B. vom Gelbrand), einer Spinne, einer Feldheuschrecke oder die zu Grabschaufeln umgewandelten Vorderbeine einer Maulwurfsgrille.

40. Küchenschabe-Kaumagen. Die Küchenschabe wird in Alkohol getötet und an der Bauchseite mit der Schere der Länge nach aufgeschnitten. An der Speiseröhre sehen wir eine Art Kropf und dahinter ein kugeliges Gebilde von der Größe einer kleinen Erbse, den Kaumagen. Den Kaumagen schneiden wir von der Speiseröhre und dem Darm ab, schneiden ihn der Länge nach auf, kochen 10 Minuten in Kalilauge, wässern

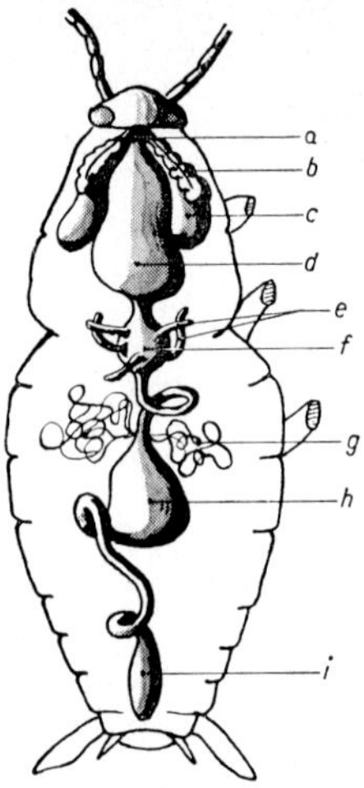

Abb. 47. Verdauungsorgane der Küchenschabe. a = Speiseröhre, b = Speicheldrüse, c = Reservoir der Speicheldrüse, d = Kropf, e = Blindschläuche, f = Muskelmagen, g = Malpighische Gefäße, h = Dickdarm, i = Enddarm, gez. von Dr. Mutschke

gründlich in Wasser, entwässern in Alkohol (70%igem und 95%igem) und hellen in Methylbenzoat auf. Zum Schluß wird der Magen auf dem Objektträger ausgebreitet und in Caedax eingeschlossen. Die Chitinspitzen erscheinen sehr schön braun differenziert.

Wir können beim Einlegen von Chitinteilen der Insekten stets von einer Färbung absehen, da das Chitin schon dunkel genug ist.

Präparate von Chitinteilen sind meist recht dick, weshalb wir ziemlich viel Caedax verwenden müssen. Da solche Präparate nur langsam trocknen, müssen sie nach der Fertigstellung noch längere Zeit waagerecht lagern.

41. Flöhe, Wanzen, Läuse und Mükken werden als Totalpräparate in Caedax eingebettet, nachdem sie zuvor ein paar Stunden in 95%igem Alkohol und dann beliebig lange in Methylbenzoat gelegen haben. Damit die Objekte vom Deckglas nicht flachgedrückt werden, muß man sie

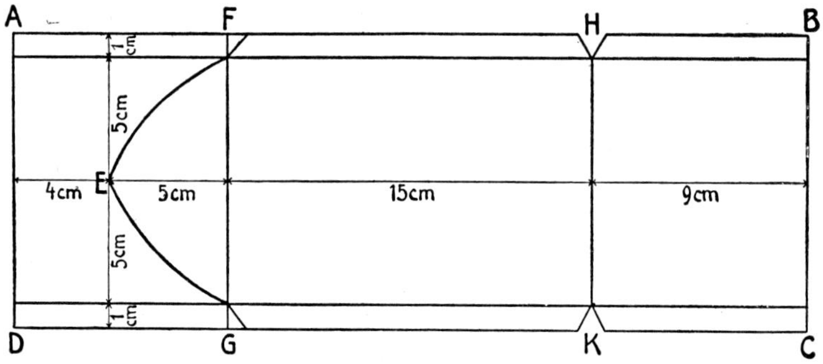

Abb. 48a. Wärmebank im Grundriß

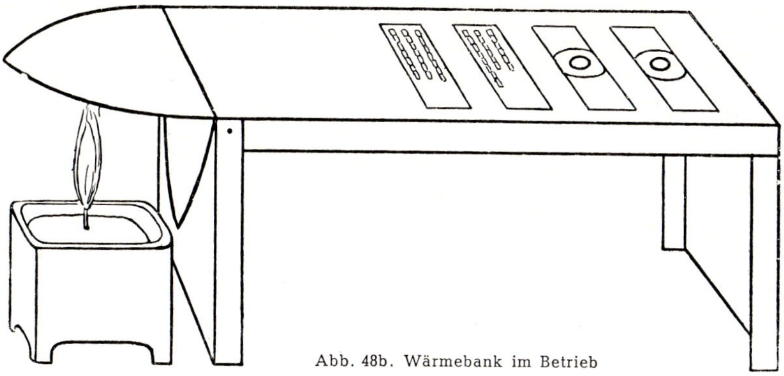

Abb. 48b. Wärmebank im Betrieb

in einer 1—2 mm hohen Wanne unterbringen, die wir leicht selbst anfertigen können. Wir lassen uns dazu — wenn wir nicht selbst einen Glaserdiamanten besitzen — von einem Glaser aus entsprechend dünnem Glas (zerbrochene Objektträger, alte Photoplatten) 2—3 mm breite und etwa 15 mm lange Streifen schneiden, die wir, zu einem Viereck zusammengelegt, mit Caedax auf dem Objektträger festkitten. Der so geschaffene Raum wird mit Caedax gefüllt, worauf wir das Objekt einlegen und vorsichtig ein Deckglas darüber decken. Das Ganze wird mehrmals leicht angewärmt und wieder abgekühlt, bis das Präparat die nötige Festigkeit zeigt. Dabei müssen wir gut darauf achten, daß wir nicht zu stark erhitzen; sonst beginnt das Harz zu sieden und durchsetzt sich mit häßlichen Luftblasen. Wir benützen daher zum Erwärmen statt der stark heizenden Flamme besser eine Wärmebank, die auch sonst in der Mikrotechnik gute Dienste leistet.

Die Selbstanfertigung einer Wärmebank ist einfach. Wir brauchen dazu nur ein rechteckiges Stück Eisenblech von 33 cm Länge und 12 cm Breite, auf dem wir nach Abb. 48 a 9 cm von den Schmalseiten AD und BC entfernt zwei Linien FC und HK ziehen. Bei H, K, F und G schneiden wir Kerben aus, nachdem wir an den beiden Längsseiten einen 1 cm breiten Rand angezeichnet haben. Weiter markieren wir 5 cm von der Linie FG entfernt auf der Längsachse den Punkt E und schneiden der Zeichnung entsprechend die Zunge FEG aus, die als Verlängerung der Tischfläche waagerecht stehen bleibt, während wir die beiden Seitenteile senkrecht nach unten biegen und ebenso den Rand umlegen. Damit ist die Wärmebank fertig (s. Abb. 48 b). Unter die Blechzunge kommt ein ganz kleines Spirituslämpchen, das eine ziemlich gleichmäßige Wärme entwickelt. Der der Flamme fern liegende Tischteil bleibt stets kühler; er wird daher zum Auflegen der halbfertigen Präparate benützt, während die fertigen auf die Flammenseite kommen.

Solche Totalpräparate sind dankbare und interessante Objekte, die charakteristische Einzelheiten gut erkennen lassen. So fallen uns an dem Flohpräparat die kräftigen, mit vielen Dornen und Stacheln besetzten Füße auf, ferner das ganze Arsenal von Waffen am Kopf wie lanzenförmige Schneide-

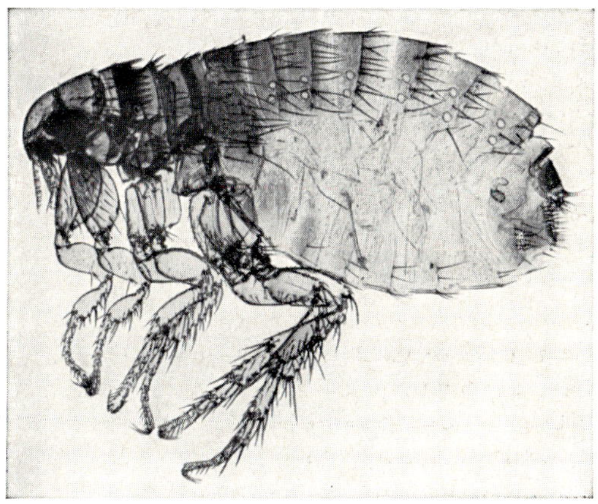

Abb. 49. Hundefloh (*Ctenocephalides canis*), nat. Größe 2,81 mm. Aufnahme H. J. Reinig

blätter (Oberkiefer), der hohe glatte Saugstachel und zwei kürzere Schneideblätter (Unterkiefer) in Form von Degenklingen. Deutlich sind auch die Tracheenöffnungen am Leib zu sehen. Die Flöhe von Hund und Katze haben um den Hals einen aus schwarzen Spitzen bestehenden Kamm, der dem Menschenfloh fehlt.

42. Milben werden in 70%igem Alkohol konserviert und können dann über 80%igen und 95%igen Alkohol und Methylbenzoat in Caedax eingebettet werden. Leider werden dabei die Objekte sehr brüchig und oft verkrümmen sich die Gliedmaßen in unnatürlicher Weise. Nach *Vitzthum* ist folgendes Verfahren vorzuziehen:

Unmittelbar aus dem 70%igen Alkohol wird in kalter Milchsäure (75%, wie käuflich) aufgehellt. Die Milchsäure bewirkt eine Streckung der Gliedmaßen. Nach 1—24 Stunden werden die Milben in *Faure*scher Lösung eingeschlossen.

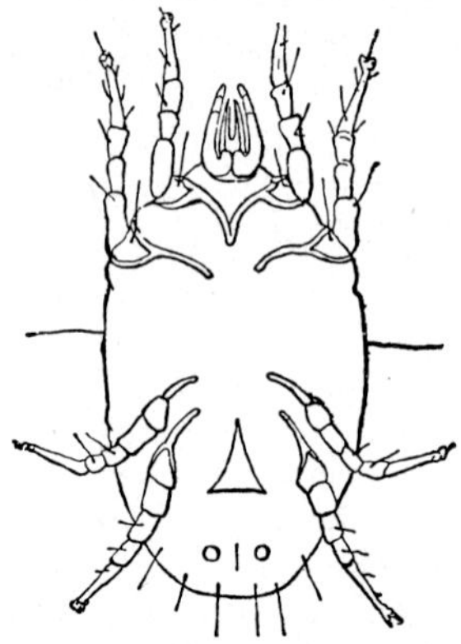

Abb. 50. Mehlmilbe (nach Maurizio aus Hager-Tobler)

F a u r e s c h e L ö s u n g müssen wir uns selbst herstellen:

100 g destilliertes Wasser, 100 g Chloralhydrat, 40 g Glycerin, 60 g Gummi arabicum werden vereinigt. Das Gummi arabicum nehmen wir in ausgesucht klaren Stücken, keinesfalls in der stark verunreinigten pulverisierten Form. Man gießt erst Wasser und Glycerin zusammen, löst darin das Chloralhydrat und setzt schließlich das Gummi arabicum zu. Gummi arabicum löst sich nur sehr langsam. Wir müssen mehrere Tage warten und immer wieder die Flasche mit der Lösung umschütteln. Die dicke Flüssigkeit muß zuletzt noch durch Filtrierpapier filtriert werden, wobei meist sehr viel Substanz verlorengeht.

Die mit *Faure*scher Lösung hergestellten Präparate müssen mit einem Lackring versehen werden (siehe S. 45).

Einfacher anzuwenden und leichter herzustellen als die *Faure*sche Lösung ist das P o l y v i n y l l a k t o p h e n o l. Polyvinyllaktophenol ist ein neues Einschlußmittel, das sehr gut zu sein scheint; allerdings können über die Haltbarkeit der mit ihm hergestellten Präparate noch keine bindenden Aussagen gemacht werden, im Gegensatz zu der seit langer Zeit erprobten und bewährten *Faure*schen Lösung.

Die nachstehenden Angaben entnehmen wir einem Aufsatz von *Zumpt* im Mikrokosmos (42. Jg., S. 101, 1953):

In warmem destilliertem Wasser löst man unter ständigem Umrühren so viel Polyvinylalkohol, bis sich eine sirupartige Lösung bildet. Nach einigen Stunden wird die Lösung klar (notfalls erhitzt man sie nochmals im Wasserbad), worauf man zu 5 Teilen der Polyvinylalkohollösung 2 Teile Phenol und 2 Teile Milchsäure gibt. Lackumrandung der Präparate ist überflüssig.

43. D e r E i n s c h l u ß i n G e l a t i n o l. Seit Jahrzehnten wurde von Mikroskopikern immer wieder der Wunsch nach einem Einschlußmittel geäußert, das ebenso wie Caedax oder Kanadabalsam harzartig erstarrt, dabei aber wasserlöslich ist. Ein solches Einschlußmittel würde die zeitraubende Entwässerung in vielen Fällen überflüssig machen. Die seither bekannten wasserlöslichen Einschlußmittel (z. B. Glycerin und Glyceringelatine) sind nicht leicht anzuwenden und gewähren keine Sicherheit für die Haltbarkeit der Präparate. Erst 1954 kam als wasserlösliches, harzartig erstarrendes Einschlußmittel das von *v. Vormizeele* entwickelte und im Mikrokosmos (43. Jg., 141, 1954) beschriebene G e l a t i n o l in den Handel. Gelatinol ist allen anderen wasserlöslichen Einschlußmitteln überlegen. Allerdings kann es den Caedax nicht ersetzen, da in Gelatinol nur wenige Färbungen haltbar sind und da für viele Objekte der Brechungsindex von Gelatinol nicht günstig ist. Gelatinol eignet sich für Schnellverfahren und für den Einschluß von Fettfärbungen (s. S. 63). Mehrfach wurde beobachtet, daß Gelatinol nach einigen Monaten oder sogar schon nach einigen Wochen in der Vorratsflasche erstarrte und dann nach Lösen in Wasser nur noch bedingt zu gebrauchen war. Es ist daher zu raten, jeweils nur kleine Mengen von Gelatinol zu kaufen. Bei dem sehr geringen Preis spielt es dann keine Rolle, wenn einmal ein paar Kubikzentimeter verderben.

Kleine Insekten (Mückenlarven, Urinsekten, Blattläuse), Milben u. ä. werden in einer Mischung aus einem Teil der käuflichen 40%igen Formaldehydlösung („Formol“) und vier Teilen Leitungswasser getötet. Aus dem Formol legt man die Objekte auf einen Objektträger, saugt mit Filtrierpapier den Überschuß an Flüssigkeit ab und bedeckt mit einem Tropfen Gelatinol. Nach Auflegen eines Deckglases ist das Dauerpräparat schon fertig. Im Laufe der nächsten Tage dringt das Gelatinol in das Tier ein und hellt es schön auf.

Ganz kleine Tiere und kleine Teile von Insekten können gleich nach dem Töten in Gelatinol eingeschlossen werden. Größere Objekte beläßt man besser so lange im Formol, bis sie ganz damit durchtränkt sind. Das dauert Stunden bis Tage, doch schadet auch längerer Aufenthalt im Formol nicht; in noch stärker verdünntem Formol (1 : 9) kann man Tiere und tierische Organe sogar jahrelang aufbewahren.

Objekte, die zuvor in Alkohol lagen, werden vor dem Einschluß in Gelatinol mit Wasser ausgewaschen.

Zum Einschluß von Algen und anderen besonders zarten und empfindlichen Objekten eignet sich Gelatinol nicht. Gerade bei Insekten und Milben

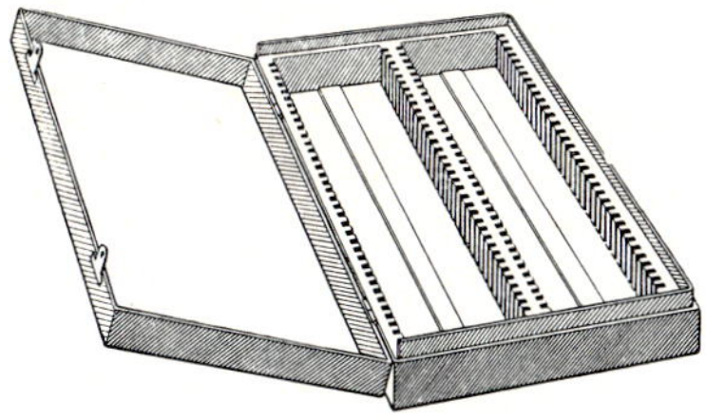

a

Abb. 51.

b

a = Sammelkasten für 100 Präparate
b = Sammelmappe für 20 Präparate

können wir aber mit Gelatinol eine große Sammlung von Dauerpräparaten in kürzester Zeit anlegen. Eine solche Sammlung kann für Vergleichszwecke überaus wertvoll sein.

44. Aufbewahrung der Dauerpräparate. Bei frischen Dauerpräparaten besteht immer die Gefahr, daß das Deckglas verrutscht. Die Präparate müssen daher während der ersten Wochen waagerecht gelagert werden, wozu sich die Sammelmappen für je 20 Präparate besonders gut eignen. Zur endgültigen Aufbewahrung verwenden wir Präparatekästen, in die je 50 oder 100 Präparate senkrecht eingestellt werden können. Die Präparate müssen vor Feuchtigkeit, Staub und Licht geschützt werden. Besonders bei gefärbten Objekten kann sich lange (Tage oder Wochen dauernde) Belichtung sehr schädlich auswirken. Die verhältnismäßig kurze Belichtung während der Untersuchung ist dagegen ganz unbedenklich.

Zerbrochene Caedaxpräparate kann man oft noch retten, wenn man sie in Xylol einlegt und wartet, bis sich das Deckglas ablöst. Man bettet dann die Objekte vorsichtig auf einem neuen Objektträger ein. Allerdings muß man dabei sehr sorgfältig zu Werke gehen, da die Objekte oft außerordentlich brüchig sind.

Sind die Präparate nach einem bestimmtem Plan, der sich nach dem Umfang und dem Inhalt der Sammlung richtet, in Kästen oder Mappen geordnet, so folgt als Schlußarbeit die Anlage einer Präparatekartei, in der jedes Präparat eine besondere Karte mit Raum für erläuternde Notizen erhält. Die Karten wählt man zweckmäßig 15 × 9 cm groß; sie sollten etwa Postkartenstärke haben. Bei sehr großen Sammlungen ist es günstig, für jedes Gebiet eine besondere Farbe zu nehmen, z. B. für zoologische Präparate (Z) rote, für botanische Präparate (BO) grüne, für bakteriologische (Ba) gelbe, für Planktonpräparate (Pl) blaue Karten usw. Wer das vermeiden will, schiebt zwischen die einzelnen Abteilungen der Kartei besondere „Leitkarten" (Schlagwortzettel) ein, die oben links in der Ecke den Sammelnamen der betreffenden Abteilung tragen, und ordnet dann innerhalb der einzelnen Gruppen die Zettel alphabetisch ein. Daß die Kartei mit dem jeder Mappe beigefügten Inhaltsverzeichnis genau übereinstimmen muß, ist selbstverständlich.

Es ist eine „Anfängerkrankheit", jedes Objekt zum Dauerpräparat zu verarbeiten und jedes, auch das schlechteste Dauerpräparat aufzubewahren. Die Lebenduntersuchung steht für uns immer an erster Stelle; denn alle lebenden Strukturen verändern sich beim Abtöten und Präparieren. Wenn irgend möglich, wollen wir unsere Untersuchungsobjekte lebend beobachten, ehe wir sie zu Dauerpräparaten verarbeiten.

Nachlässig hergestellte oder mißglückte Dauerpräparate machen keine Freude. Wir werfen sie darum weg.

E. Streifzüge im Wassertropfen

Jedes stehende Gewässer, ob groß oder klein, weist eine derart reiche und vielgestaltige Kleinlebewelt auf, daß der mikroskopierende Naturfreund niemals um Material verlegen sein wird. Wir können uns daher hier nur auf ganz wenige Beispiele teils pflanzlicher, teils tierischer Natur beschränken. An ihnen wollen wir die verschiedenen erforderlichen Verfahren beschreiben, nach denen jederzeit ähnliche Beobachtungen und Untersuchungen angestellt werden können.

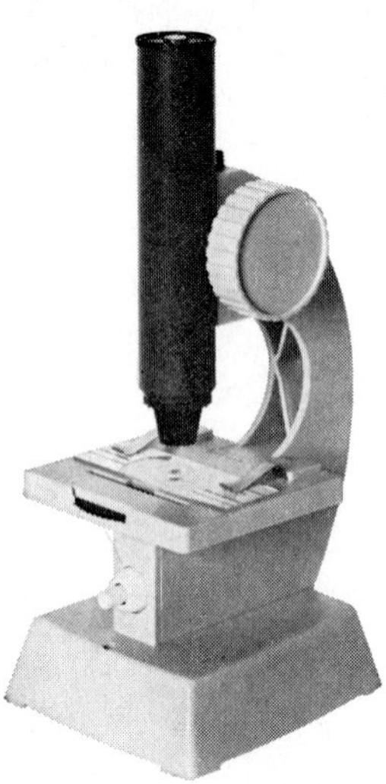

Abb. 52. Das Kosmos-Selbstbaumikroskop

45. Kieselalgen. Kieselalgen oder Diatomeen sind besonders im Frühjahr nach der Schneeschmelze und im Herbst in großen Mengen am Ufer von stehenden Gewässern als braune, schleimige Massen zu finden. Im Sonnenschein steigen diese Ansammlungen an die Oberfläche der Gewässer und können abgeschöpft werden. Auch der braungefärbte Überzug an Steinen und Pfählen im Wasser besteht großenteils aus Diatomeen, die durch Abschaben zu gewinnen sind. Gute Dienste beim Absuchen und erfolgreichen Sammeln leistet das 125fach vergrößernde kleine Kosmos-Selbstbaumikroskop (Abb. 52). Es reicht dazu aus, gleich an Ort und Stelle kleine Proben des aufgenommenen Materials zu untersuchen, wodurch wir die Gefahr vermeiden, viele Gläser mit den gleichen Arten zu füllen! Das zu untersuchende Material bringen wir ohne Deckglas auf einen Objektträger und betrachten es mit kleiner Blende.

Da das Selbstbaumikroskop durch eine Taschenlampenbatterie unabhängig von Tageslicht und Netz ist, können wir zu jeder Tageszeit unsere Funde begutachten.

Lebende Diatomeen werden im Wassertropfen unter dem Deckglas untersucht, wozu starke Vergrößerung und oft auch starke Abblendung nötig sind. Zu sehen sind die kleinen, meist schiffchenförmigen pflanzlichen Gebilde, die langsam, oft ruckweise, bald vorwärts, bald rückwärts durch das Gesichtsfeld steuern. Sie sind in zwei längliche Schalen eingehüllt, die wie Schachtel und Deckel übereinandergreifen (Abb. 53).

In den meisten Fällen wird das Diatomeenmaterial vor der Verarbeitung zu Dauerpräparaten erst gereinigt werden müssen. Zu diesem Zweck geben wir das Material in ein sog. Spitz- oder Kelchglas (Abb. 55), übergießen mit Wasser und schütteln gut um. Nach dem Umschütteln lagern sich die groben Beimischungen rasch ab. Das trübe Wasser wird in ein zweites Kelchglas gegossen. Dieser Wechsel ist so lange fortzusetzen, bis der letzte Bodensatz aus Kieselalgen besteht. Die fei-

a

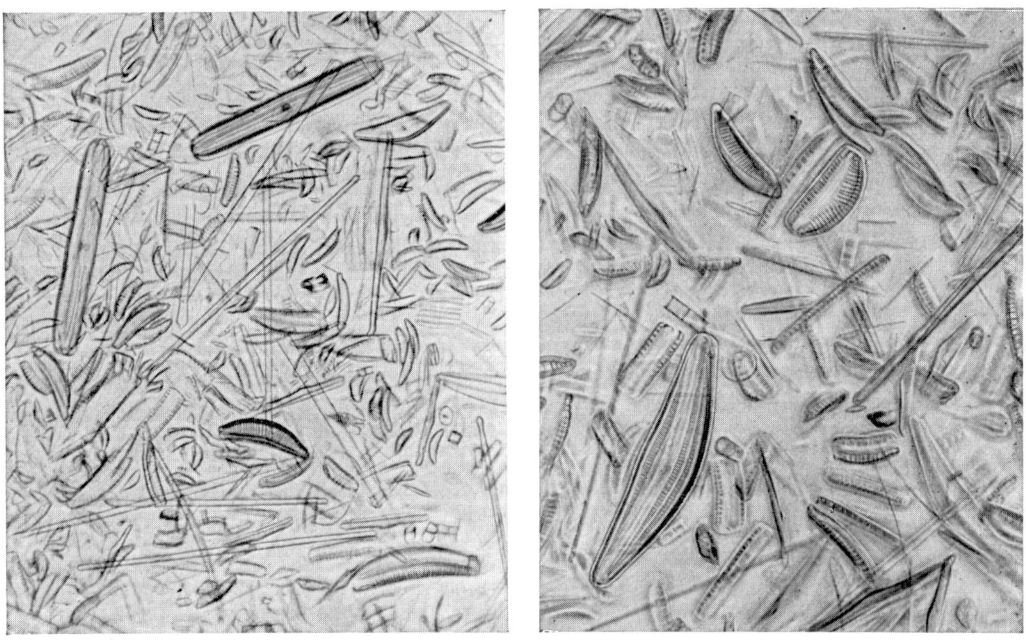

b

Abb. 53. Diatomeen (verschiedene Arten). a = 120fach vergr., b = 255fach vergr.
Aufnahme K. Löfflath

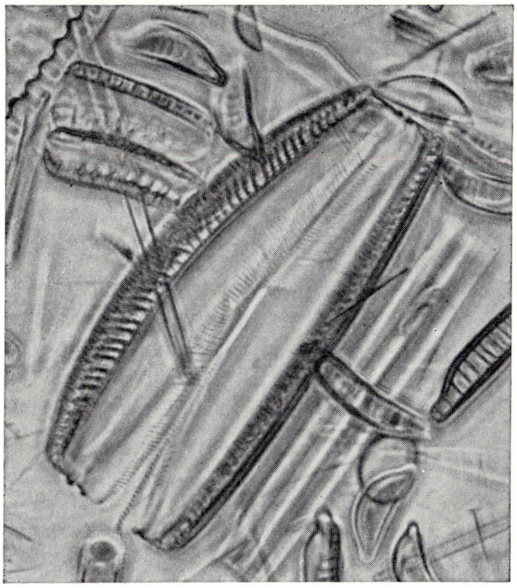

Abb. 53c. Diatomeen, 400fach vergr. Aufnahme K. Löfflath

nen Schalen lagern sich nur langsam ab. Der Inhalt des Kelchglases ist vor Erwärmung zu schützen, damit im Wasser keine Strömungen auftreten können. Bei diesem Schlämmverfahren prüfen wir jeden Bodensatz unter dem Mikroskop, ob Kieselalgen darin vorhanden sind. Nur wenn keine oder nur wenige Diatomeen im Bodensatz sind, wird er weggeschüttet.

Bevor wir nun weiter präparieren, müssen wir uns darüber klar werden, ob wir hauptsächlich die überaus reizvollen Schalenstrukturen untersuchen wollen, oder ob uns der Protoplast mit den Chromatophoren (Farbstoffträgern) mehr interessiert. Im ersten Fall wird der lebende Zellinhalt zerstört, im zweiten sorgfältig „fixiert".

Abb. 54. Planktonnetz aus Seidengaze, als Wurf- und Stocknetz verwendbar, abnehmbares Gefäß mit Bajonettverschluß

46. Diatomeenpräparate. Zur Herstellung eines Schalenpräparats bringen wir auf ein Deckglas einen Tropfen mit möglichst vielen Kieselalgen und lassen ihn staubgeschützt eintrocknen. Das Deckglas wird nun — Schichtseite nach oben — auf ein Glimmerplättchen gelegt und dieses mit der Pinzette über eine kleine Flamme gehalten. Durch die Hitze wird der Zellinhalt der Diatomeen zerstört, doch darf unter gar keinen Umständen das Deckglas zu glühen beginnen; es würde sich sonst stark verbiegen. Die Kieselalgenschicht wird beim Erhitzen zuerst bräunlich, dann grauweiß. Von Zeit zu Zeit lassen wir das Deckglas erkalten und kontrollieren bei schwacher Vergrößerung den Fortgang der Zerstörungsarbeit (auch dabei ausnahmsweise Schichtseite nach oben). Ist alle organische Substanz verschwunden, liegen also die Diatomeen ganz rein vor, so legen wir das Deckglas — jetzt natürlich mit der Schichtseite nach unten — in einen Tropfen Diatomeeneinschlußmittel ein.

Zum Einschluß solcher Schalenpräparate sind die gewöhnlichen Einschlußmittel nicht günstig. Damit

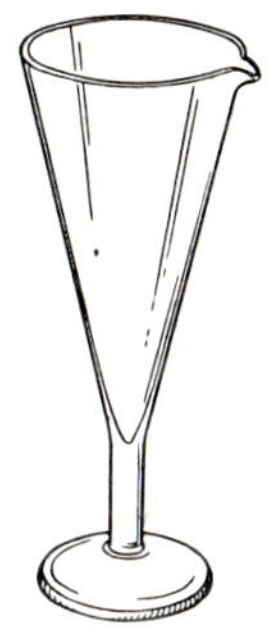

Abb. 55. Spitz- oder Kelchglas

all die zarten, mannigfaltigen Strukturen der Kieselschalen deutlich sichtbar werden, müssen wir ein Einschlußmittel wählen, dessen Lichtbrechung von der der Schalen möglichst verschieden ist[11]. Der einfachste Einschluß eines solchen Schalenpräparats ist der Lufteinschluß, den wir unter **34** schon kennengelernt haben. Besser ist der Einschluß in ein harzähnliches Mittel mit besonders hohem Brechungsindex, z. B. Styrax (Caedax eignet sich zum Einschluß von Diatomeen weniger gut). [12]

[11]) Im Gegensatz dazu soll bei gefärbten Präparaten die Lichtbrechung des Einschlußmittels möglichst nahe an die des eingeschlossenen Gewebes herankommen.

[12]) Eine Zusammenstellung von Diatomeeneinschlußmitteln, z. T. mit Rezepten zur Selbstherstellung, gibt *Erwin Beck* in MIKROKOSMOS **48**, 376—383, H. 12, 1959.

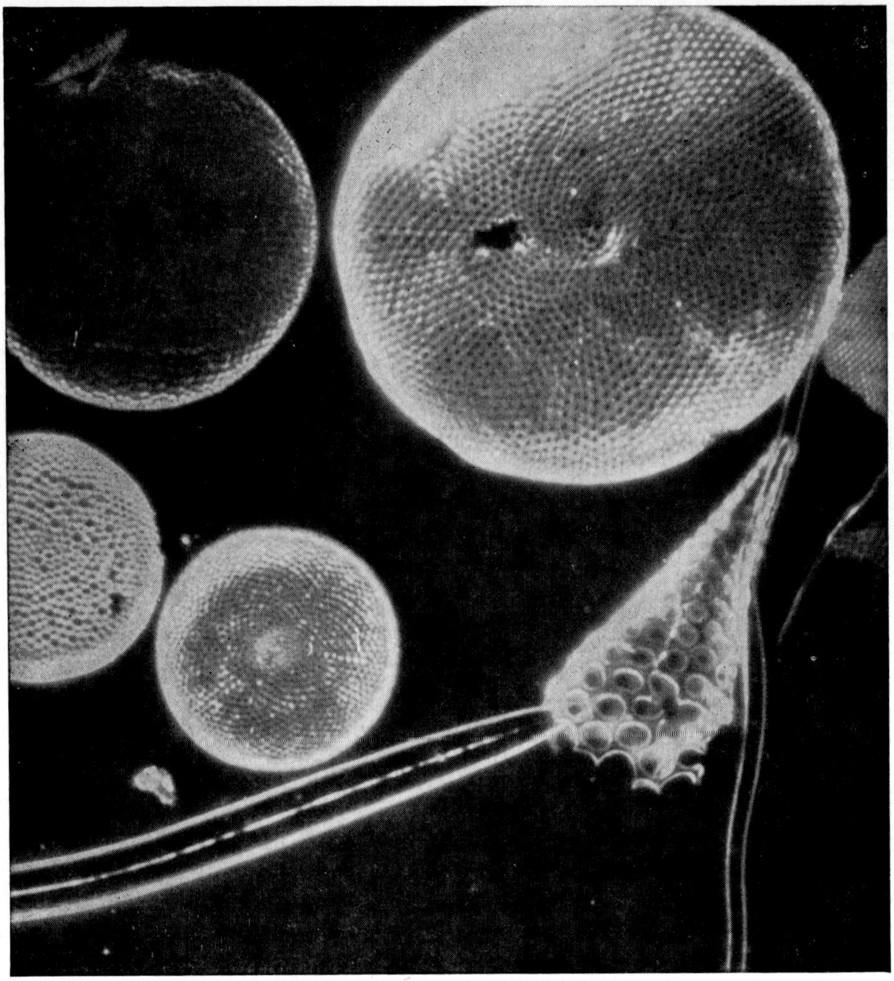

Abb. 56. Kieselgur (Diatomeenerde) aus Karand, Ungarn
Dunkelfeld. Aufnahme Dr. Mutschke

Zur Untersuchung der feinsten Struktureinzelheiten der Diatomeenschalen sollte eine Ölimmersion zur Verfügung stehen (s. Nr. 90).

Wollen wir statt der Schalen den Zellinhalt betrachten, dürfen wir natürlich nicht so grob wie bei der Schalenpräparation vorgehen. Das angereicherte und gewaschene Diatomeenmaterial muß dann erst „fixiert“ werden. Darunter verstehen wir die Abtötung des Zellinhalts unter möglichst naturgetreuer Erhaltung der Strukturen. Alle Fixierungsmittel sind giftig und starke Eiweißfällungsmittel (aber nicht jedes Gift ist ein gutes Fixiermittel!).

Die Kieselalgen fixieren wir mit Chrom-Essigsäure, die auch sonst zur Fixierung pflanzlicher Zellen Gutes leistet. Eine vorrätig zu haltende 5⁰/₀ige Chromsäurelösung wird mit destilliertem Wasser so verdünnt, daß eine 1⁰/₀ige Lösung entsteht (es werden also z. B. 20 cm^3 der 5⁰/₀igen Lösung mit destilliertem Wasser auf 100 cm^3 aufgefüllt). Je 100 cm^3 der 1⁰/₀igen Chromsäurelösung werden vor Gebrauch mit 0,25 cm^3 Eisessig versetzt. Steht keine Meßpipette zur Verfügung, so gibt man 15 Tropfen Eisessig zu, die etwa 0,25 cm^3 entsprechen.

Der Kieselalgenabsatz im Kelchglas, der möglichst wenig Wasser enthalten sollte, wird mit der Chromessigsäure übergossen. Dabei nehmen wir so viel Fixierungsflüssigkeit, daß die Menge der Fixierungsflüssigkeit die Menge des Kieselalgenabsatzes mindestens um das 50fache übersteigt. In der Chromessigsäure wirbeln wir das Diatomeenmaterial auf und lassen wieder absetzen. Nach einer halben Stunde wird die Chrom-Essigsäure vom Bodensatz abgegossen und durch Wasser ersetzt. Im Laufe der nächsten Stunde müssen nun die Kieselalgen gut ausgewaschen werden. Wir wirbeln dazu den aus Kieselalgen bestehenden Bodensatz immer wieder auf, lassen absetzen, gießen das überstehende Wasser ab, füllen unter Aufwirbelung frisches Wasser ein usf. Es schadet übrigens nichts, wenn das fixierte Material über Nacht oder sogar noch länger im Waschwasser bleibt.

Wurde das Waschwasser mindestens viermal gewechselt, so können wir mit der Färbung beginnen, und zwar wollen wir einen ganz einfach anzuwendenden Farbstoff nehmen, der praktisch nie überfärbt, das Alizarinviridin-Chromalaun.

Herstellung von Alizarinviridin-Chromalaun: Eine 5%ige Lösung von Chromalaun in destilliertem Wasser wird bis zum Sieden erhitzt. In der heißen Chromalaunlösung löst man unter Umrühren so viel Alizarinviridin, wie sich überhaupt zu lösen vermag (etwa 1—2 g). Die Farblösung läßt man erkalten und filtriert sie dann durch Filtrierpapier. Die filtrierte Lösung ist gebrauchsfertig und sehr lange haltbar. Sie muß gut verschlossen werden. Ältere Farblösungen filtriert man vor Gebrauch nochmals. Alizarinviridin-Chromalaun eignet sich zur Färbung von fast allen pflanzlichen Präparaten, ganz besonders von Algen aller Art.

Wir übergießen den Kieselalgenbodensatz mit der Alizarinviridin-Chromalaunlösung und lassen die Farbe einige Stunden einwirken. Da Alizarinviridin nicht überfärbt, können wir die Kieselalgen selbst 24 Stunden ohne Schaden in der Farblösung lassen.

Nach der Färbung wird die Farblösung abgegossen und der Bodensatz zur Entfernung des Farbüberschusses mit destilliertem Wasser mehrfach gewaschen. Die Farblösung kann filtriert und dann wieder verwendet werden. Beim Abgießen der Lösung müssen wir vorsichtig sein. Alizarinviridin ist nämlich so dunkel, daß der Bodensatz leicht übersehen und mit ausgegossen wird [13]).

Nun folgt die Entwässerung, die wir nach verschiedenen Methoden vornehmen können:

a) E n t w ä s s e r u n g i n A l k o h o l s t u f e n. Das Waschwasser wird vom Bodensatz abgegossen und durch 35%igen Alkohol ersetzt. Damit alle Kieselalgen ganz vom Alkohol umgeben sind, wird dabei der Bodensatz aufgewirbelt (durch Schütteln oder durch Rühren mit einem Glasstab). Hat sich das Material wieder abgesetzt, so wird nach 3 bis 5 Minuten der 35%ige Alkohol abgegossen und durch 70%igen ersetzt. In gleicher Weise wird das Material in 80%igen, 90%igen und 95%igen Alkohol überführt. Den 95%igen Alkohol ersetzen wir schließlich durch absoluten Isopropylalkohol, der mindestens 10 Minuten (oder länger) einwirken sollte. Um sicher zu sein, daß alle Wasserspuren entfernt sind, wechseln wir den absoluten Isopropylalkohol einmal oder sogar zweimal. Alle an der Glaswand haftenden Tropfen der vorhergehenden wasserhaltigen Alkoholstufen werden abgewischt oder in der ersten Isopropylalkoholstufe gelöst.

Auf den Isopropylalkohol folgt noch Xylol, das mindestens 10 Minuten einwirken soll und zweckmäßig ebenfalls einmal gewechselt wird.

Den mit Xylol durchtränkten Bodensatz bringen wir auf einen Objektträger, vermischen mit einem Tropfen Caedax und bedecken mit dem Deckglas. W i c h t i g i s t, d a ß d a s M a t e r i a l w ä h r e n d a l l d i e s e r A r b e i t s g ä n g e n i e m a l s a u s t r o c k n e t.

An und für sich könnten wir uns die ganzen zeitraubenden Alkoholstufen sparen und die Kieselalgen zur Entwässerung gleich in absoluten Alkohol bringen. Bei dem großen „Sprung“ vom Wasser zum 100%igen Alkohol würden aber so zarte Zellen wie die Diatomeen stark schrumpfen. Deshalb führen wir die Entwässerung lieber schrittweise durch. Bei der nachstehend beschriebenen Entwässerung mit Glycerin oder mit Methylglykol können wir größere Sprünge wagen.

b) E n t w ä s s e r u n g m i t G l y c e r i n. Das Glycerinverfahren dauert länger, erfordert aber wesentlich weniger Arbeitsgänge. Wir verdünnen Glycerin mit destilliertem Wasser im Verhältnis 1 : 6 bis 1 : 10 und gießen das verdünnte Glycerin in ein Uhrglas. Den gefärbten und ausgewaschenen Kieselalgenbodensatz entnehmen wir aus dem Kelchglas und bringen ihn in die Glycerin-Wassermischung im Uhrglas.

Nun müssen wir warten, bis das Wasser verdunstet und dadurch das Glycerin eingedickt ist. Je nach der Temperatur kann das mehrere Tage dauern. Wir stellen dazu das Uhrglas unbedeckt an einen staubgeschützten Ort, etwa in einen Schrank. Weiterarbeiten können wir erst, wenn die Flüssigkeit im Uhrglas wieder annähernd so dick geworden ist wie das unverdünnte Glycerin. Da dabei naturgemäß die Flüssigkeitsmenge stark abnimmt, scharren wir von vornherein den Kieselalgenbodensatz in der Mitte des Uhrglases zusammen; sonst kann es passieren, daß die Hauptmenge des Materials zuletzt eingetrocknet am Rande des Uhrglases klebt.

Aus dem eingedickten Glycerin kommen die Diatomeen direkt in absoluten Isopropylalkohol, der zur Entfernung des Glycerins zwei- bis dreimal gewechselt wird. Zweckmäßig arbeiten wir dabei wieder mit dem Kelchglas. Wie schon oben beschrieben, folgen dann eine oder zwei Xylolpassagen und schließlich der Einschluß in Caedax.

c) E n t w ä s s e r u n g m i t Ä t h y l g l y k o l. Äthylglykol entwässert so schonend, daß wir mit

[13]) Wenn Alizarinviridin nicht zur Verfügung steht, können die Kieselalgen zur Not auch mit Hämatoxylin nach Delafield gefärbt werden. Beschreibung der Methode auf S. 60.

wenigen Stufen auskommen. Nach dem Auswaschen der Färbung wird das Wasser über dem Kieselalgenbodensatz durch 50%iges Äthylglykol (Äthylglykol und dest. Wasser zu gleichen Teilen) ersetzt, das etwa fünf Minuten einwirken sollte. Darauf folgt reines Äthylglykol (15 bis 30 Minuten, einmal oder zweimal wechseln), Xylol (einmal wechseln), Caedaxeinschluß.

Zu betonen ist noch, daß sich bei allen Methoden — mit Ausnahme der reinen Schalenpräparation — der ganze Präparationsgang nur dann lohnt, wenn reichlich Material zur Verfügung steht. Wir müssen — mindestens zu Anfang — damit rechnen, daß während der Präparation ungefähr 75% der ursprünglich vorhandenen Kieselalgen verlorengehen. Erleichtert und beschleunigt werden die Arbeiten durch den Gebrauch einer einfachen Handzentrifuge. Beim Zentrifugieren müssen beide Zentrifugentaschen gleich schwer sein.

Fossile Diatomeenschalen liegen im Kieselgur vor. Wir kaufen Kieselgur von Firmen, die ihn zum Isolieren von Heizrohren verwenden, oder direkt aus der Lüneburger Heide, wo die größten deutschen Fundstellen sind. Das Material wird nach dem oben beschriebenen Schlämmverfahren gereinigt und als Schalenpräparat eingeschlossen.

Wer sich für Kieselalgen besonders interessiert, findet ausführliche Präparationsanleitungen in *Schömmer*, Das Kryptogamenpraktikum, und vor allem in *Hustedt*, Kieselalgen (Diatomeen), beide Bücher Franckh'sche Verlagshandlung, Stuttgart.

47. Die Schraubenalge (*Spirogyra*) finden wir in der warmen Jahreszeit in stehenden Gewässern in Form grüner, schleimiger Watten. Untersuchen wir einen solchen Algenrasen näher, so sehen wir, daß er aus lauter zarten Fädchen besteht. Das Mikroskop enthüllt, daß diese Fäden ihrerseits aus einzelnen, dicht aneinandergereihten Zellen zusammengesetzt sind. In jeder Zelle finden wir ein schraubenförmig gewundenes grünes Band, den Chromatophoren (Farbstoffträger). Dieses Band entspricht den uns von höheren Pflanzen her bekannten Chlorophyllkörnern. Ihm verdankt die Pflanze ihren Namen „Schraubenalge" (Abb. 57).

Natürlich wollen wir uns auch andere Algen ansehen; wir werden auch hier mannigfaltige Formen finden.

Wer ein veralgtes Aquarium besitzt, braucht nur einige Deckgläschen einzulegen und sie je nach den Lichtverhältnissen 3—8 Tage darin zu lassen. Nach dieser Zeit holt man sie vorsichtig mit einer Pinzette aus dem Wasser heraus, läßt das überschüssige Wasser abtropfen und legt sie auf saubere Objektträger mit der Schichtseite nach unten. Die Oberseite der Deckgläser wird vor der Untersuchung mit Zellstoffwatte oder Filtrierpapier trokken getupft, damit die Objektive nicht verunreinigt werden können.

Es haben sich auf den Deckgläschen die verschiedensten Algen angesiedelt; man wird fast stets Grünalgen, Diatomeen und Blaualgen vorfinden.

Wollen wir ein besonders gut besiedeltes Deckglas zum Dauerpräparat verarbeiten, so verfahren wir ganz ähnlich wie bei der Kieselalgenpräparation (**46**). Das nachstehend angegebene Präparationsverfahren gilt nicht nur für besiedelte Deckgläser, sondern auch für Fadenalgen, von denen wir zur Präparation einige Fäden herauszupfen.

Zuerst fixieren wir in einem verschließbaren Gefäß mit Chromessigsäure 15 Minuten bis 2 Stunden (Herstellung s. S. 42). Auch hier gilt, daß das Volumen der Fixierungsflüssigkeit dasjenige der Objekte um mindestens das 50fache übersteigen sollte. Die Chromessigsäure wird gründlich mit Wasser ausgewaschen und das Material in ein Uhrschälchen mit stark verdünntem Glycerin überführt (ein Teil Glycerin, zehn Teile dest. Wasser). Wenn das Glycerin eingedickt ist (vgl. S. 43), wird in frischem Glycerin eingeschlossen. Würden wir die Algen aus Wasser unmittelbar in unverdünntes Glycerin übertragen, so wären häßliche Schrumpfungen die Folge. Der Einschluß in Glycerin wird nachstehend noch erläutert werden.

Schöner werden die Präparate, wenn man sie vor dem Einschluß noch färbt. Die fixierten und gut ausgewaschenen Algen werden einige Stunden bis einen Tag mit Alizarinviridin-Chromalaun (s. S. 43) gefärbt, mit destilliertem Wasser gründlich gewaschen und dann erst in das verdünnte Glycerin übertragen. Der Einschluß in Glyceringelatine oder Glycerin ist bei dieser Färbung möglich (die meisten anderen Färbungen halten in Glyceringelatine nicht).

Abb. 57. Schraubenalge *(Spirogyra)*, 450fach vergr.
Aufnahme K. Löfflath

48. Der Einschluß in Glycerin und in Glyceringelatine. Glycerin und Glyceringelatine waren früher sehr beliebte Einschlußmittel; sie werden auch heute noch viel gebraucht, obwohl sie durch die ständig verbesserten Harzeinschlußmethoden aus vielen Anwendungsgebieten verdrängt werden.

Glycerin und Glyceringelatine haben den Vorzug, wasserlöslich zu sein; die Objekte brauchen deshalb nicht so sorgfältig oder sogar überhaupt nicht entwässert zu werden.

Nachteile von Glycerin und Glyceringelatine: Die Präparate bedürfen eines sehr sorgfältigen, völlig dichten Abschlusses durch einen Lackring oder ein Harz. Nur sehr wenige Färbungen sind in Glycerin oder Glyceringelatine haltbar.

Im allgemeinen wird man Glyceringelatine dem Glycerin vorziehen, da Glyceringelatine nach dem Erkalten erstarrt. Die nachstehend angegebenen Verfahren für Glyceringelatine gelten entsprechend auch für Glycerin, nur fällt beim Glycerin die Erwärmung weg.

Wir kaufen die Glyceringelatine am besten gebrauchsfertig, da sich die Selbstherstellung nicht lohnt. Der Vorratsflasche entnimmt man mit einem Spatel oder einem kleinen Löffelchen so viel Glyceringelatine, wie man voraussichtlich brauchen wird und bringt die Brocken in ein Uhrglas oder — besser — in ein kleines Reagenzglas. Im mäßig heißen Wasserbad wird dann die Glyceringelatine verflüssigt. Mit der auf Handwärme wieder abgekühlten flüssigen Glyceringelatine wird dann gearbeitet. Die Glyceringelatine im Vorratsgefäß wird nie verflüssigt, da mehrfach erwärmte und wieder erkaltete Gelatine brüchig wird.

Zum Einschluß brauchen wir außer der Glyceringelatine kleine Deckgläser und Deckgläser, die wesentlich größer sind als diese, sowie dünnflüssigen Caedax (evtl. den hierfür verwendeten Caedax mit Benzol verdünnen). Auf ein kleines Deckglas bringen wir einen Tropfen Glyceringelatine, gerade so viel, daß nachher der Raum unter dem Deckglas ausgefüllt wird, keinesfalls mehr. In den Tropfen wird das aus dem eingedickten Glycerin (s. S. 43 und 44) kommende Objekt eingelegt. Nun fassen wir mit der Pinzette das kleine Deckglas, drehen es rasch um, so daß jetzt der Glyceringelatinetropfen mit dem Objekt nach unten hängt und legen das Deckglas auf ein vorbereitetes großes Deckglas, und zwar genau in die Mitte des großen Deckglases. Das Objekt liegt jetzt also — in Glyceringelatine eingeschlossen — zwischen großem und kleinem Deckglas. Auf einen Objektträger wird nun in dikker Schicht Caedax aufgetragen, und zwar auf einer Fläche, die ungefähr der Fläche des großen Deckglases entspricht. Mit der Pinzette fassen wir das große Deckglas und drehen es mitsamt dem aufliegenden kleinen Deckglas rasch um: jetzt hängt das kleine Deckglas nach unten. Beide Deckgläser werden — kleines Deckglas nach unten — senkrecht von oben her in den Caedax eingelegt. Der Caedax

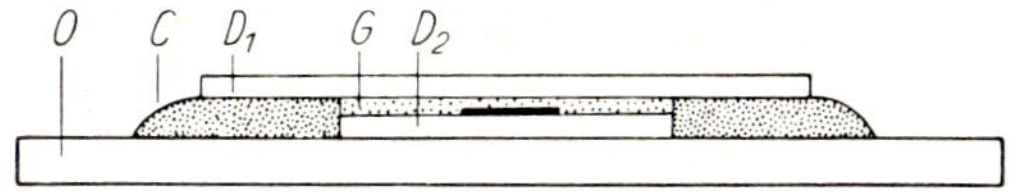

Abb. 58. Glycerineinschluß.
D_1 = Großes Deckglas, G = Glycerintropfen mit Objekt, D_2 = Kleines Deckglas, O = Objektträger, C = Caedax
gez. von H. Lauffer

umfließt sofort das kleine Deckglas und schließt die Glyceringelatine völlig dicht ab (Abb. 58). Sollte der Caedax den Raum unter dem großen Deckglas nicht völlig ausfüllen, so wird vom Rande her weiterer Caedax nachgefüllt. Wichtig ist, daß sich das kleine Deckglas beim Einlegen in den Caedax nicht verschiebt; sonst treten Trübungen am Rande auf, ebenso wenn die Glyceringelatine unter dem Rand des kleinen Deckglases vorgequollen ist.

Bei sehr kleinen Objekten können wir an Stelle des kleinen Deckglases auch einen Deckglassplitter verwenden, an Stelle des großen Deckglases ein Deckglas normaler Größe.

Die beschriebene Methode erscheint umständlich. Sie läßt sich aber nach einiger Übung mindestens ebenso leicht ausführen wie das — zweifellos einfacher zu lesende — Verfahren mit dem Lackringabschluß.

Ein älteres Verfahren, um Glyceringelatinepräparate dicht abzuschließen, ist die Anlage eines Lackringes. Die Haltbarkeit der mit einem Lackring abgeschlossenen Präparate ist aber zumindest fragwürdig.

Will man mit einem Lackring abschließen, so bringt man den Tropfen flüssiger Glyceringelatine gleich auf den Objektträger, legt das Objekt ein und bedeckt mit dem Deckglas. Auch hier muß der Tropfen so bemessen werden, daß keine Spur Glyceringelatine unter dem Deckglasrand vorquillt. Nach Erkalten und Erstarren der Glyceringelatine wird dann rund um das Deckglas mit einem Aquarellpinsel ein Ring aus Deckglaslack aufgetragen (gut ist der schwarze Umrandungslack von Bayer, erhältlich bei der Kosmos-Lehrmittelabteilung). Der Lackring wird so aufgetragen, daß er über den Deckglasrand übergreift, Deckglas und Objektträger lückenlos verbindet und so die Glyceringelatine völlig dicht abschließt. Ist der Lack getrocknet, so wird ein zweiter Ring auf den ersten aufgetragen, darauf ein dritter, u. U. noch ein vierter.

Saubere Lackringe aus freier Hand zu ziehen, ist sehr schwierig. Man benützt daher besser eine besondere Lackring-Drehscheibe: Das Präparat wird auf einer drehbaren Unterlage festgeklemmt, diese in langsame Drehung versetzt und der Lackpinsel an der richtigen Stelle aufgetupft, worauf der Lackring sozusagen selbsttätig entsteht. Voraussetzung für die Verwendung einer Drehscheibe sind runde Deckgläser.

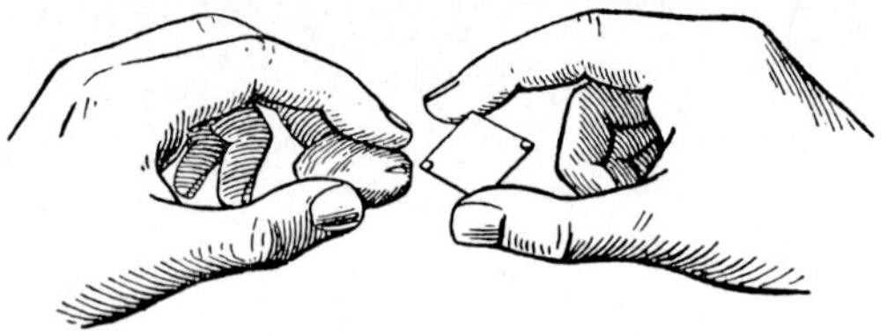

Abb. 59. Entnahme der Wachsfüßchen vom Wachsblock (nach Franz und Schneider)

Manche Mikroskopiker legen auch um Caedaxpräparate Lackringe, weil sie glauben, die Präparate sähen dann schöner aus. Nötig ist aber ein Lackring bei Caedaxpräparaten nicht.

Einige Monate sind Glyceringelatinepräparate (nicht Glycerinpräparate!) auch ohne besonderen Abschluß haltbar.

49. Wasserflöhe kommen in jedem Tümpel in großen Mengen vor. Wir fangen daraus einige mit einem kleinen Sieb wie es die Aquarienfreunde benützen. Noch einfacher ist es, eine Portion Wasserflöhe in der Aquarienhandlung zu kaufen. An Wasserflöhen können wir die Herstellung von tierischen Planktondauerpräparaten leicht erlernen [14]).

Die Wasserflöhe sind äußerst schnell beweglich und flüchten gar zu leicht aus dem Gesichtsfeld. Wir helfen uns bei der Untersuchung folgendermaßen: Das Deckglas versehen wir mit Wachsfüßchen aus käuflichem Klebwachs (Abb. 59). Wir können das Deckglas dann beliebig andrücken und die darunter befindlichen Organismen in ihrer Bewegung hemmen. Wem diese Methode nicht zusagt, kann zur Verlangsamung der Bewegung dem Flüssigkeitstropfen etwas Quittenschleim zusetzen. Wir stellen ihn selbst her, indem wir einige zerquetschte Quittenkerne in einem Reagenzglas mit Wasser übergießen und einige Tage stehen lassen.

Noch einfacher ist die Herstellung einer Adulsionlösung, mit der man die Bewegung von Wassertieren ebenso gut hemmen kann (auch von Pantoffeltierchen u. ä.). Wir besorgen uns Adulsion SL 400, eine Substanz, die durch Apotheken billig zu beziehen ist (Hersteller Kalle). Adulsion ist eine wasserlösliche Methylcellulose. Wir übergießen 3 g Adulsion mit 95 cm³ warmem Wasser, rühren gut um und lassen bis zum nächsten Tag unter öfterem Umschütteln stehen. Es entsteht ein zäher Schleim, der mit dem die Wassertiere enthaltenden Tropfen verrührt wird. Je nach der Menge der zugesetzten Adulsionlösung wird die Bewegung in stärkerem oder geringerem Maße gehemmt.

[14]) Eingehende Angaben über Fang und Präparation von Planktonorganismen findet man in *Baumeister*, Planktonkunde für Jedermann, Franckh'sche Verlagshandlung, Stuttgart.

Sehr oft genügt es auch, einfach am Rande des Deckglases mit Filtrierpapier etwas Wasser abzusaugen, um die Tierchen „festzulegen". Selbst bei kleinen Einzellern kann man dieses primitive Verfahren anwenden.

Um Dauerpräparate herzustellen, bringen wir einige Wasserflöhe in eine Lösung aus einem Teil der käuflichen 40%igen Formaldehydlösung und vier Teilen Leitungswasser (Formol 1 : 4). Die Tiere werden hierin fixiert. Da sie sehr klein sind, sind sie schon nach einer halben Stunde durchfixiert, doch schadet längerer Aufenthalt im Formol keineswegs. Anschließend werden die Wasserflöhe in mehrfach gewechseltem Leitungswasser gut ausgewaschen (mindestens eine halbe Stunde) und dann in destilliertes Wasser überführt. Zur Färbung können wir entweder Hämalaun oder Boraxkarmin verwenden. Hämalaun färbt sehr rasch, die Boraxkarminfärbung gibt aber schönere Resultate.

Zur Färbung mit Hämalaun bringen wir die Wasserflöhe in ein Salznäpfchen mit saurem Hämalaun nach Mayer. Die Färbedauer hängt von der Größe der Objekte und vom Alter der Farblösung ab. Im allgemeinen wird man mit 10 bis 15 Minuten Färbedauer durchkommen. Danach wird in öfters gewechseltem Leitungswasser 10 bis 20 Minuten ausgewaschen, wobei der zuerst rötliche Farbton in ein tiefes Blau umschlägt. Ist die Färbung noch zu blaß, so bringen wir die Wasserflöhe über destilliertes Wasser in das Hämalaun zurück. Sollte wider Erwarten die Färbung zu intensiv sein, so können wir einen Teil der Farbe mit salzsaurem Alkohol wieder ausziehen, „differenzieren". (Herstellung von salzsaurem Alkohol: Zu 100 cm³ 70%igem Alkohol gibt man 0,5 cm³ reine Salzsäure zu. Keinen Brennspiritus verwenden!) Die Tiere bleiben etwa eine Minute in salzsaurem Alkohol, bis die Farbe wieder nach rot umgeschlagen ist, werden dann in ammoniakhaltiges Wasser (einige Tropfen Salmiakgeist auf 50 cm³ Wasser) überführt und endlich in Leitungswasser gründlich ausgewaschen. In den meisten Fällen ist jedoch bei Hämalaunfärbung die Differenzierung überflüssig.

Die gefärbten und gewässerten Objekte werden entweder durch Alkoholstufen entwässert oder aber stufenlos mit Methylglykol. Bei der Alkoholentwässerung beginnen wir wieder mit 35%igem Alkohol und schließen dann 70-, 80-, 90- und 95%igen Alkohol an. In jeder Stufe sollten die Wasserflöhe zumindest 10 Minuten verweilen. Es folgen einmal gewechseltes Methylbenzoat, in dem die Objekte so lange bleiben, bis sie zu Boden gesunken und aufgehellt sind, mindestens aber 15 Minuten, und schließlich der Einschluß in Caedax. Damit die

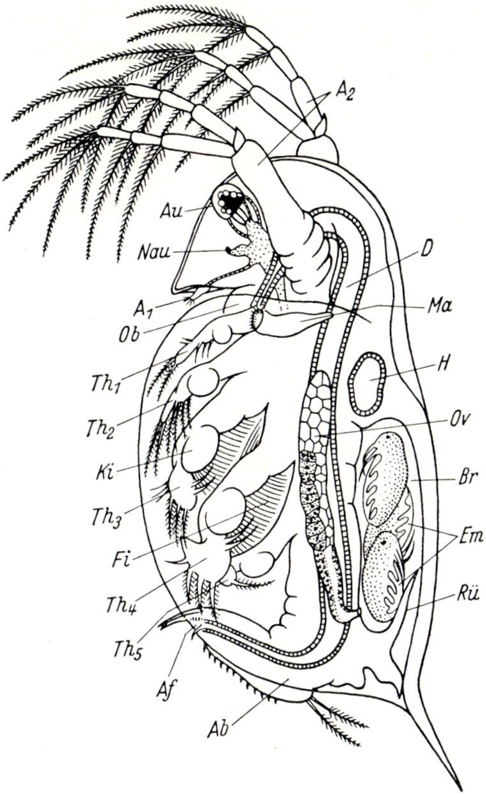

Abb. 60. Wasserfloh (*Daphnia*).
A_1 bis A_2 = 1. und 2. Antenne, Ab = Abdomen, Af = After, Au = Auge (Komplexauge), Br = Brutraum, D = Darm, Em = Embryonen, Fi = Filterborsten, H = Herz, Ki = Kiemensäckchen, Ma = Mandibel, Nau = Nebenauge, Ov = Ovarium, Rü = Rückenfortsatz, Th_1 bis Th_5 = 1. bis 5. Thorakapode, verändert n. Kükenthal, gez. v. H. Lauffer

Wasserflöhe vom Deckglas nicht zerdrückt werden, unterlegen wir Deckglassplitterchen.

Sehr viel schneller als durch Alkoholstufen und ebenso schonend erfolgt die Entwässerung mit Methylglykol. Die Tiere kommen aus Wasser für 15—20 Minuten in Methylglykol, das einmal gewechselt wird. Daraus wird dann gleich in Methylbenzoat übertragen. Weiterbehandlung wie oben angeführt.

Zur F ä r b u n g m i t B o r a x k a r m i n bringen wir die fixierten und ausgewaschenen Wasserflöhe zuerst für 10—15 Minuten in 35%igen Alkohol und hieraus in die käufliche Boraxkarminlösung. Im Boraxkarmin bleiben die Tiere 12—24 Stunden (Farblösung gut zudecken!) und werden dann in Salzsäure-Alkohol (s. oben) überführt. Der Salzsäure-Alkohol „differenziert“, zieht also einen Teil der Farbe wieder aus. Die für die Differenzierung benötigte Zeit wechselt je nach Objekt und Größe. Wir kontrollieren in größeren Zeitabständen den Fortgang der Differenzierung. Heben sich bei mikroskopischer Betrachtung in 70%igem Alkohol die einzelnen Organe scharf voneinander ab, so wird die Differenzierung unterbrochen; im anderen Falle kommen die Objekte in den Salzsäure-Alkohol zurück. Einige Stunden wird man für die Differenzierung mindestens rechnen müssen, bei größeren Objekten u. U. sogar Tage. Unterbrochen wird die Differenzierung durch mehrstündiges Auswaschen in 70%igem Alkohol, der drei- bis viermal zu wechseln ist (die Säurespuren müssen restlos entfernt werden). Schließlich bringen wir die Objekte wie schon beschrieben durch 80-, 90-, 95%igen Alkohol in Methylbenzoat und schließen hieraus in Caedax ein.

Als S c h n e l l m e t h o d e eignet sich der Einschluß in Gelatinol. Die Tiere werden wie beschrieben in Formol getötet und direkt in Gelatinol eingeschlossen (s. S. 38).

50. M i k r o a q u a r i e n u n d H e u a u f g ü s s e. Das Mikroaquarium kann in geradezu idealer Weise als Quelle für Beobachtungsobjekte dienen, die einen tiefen Einblick in das gesetzmäßige Geschehen der Lebensvorgänge gewähren. Als Behälter dienen Konserven- und Einmachgläser, Akkumulatorenkasten von etwa 20 : 15 : 15 cm o. ä. Das Wasser, mit dem die Behälter gefüllt werden, entnehmen wir der gleichen Stelle, von der auch die Wasserpflanzen stammen, also einem Tümpel oder einem langsam fließenden Gewässer. An Wasserpflanzen können wir Wasserpest, Hornkraut, Wasserlinsen u. a. einsetzen. Der Boden wird mit gut gewaschenem Sand 4 cm hoch belegt. In die Aquarien bringen wir den Ablauf aus ausgedrückten Algenwatten und anderen Wasserpflanzen, Planktonreste, angeschabtes Material von altem Holz, das in Wasser gelegen hat, den Schleimüberzug von Steinen aus Gewässern usw. Die Behälter sollen nicht im Übermaß mit Organismen besetzt werden. Zerstreutes Tageslicht. Starke Erwärmung vermeiden. Verschluß durch Glasplatten, doch Drahtreiter auf dem Gefäßrand, um Luftzutritt zu ermöglichen. Kleine Stückchen rohes Fleisch an Zwirnfäden in die Behälter hängen und nach 24 Stunden wieder entfernen. Keine Schnecken einsetzen. Verdunstetes Wasser wird von der Entnahmestelle der Pflanzen ersetzt.

Derartige Aquarien halten sich jahrelang und liefern immer wieder Material für Untersuchungen und Vorführungen.

Der H e u a u f g u ß ist nur ein besonders beschicktes Mikroaquarium. Er dient in erster Linie zur Beschaffung von I n f u s o r i e n, die man auch Aufgußtierchen nennt, weil sie eben in solchen Aufgüssen am leichtesten zu finden sind.

Wir stopfen in ein Einmachglas eine Handvoll Heu oder Stroh und füllen mit Tümpel- oder Aqua-

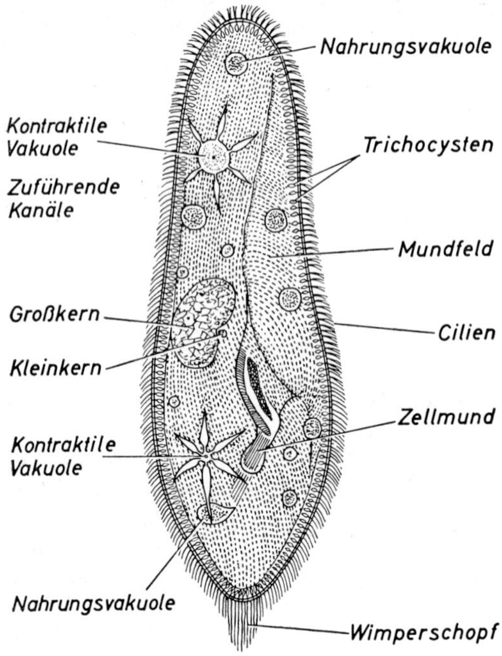

Abb. 61. Pantoffeltierchen (*Paramecium*). Nach Kükenthal-Matthes, verändert

riumwasser auf. Das Gefäß lassen wir dann mehrere Tage offen stehen. Das Material fängt an zu faulen, und auf dem Wasser bildet sich eine Kahmhaut. In der Kahmhaut wie im Wasser sind zuerst nur Bakterien enthalten (vgl. S. 75), die die Zersetzung herbeiführen. Bald stellen sich aber auch Einzeller (Protozoen)[15]) ein, zuerst kleinere, dann größere Infusorien und schließlich Wechseltierchen. Für Colpidien und Glockentierchen eignet sich besser ein Aufguß von frischer Petersilie, Gras und Blumenkohl, und für die prachtvollen Stylonichien ist ein Aufguß von Akazienblüten vorzuziehen.

Wasserflöhe halten wir von unseren Aufgüssen möglichst fern, denn vor diesen Räubern müssen die Zuchten geschützt werden. Die Zuchtgefäße werden an nicht zu helle Standorte gestellt, täglich werden Proben entnommen; das allmähliche Auftauchen der verschiedenen Urtierchen wird in der Zeichnung oder auch im Dauerpräparat festgehalten.

51. Das Pantoffeltierchen (*Paramecium*) fällt durch seine Gestalt unter den Infusorien sofort auf (Abb. 61, 62). Es bewegt sich mittels Wimpern fort. Wenn die Pfütze, in der es lebt, austrocknet, so fällt es in eine Art Schlaf, umgibt sich mit einer Kapsel (Cyste) und wird in diesem Trockenzustand vom Wind fortgetragen. Bei zusagenden Lebensbedingungen erwacht es aus seinem „encystierten" Zustand und beginnt wieder zu „leben". Aus dieser Erscheinung erklärt sich die Allgegenwart dieser Lebewesen wie die aller anderen Infusorien.

Mit großer Sicherheit bekommen wir Pantoffeltierchen in Massen, wenn wir einer Heuabkochung eine winzige Spur Liebigs Fleischextrakt zusetzen und mit ein wenig Tümpel- oder Aquariumwasser „impfen".

Von dieser Kultur oder von einem anderen Aufguß bringen wir einen Tropfen mit recht viel Tieren auf den Objektträger. Bei mittlerer Vergrößerung betrachten wir die Pantoffeltierchen, die sich am Rande des Deckglases und um Luftblasen herum ansammeln, da sie sehr sauerstoffbedürftig sind.

In einen anderen Wassertropfen mit Pantoffeltierchen streuen wir einige Körnchen Karmin und bedecken mit dem Deckglas. Das Karmin wird von

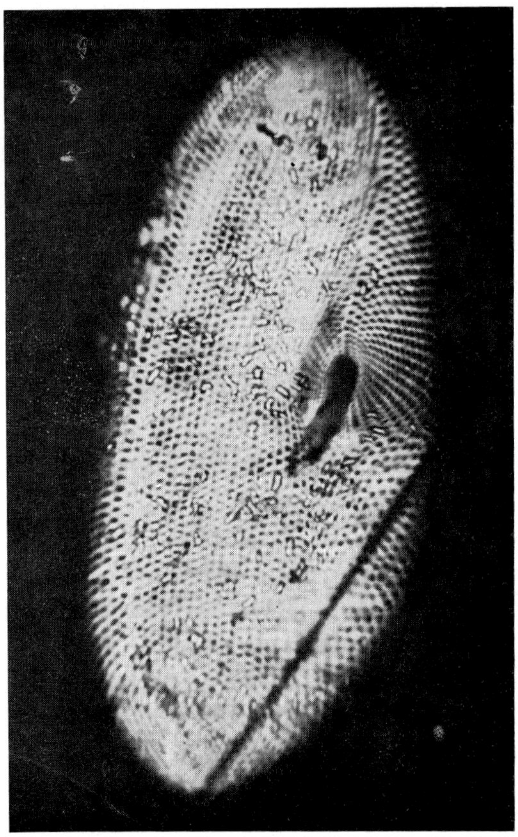

Abb. 62. Pantoffeltierchen (*Paramecium*). Ausstrichverfahren von Breßlau. Aufnahme Dr. Mutschke

[15]) Einzeller sind auch in der freien Natur nicht schwer zu beschaffen. Sie kommen in Jauchegräben, in Mistpfützen, in mehr oder weniger verschmutzten Tümpeln zu Millionen vor. Zur Bestimmung der häufigeren Arten eignen sich *Brohmer*, „Fauna von Deutschland" (Quelle und Meyer, Heidelberg), vor allem aber die Bändchen der Reihe „Einführung in die Kleinlebewelt", Franckh-Verlag, Stuttgart

den Tieren eingestrudelt, weshalb sich nach einiger Zeit die Nahrungsvakuolen mit Karminkörnchen füllen.

Die Herstellung von Dauerpräparaten von Infusorien ist recht schwierig, wenn wir uns nicht des ungemein einfachen Ausstrichverfahrens nach *Breßlau* bedienen wollen. Dieses Verfahren kann Hervorragendes leisten; vor allem stellt es die äußeren Strukturen des Zelleibes in einer sonst nicht zu erreichenden Klarheit dar. Leider gelingt die Methode nicht mit völliger Sicherheit: Manchmal muß man fünf bis zehn Präparate machen, bis eines wirklich befriedigt.

Zur Durchführung des Breßlauschen Ausstrichverfahrens bringt man einen kleinen Tropfen mit möglichst vielen Infusorien[16]) auf den Objektträger, setzt einen gleichgroßen Tropfen der gebrauchsfertig zu beziehenden Opalblau-Phloxinrhodaminlösung[17]) daneben und verrührt die beiden Tropfen rasch miteinander mit Hilfe eines Glasstabes oder eines sog. Deckglasspatels (Abb. 63).

Abb. 63. Deckglasspatel

Die gut vermischte Flüssigkeit wird dann auf dem Objektträger in nicht zu dünner Schicht ausgestrichen. Der Farbstoff dringt bis in die feinsten Vertiefungen, weshalb Oberflächenskulpturen, Wimpern usw. überraschend deutlich dargestellt werden. Wichtig ist, daß der Ausstrich rasch trocknet. Wir werden deshalb zweckmäßig den bekannten Haartrocknungsapparat „Fön" zu Hilfe nehmen, in dessen kaltem Luftstrom (keine heiße Luft verwenden) die Gelatinierung rasch erfolgt. Die völlig trockenen Ausstriche werden mit Deckgläsern in Caedax eingedeckt. Hier liegt also einer der ganz seltenen Fälle vor, in denen wir ein Präparat durch einfaches Austrocknenlassen entwässern können.

Feinere Struktureinzelheiten im Innern der Zellen zeigt das Breßlausche Ausstrichverfahren nicht. Um Zellkern, Exkretionssystem usw. darzustellen, brauchen wir kompliziertere Methoden. Sie sind in dem schönen Buch von *M. Mayer* „Kultur und Präparation der Protozoen" dargestellt (Franckh'sche Verlagshandlung, Stuttgart).

52. R ä d e r t i e r e (Rotatorien) kommen fast in jedem Gewässer vor. Sie werden vom Anfänger oft mit Infusorien verwechselt, sind aber mehrzellig und stehen den Würmern nahe. Ihren Namen verdanken die Rädertiere einem äußeren und inneren Wimperkranz am Kopfende, der in ständiger Bewegung ist und den Eindruck eines Rades hervorrufen kann; er dient der Herbeistrudelung von Nahrungsteilchen. Die Tiere sind oft mit Schwebeorganen versehen, die als hörnchenartige Zacken oder mehr oder weniger lange Dornen von der Oberfläche abstehen.

Reichliches Untersuchungsmaterial erhalten wir, wenn wir die Pflanzen aus dem Aquarium oder feuchte Moospolster aus dem Wald, von Bäumen und Dächern über einem Uhrschälchen ausdrücken, das abfließende Wasser durch ein Planktonsieb gie-

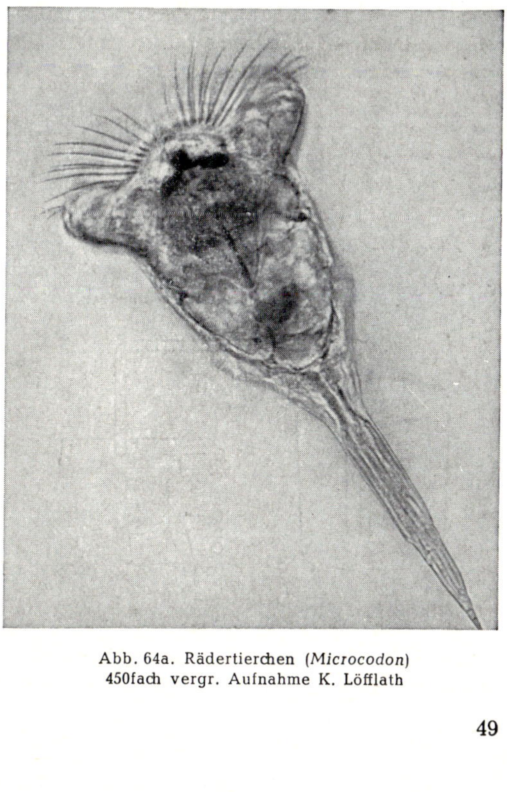

Abb. 64a. Rädertierchen (*Microcodon*) 450fach vergr. Aufnahme K. Löfflath

[16]) Um auch wirklich viele Tiere zu bekommen, muß man nur da hingreifen, wo sie die meiste Nahrung finden: Anhäufungen von Fäulniserregern. Wir entnehmen also mit einer Pinzette eine kleine Bakterienanhäufung (Kahmhaut), die wir mit bloßem Auge als weißliche Fetzen an der Oberfläche des Zuchtwassers erkennen können, und drücken daraus ein Tröpfchen Wasser auf den Objektträger. Sehr viele Tiere erhalten wir auch, wenn wir aus dem Zuchtglas mit der Pinzette ein Stückchen Heu oder Stroh oder dgl. herausnehmen und mit einer anderen Pinzette ein Tröpfchen Wasser davon abstreifen. Wenn auch das wider Erwarten nicht zum Ziel führen sollte, so reichern wir die Paramecien an. Dazu gießen wir einen Teil des Inhalts unseres Kulturgefäßes durch ein Stück feinmaschigen Stoffes in ein Becherglas. Da die filtrierte Flüssigkeit arm an Nahrungsstoffen ist — alle gröberen Pflanzenteile und Bakterienanhäufungen sind zurückgeblieben — lassen sich die Tiere darin nur wenige Tage am Leben halten. Wir füllen ein Reagenzglas mit dieser Flüssigkeit und stellen es an einem warmen Ort senkrecht auf. Nach kurzer Zeit haben sich die sehr sauerstoffbedürftigen Tiere an der Oberfläche angesammelt. Wir haben so ein bequemes Mittel, um uns eine an Infusorien besonders reiche Flüssigkeit zu verschaffen.

[17]) Diese Farblösung kann — wie fast alle hier erwähnten Farbstoffe und Reagentien — bei der Abteilung Kosmos-Lehrmittel der Franckh'schen Verlagshandlung bezogen werden.

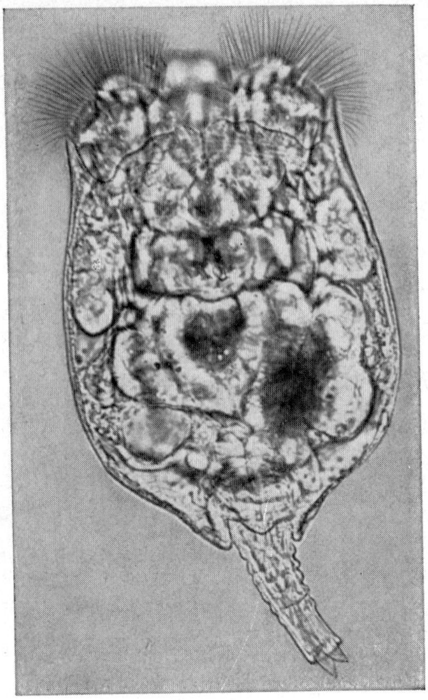

Abb. 64b. Rädertierchen (*Brachionus*). Aufn. K. Löfflath

ßen und die an der Seidengaze haftenden Lebewesen in ein wenig Wasser abspülen. Davon bringen wir dann jeweils zur Untersuchung einen kleinen Tropfen auf den Objektträger.

Um das eigenartige Räderorgan und die Kauwerkzeuge betrachten zu können, setzen wir dem Präparat etwas Quittenschleim oder Adulsion zu (s. S. 46); natürlich können wir auch hier das Deckglas mit Wachsfüßchen versehen und dann durch vorsichtiges Pressen die rasenden Bewegungen des Räderorgans zu hemmen versuchen. Es versteht sich von selbst, daß wir die Rädertierchen zuerst lebend betrachten. Bei konserviertem Material sind meist nur die gepanzerten Formen gut zu erkennen.

Zur Herstellung von Dauerpräparaten müssen wir die Tiere erst betäuben, da sie bei der nachfolgenden Fixierung sich sonst zusammenziehen und bis zur Unkenntlichkeit verändern würden. Zur Betäubung verwenden wir Kohlendioxyd, wozu sich das Verfahren von *Budde* (schriftliche Mitteilung) sehr gut eignet:

In ein Reagenzglas, dessen Boden durchlöchert ist, geben wir einige Stückchen Kalk oder Marmor und verschließen es mit einem durchbohrten Kork, durch den wir eine gebogene Glasröhre stecken (Abb. 65). Das Reagenzglas stellen wir in ein Becherglas mit verdünnter (20%iger) Salzsäure (a). Durch die Berührung der Kalk-(Marmor-)Stückchen mit der Salzsäure entwickelt sich Kohlendioxyd. Durch das Glasröhrchen d gelangt das gasförmige Kohlendioxyd in das Gefäß, das das Wasser mit den Rädertierchen (c) enthält. Dieses Gefäß ist mit einer Pappscheibe e bedeckt. Das Kohlendioxyd bringt die Rädertiere zum Ersticken, was je nach Art 15 bis 40 Minuten dauern kann.

Zu den betäubten Rädertieren setzt man so viel 40%iges Formol zu, daß die ganze Lösung 4- bis 5%ig wird (Einwirkung 1/2 Stunde). Zur weiteren Verarbeitung müssen wir entweder nach dem uns von den Kieselalgen her bekannten Senkverfahren im Spitzglas arbeiten, oder aber alle Arbeitsgänge in der Zentrifuge durchführen. Die Rädertierchen sind ja mikroskopisch klein, weshalb wir sie nicht einfach mit der Pinzette fassen und so von einer Flüssigkeit in die andere übertragen können.

Sehr wertvoll ist bei allen Präparationen kleiner und kleinster Objekte eine einfache Handzentrifuge, deren Gebrauch deshalb kurz angedeutet sei: In die beiden Zentrifugentaschen werden die nach unten verjüngten Zentrifugengläser gestellt. Die Gläser müssen gleich schwer sein; wird nur eines mit der die Objekte enthaltenden Flüssigkeit gefüllt, so muß das andere mit Leitungswasser entsprechend beschwert werden. Ungleiche Verteilung schädigt die Zentrifuge und erschwert das „Abschleudern" der kleinen Teilchen. Wir wählen bei Planktontierchen, Algen u. dgl. die Umdrehungszahl der Zentrifuge nicht zu hoch, um Verletzungen der zarten Formen beim Abschleudern zu vermeiden. Hat sich das Untersuchungsmaterial am Boden des Zentrifugenglases abgesetzt, so wird die überstehende Flüssigkeit abgegossen und durch die nächstfolgende ersetzt. Dabei gießen wir von der neu zuzugebenden Flüssigkeit zuerst nur einige Tropfen ein und schütteln gut um, damit das Material aufgewirbelt wird. Sind die Teilchen gut aufgewirbelt, so wird der Rest der Flüssigkeit nachgegossen. Im Prinzip arbeitet die Zentrifuge also genau so wie das Senkverfahren im Spitzglas, nur wird das Absetzen des Materials wesentlich beschleunigt.

Unsere Rädertierchen werden nach der Formol-

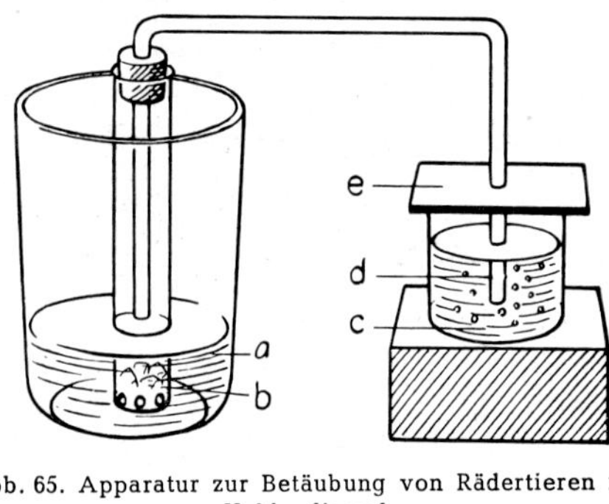

Abb. 65. Apparatur zur Betäubung von Rädertieren mit Kohlendioxyd

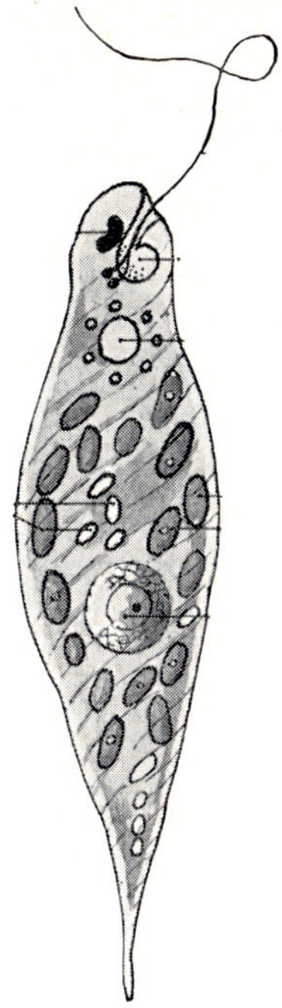

Abb. 66. Augentierchen (*Euglena*), gez. Dr. Mutschke

fixierung eine halbe Stunde in mehrfach gewechseltem Leitungswasser ausgewaschen. Sie werden dann für je fünf Minuten in 35%igen und 50%igen Alkohol gebracht und einige Stunden in Boraxkarmin gefärbt (vgl. S. 47). Bei der nachfolgenden Differenzierung in Salzsäure-Alkohol müssen wir vorsichtig sein, da solch winzige Tierchen u. U. sehr rasch wieder entfärbt werden. Häufige mikroskopische Kontrolle ist nötig. Nach gründlichem Auswaschen des Salzsäure-Alkohols in 70%igem Alkohol wird über die aufsteigende Alkoholreihe (80, 90, 95, 100%) entwässert, mit Xylol durchtränkt und in Caedax eingeschlossen. Bei Rädertierchen und ähnlich kleinen Organismen nimmt man statt Caedax oft Euparal als Einschlußmittel. Euparal wird wie Caedax angewandt. Es ist jedoch in 100%igem Alkohol löslich, weshalb man ohne Xylolstufe direkt aus abs. Alkohol in Euparal einschließen kann.

Ausführliche Angaben über die Lebensweise, Untersuchung und Bestimmung von Rädertierchen finden sich in *Donner,* Rädertiere (Rotatorien), Franckh, Stuttgart.

53. Das Augentierchen (*Euglena*) ist ein Geißeltierchen, das wir aus einem Tümpel oder aus einem lange stehenden Pflanzenaufguß in einem Tropfen Wasser unter das Mikroskop bringen. Wie sein Name sagt, ist das Tierchen mit einem Augenfleck ausgestattet, den man an seiner roten Färbung erkennt (Abb. 66). Da die Geißeln meist erst an getöteten Tieren kenntlich sind, bringen wir mit der Pipette einen Tropfen Jodjodkalilösung (Lugolsche Lösung; zur Not genügt auch Jodtinktur) unter das Deckglas. *Euglena* ist grün gefärbt und hat auch sonst noch allerlei Pflanzenmerkmale. Man zählt sie daher zu den Algen. Die Anfertigung von Dauerpräparaten erfolgt nach **47.**

54. Amöben (Wechseltierchen). Nackte Amöben finden wir am Boden von Tümpeln, wo faulende Pflanzen reichlich vorhanden sind. Ferner finden wir sie bestimmt auch im Heuaufguß, wenn wir das sich darin entwickelnde Leben genau verfolgen. Die Amöben gehören zu den einfachsten Organismen: Nackte, kernhaltige Protoplasmatröpfchen (Abb. 67).

Wir beobachten die Aussendung von Fortsätzen (Scheinfüßchen), die zur Fortbewegung dienen. Außer dem Zellkern ist auch die pulsierende Vakuole zu erkennen.

Beschalte Amöben (Abb. 68) sind reichlich in schwarzem, übelriechendem Faulschlamm von Tümpeln zu finden. Überhaupt werden wir am Boden aller Gewässer, wo neben genügend Nahrung Steinchen zum Schalenaufbau zur Verfügung stehen, beschalte Amöben entdecken können. Wichtiges Hilfsmittel bei der Präparation ist eine zu einer feinen Spitze ausgezogene Pipette zur Übertragung des Materials aus einem Reagens ins andere. Die Übertragung muß dabei unter dem Mikroskop erfolgen.

Zur Herstellung von Dauerpräparaten bringen wir eine Fangprobe, die reich an Tieren ist, in ein Salznäpfchen und fixieren fünf bis zehn Minuten

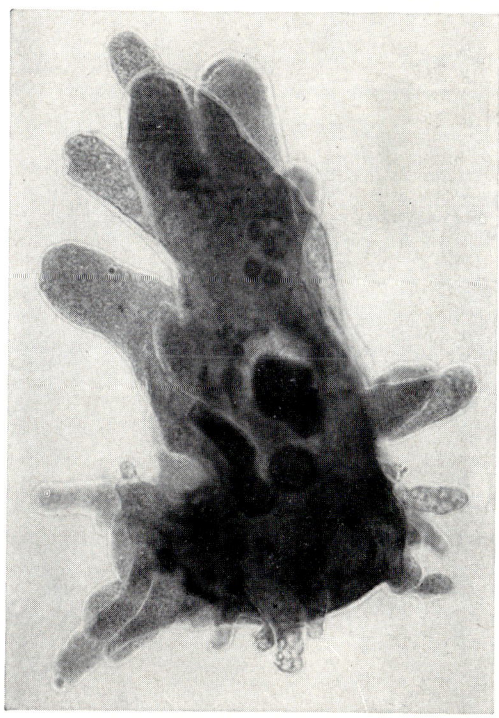

Abb. 67. Nackte Amöbe. Objektiv 50×, Okular 10×. Aufnahme M. P. Kage

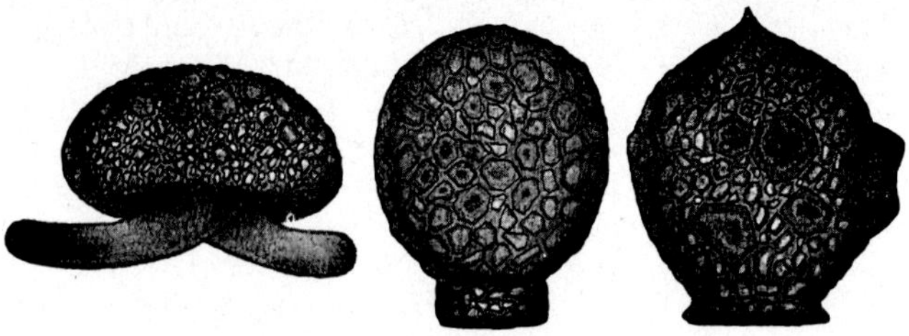

Abb. 68. Gehäuse beschalter Amöben (nach Stridde)

lang mit einem Gemisch von 9 Teilen konzentrierter wäßriger Pikrinsäurelösung und einem Teil Eisessig (Pikrinsäure und Eisessig dürfen erst unmittelbar vor Gebrauch vereinigt werden).

Vor die Öffnung einer Pipette binden wir ein Stückchen Seidengaze, wie sie zu Planktonnetzen verwendet wird und saugen damit die Fixierungsflüssigkeit ab, die sofort durch 70%igen Alkohol ersetzt wird. Zur restlosen Entfernung der Fixierungsflüssigkeit wird der 70%ige Alkohol in gleicher Weise mehrfach gewechselt. Gefärbt wird mit Boraxkarmin (vgl. S. 47 und 51). Entwässerung durch steigende Alkoholstufen, Einschluß in Euparal (s. oben).

55. Süßwasserpolyp (*Hydra*). Betrachten wir mit der Taschenlupe ein Mikroaquarium, dem wir Wasserlinsen zugesetzt haben, so werden wir — wenn wir nur etwas Glück haben — etwa einen Zentimeter lange, schlauchförmige Tierchen bemerken, deren Vorderende eine Anzahl Fangarme trägt. Es sind Süßwasserpolypen (Abb. 69). Wir saugen mit der Pipette einen Polypen in einen Tropfen Wasser, legen ein Deckglas mit Wachsfüßchen auf und nehmen eine gründliche Lebendbeobachtung vor.

Anfertigung eines Dauerpräparats nach **49.**

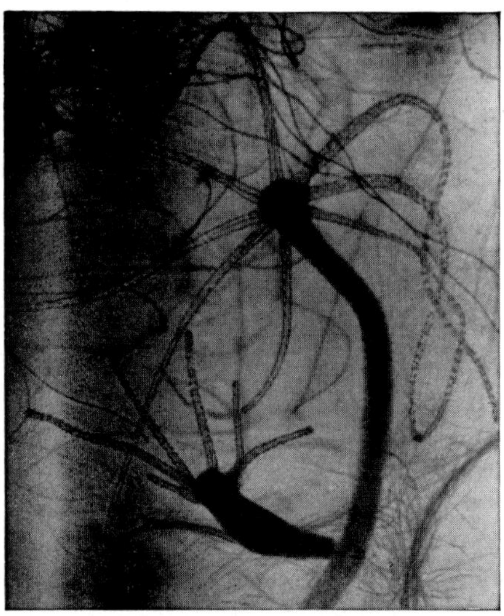

Abb. 69. Süßwasserpolyp. Aufnahme K. Löfflath

56. Ansetzen von Farblösungen. Wir können viele Farblösungen gebrauchsfertig kaufen; manche Lösungen sind so schwierig herzustellen, daß sie auch der geübte Mikroskopiker kaufen wird. Meistens ist es aber billiger, wenn wir uns die Farblösungen aus der Farbsubstanz selbst herstellen. Dazu müssen wir uns aber ein klein wenig mit den Grundlagen der mikroskopischen Färberei beschäftigen[18]).

Die Mikroskopie verwendet hauptsächlich direkt färbende Farbstoffe und Beizenfarbstoffe.

Direkt färbende Farbstoffe färben ohne vorhergegangene oder gleichzeitige Behandlung mit einer Beize. Man unterscheidet saure Farbstoffe und basische Farbstoffe. Basische Farbstoffe (z. B. Methylenblau, Safranin, Gentianaviolett) färben Zellkerne und andere „basophile" (d. h. basenfreundliche) Zellstrukturen. Saure Farbstoffe (z. B. Eosin, Orange G, Lichtgrün, Anilinblau) färben die „acidophilen" (säurefreundlichen) Zellstrukturen. Da die basischen Farbstoffe mehr die Kerne, die sauren mehr die Plasmastrukturen färben, spricht man auch von Kernfarbstoffen und Plasmafarbstoffen. Die meisten Lösungen mit direkt färbenden Farbstoffen können wir nach folgendem einfachen Schema herstellen:

In 70%igem Alkohol (reinen Alkohol verwenden, nicht Brennspiritus! Isopropylalkohol kann zur Not verwendet werden) lösen wir so viel Farbpulver, bis trotz wiederholtem Umschütteln ein Bodensatz von ungelöstem Farbstoff bleibt. Diese gesättigte Lösung ist die „Stammlösung", die meist recht gut haltbar ist. Zum Gebrauch verdünnen wir einen Teil der klar abgesetzten Stammlösung mit destilliertem Wasser oder 70%igem Alkohol im Verhältnis 1 : 10 oder noch stärker. Wir merken uns als Faustregel: Konzentrierte Lösungen färben rasch, aber oft schmierig; stark verdünnte Lösungen färben langsam, aber in den meisten Fällen klar und sauber. Es bleibt dem Geschmack und der Freizeit des Mikroskopikers überlassen, wie stark er seine Gebrauchslösungen ansetzt. Die richtigen Färbezeiten ermittelt man leicht durch mikroskopische Kontrolle. Hat man überfärbt, so läßt sich fast immer ein beträchtlicher Teil der Farbe in destilliertem Wasser oder in Alkohol wieder ausziehen.

Beizenfarbstoffe färben erst, wenn die Objekte mit einem anderen Stoff, der „Beize", vorbehandelt sind. Als Beize dient meist eine Alaunlösung, die mit dem Farbstoff einen haltbaren Farblack bildet. Man kann Beize und Farbstoff

[18]) Ausführliche Angaben zur Färbetechnik in *Schömmer* „Das Kryptogamenpraktikum", Franckh'sche Verlagshandlung Stuttgart.

getrennt anwenden oder — was häufiger geschieht — in einer Lösung vereinigen. Im Färbeeffekt verhalten sich die Beizenfarbstoffe wie basische Farben. Besonders häufig verwendete Beizenfarbstoffe sind die Hämatoxyline, die verschiedenen Karminlösungen sowie die „künstlichen Beizenfarbstoffe" nach *Becher* (z. B. Kernechtrot, Alizarincyanin, Alizarinviridin). Beim Ansetzen der Lösungen mit Beizenfarbstoffen müssen die Vorschriften (Gewicht, Volumen usw.) genau eingehalten werden. Wer keine empfindliche Waage besitzt, wird deshalb gut tun, sich solche Lösungen fertig zu kaufen oder sie sich von seinem Apotheker ansetzen zu lassen. (Vgl. auch Fußnote [35] auf S. 90).

F. Vom Aufbau der Pflanzen

(Einführung in die Handschneidetechnik)

Schon bei der Untersuchung einfacher Frischpräparate haben wir gesehen, daß alle Organismen aus Zellen aufgebaut sind. Bei Einzellern, wie z. B. dem Pantoffeltierchen oder der Amöbe, besteht der ganze Körper aus nur einer einzigen Zelle. Bei manchen Algen sahen wir viele, fast gleichförmige Zellen zu einem Verband zusammengefügt. Jetzt werden wir finden, daß höhere Pflanzen aus vielen Zellverbänden — Geweben — zusammengesetzt sind, die verschiedenartige Aufgaben im Körper zu erfüllen haben und deshalb auch untereinander ganz verschieden gestaltet sind. Zuerst wollen wir aber verhältnismäßig einfach gebaute Pflanzen untersuchen, nämlich Schimmelpilze.

57. Schimmelpilze treffen wir auf Schwarzbrot, Zitronen und eingemachten Früchten häufig an. Sie sind zwar eindeutige Pflanzen, besitzen aber kein Chlorophyll (Blattgrün). Wir gewinnen diese Pilze durch einfache Kultur in einer sog. feuchten Kammer: In einen flachen, mit Wasser gefüllten Teller stellen wir eine umgestülpte Kaffeetasse, auf die ein Stückchen angefeuchtetes Schwarzbrot gelegt wird. Ein Einmachglas oder eine Glasglocke wird nun so über diese Tasse gestülpt, daß ihr unterer Rand ins Wasser des Tellers eintaucht.

Schon nach zwei oder drei Tagen stellt sich auf dem Brot Schimmel ein. Wahrscheinlich wird es sich dabei um einen weißlichen Pilz handeln, dessen Fäden (Hyphen) in einem dichten Geflecht (Mycel) wachsen. Wir übertragen ein wenig von dem Geflecht mit der Lanzettnadel auf den Objektträger in Wasser und untersuchen bei mittlerer Vergrößerung. Aus den weißen Fäden ragen Stielchen mit Köpfchen (Sporangien) heraus; daher der Name „Köpfchenschimmel" (*Mucor mucedo*). Das Köpfchen zerfließt sehr leicht und gibt die braunen Sporen frei.

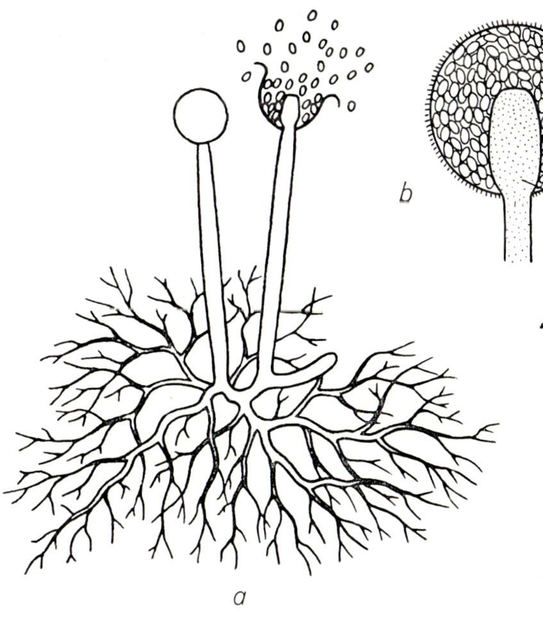

Abb. 70a. Köpfchenschimmel (*Mucor*), b. einzelnes Sporangium (S = Sporen, M = Membran, C = Columella) n. Wettstein, gez. von H. Lauffer

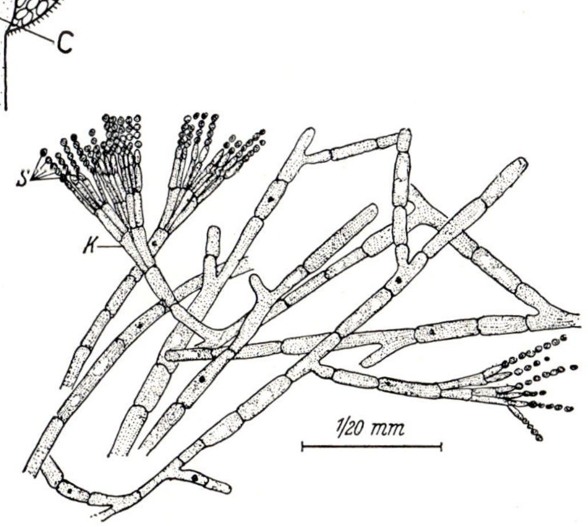

Abb. 70c. Pinselschimmel (*Penicillium*) (S = Sporen, K = Konidienträger). Aus Krauter, Mikroskopie im Alltag

Zur Herstellung von Dauerpräparaten übertragen wir eine kleine Flocke des fädigen Pilzgeflechtes direkt in Chrom-Essigsäure (s. S. 42) und fixieren darin 15—30 Minuten (mehrfach umschütteln). Dann wird in mindestens dreimal gewechseltem Leitungswasser gut ausgewaschen (15 Minuten), schließlich in destilliertes Wasser übertragen. Zur Färbung nehmen wir Hämalaun oder das Eisenhämatoxylin nach *Heidenhain*. Hämalaun färbt rasch, die länger dauernde Eisenhämatoxylinfärbung gibt aber schönere Präparate.

Färbung mit Hämalaun. Das fixierte Pilzgeflecht kommt aus destilliertem Wasser für etwa 10 Minuten in saures Hämalaun nach *Mayer*. In öfters gewechseltem Leitungswasser wird dann mindestens 10 Minuten lang ausgewaschen. Die erst rötlich getönten Pilzfäden werden dabei tief blau. Anschließend folgt nun die Entwässerung. Wir können die Pilze direkt in Äthylglykol übertragen (mindestens 10 Minuten, länger schadet nicht), dann über Terpineol und Xylol (je 5 Minuten) in Caedax einschließen. Steht Äthylglykol nicht zur Verfügung, so müssen wir zur Entwässerung Alkoholstufen anwenden: 35-, 50-, 70-, 80-, 90- und 95%iger Alkohol je 5 Minuten, Terpineol und Xylol je 5 Minuten, Einschluß in Caedax. Wer sich's ganz einfach machen will, kann die gefärbten Pilzfäden aus Wasser direkt in Gelatinol einschließen. Hämalaunfärbungen sind nämlich in Gelatinol haltbar; allerdings kommt die Färbung in Gelatinol nicht so brillant heraus wie in Caedax.

Färbung mit Eisenhämatoxylin nach Heidenhain. Wir brauchen eine 2,5%ige Eisenalaunlösung und eine Hämatoxylinlösung. Aus hellvioletten, unverwitterten Eisenalaunkristallen bereiten wir eine 10%ige Stammlösung in destilliertem Wasser. Zum Gebrauch wird ein Teil der Stammlösung mit destilliertem Wasser so verdünnt, daß eine 2,5%ige Lösung entsteht. Zur Herstellung der Hämatoxylinlösung lösen wir 0,5 g Hämatoxylin in 10 cm³ 96%igem Alkohol (keinen Brennspiritus nehmen) und verdünnen mit 90 cm³ destilliertem Wasser. Diese Hämatoxylinlösung füllen wir in eine Flasche mit engem Hals und bedecken die Öffnung mit einem Papierhütchen. Erst nach etwa vier Wochen ist das Hämatoxylin „gereift" und kann gebraucht werden [19]).

Die gereifte Lösung wird gut verschlossen. Sie ist sehr lange haltbar.

Wir bringen die fixierten und ausgewaschenen Pilzfäden für mindestens zwei, besser 12 Stunden in 2,5%ige Eisenalaunlösung; sie werden hierin „gebeizt". Darauf werden sie in destilliertem Wasser gründlich abgespült und in die Hämatoxylinlösung übertragen, die wir vor Gebrauch noch im Verhältnis 1 : 1 mit destilliertem Wasser verdünnt haben. Die Pilze bleiben einige Stunden (bis zu zwei Tagen) im Hämatoxylin, in dem sie sich pechschwarz färben. Wir spülen die überfärbten Fäden in destilliertem Wasser ab und „differenzieren" in der schon zum Beizen gebrauchten 2,5%igen Eisenalaunlösung. Sowie die Objekte in das Eisenalaun kommen, steigen schwarze Farbwolken von ihnen auf: Das Hämatoxylin wird wieder ausgezogen. Wir müssen nun den Entfärbungsvorgang im richtigen Moment unterbrechen, nämlich dann, wenn die einzelnen Strukturen scharf hervortreten. Solange es noch an der Übung fehlt, kontrollieren wir die fortschreitende Entfärbung in kurzen Zeitabständen: Die Objekte werden mit Wasser abgespült (dadurch wird die Differenzierung unterbrochen) und mikroskopisch untersucht. Ist die Färbung noch zu dicht, so kommen sie in die Eisenalaunlösung zurück. Wenn der gewünschte Färbegrad erreicht ist, so wird in oft gewechseltem Leitungswasser mindestens 15 Minuten lang ausgewaschen, damit alle Eisenalaunspuren entfernt werden. Schließlich wird — wie oben beschrieben — in Äthylglykol oder in steigenden Alkoholstufen entwässert und über Terpineol und Xylol in Caedax eingeschlossen. Gelungene Präparate zeigen scharfe Differenzierungen in Blauschwarz.

Das Eisenhämatoxylin nach *Heidenhain* gehört zu den wertvollsten Färbemethoden in der Mikroskopie. Je nach der Differenzierung kann man mit

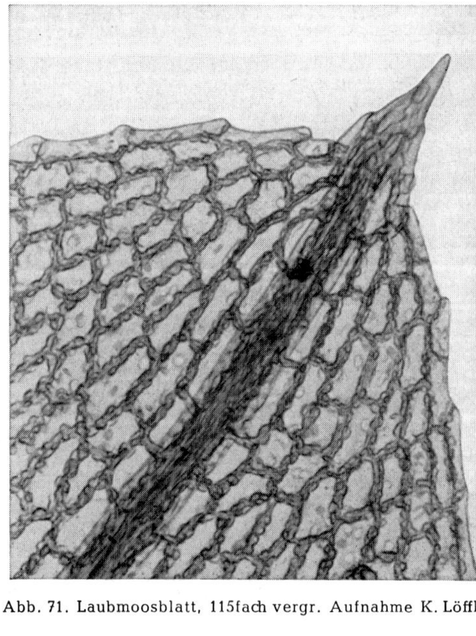

Abb. 71. Laubmoosblatt, 115fach vergr. Aufnahme K. Löfflath

[19]) Gebrauchsfertige Hämatoxylinlösung nach *Heidenhain* wie auch die Eisenalaunlösung liefert die Kosmos-Lehrmittelabteilung, Stuttgart, Pfizerstr. 5—7.

dieser Methode feinste Struktureinzelheiten pflanzlicher wie tierischer Zellen in sonst nicht erreichbarer Schärfe und Klarheit darstellen.

58. L a u b m o o s b l ä t t c h e n. Wir untersuchen Blättchen der verschiedenen, überall zu findenden Laubmoose in Wasser. Viele Moosarten haben Blättchen, die aus nur einer Zellenlage bestehen. Ein solches einschichtiges Blättchen (sehr günstig ist das Sternmoos *Mnium*) wollen wir dann auch zum Dauerpräparat verarbeiten. Es muß allerdings betont werden, daß Dauerpräparate von Moosen nicht leicht herzustellen sind. Mit Mißerfolgen müssen wir daher rechnen.

Wir verwenden die Methode von *Kisser*[20]), bei der das natürliche Blattgrün erhalten bleibt. Die Objekte werden in der nachstehend angegebenen Lösung fixiert:

Destilliertes Wasser	90 cm^3
Formol (40%ig)	8 cm^3
Kupferacetat	10 mg
Milchsäure oder Essigsäure	5 Tropfen

Wir müssen ziemlich viel von dieser Fixierungsflüssigkeit für nur wenige Blättchen nehmen. Während der Fixierung muß das Gefäß mit der Lösung ins Dunkle gestellt werden, etwa in einen Schrank oder in eine Pappschachtel. Nach etwa 6 Stunden ist die Fixierung beendet. Die Moosblättchen werden dann in öfters erneuertem destilliertem Wasser gut ausgewaschen und in Glyceringelatine eingeschlossen (s. S. 44).

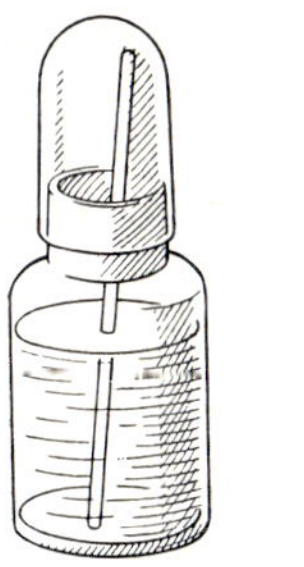

Abb. 72. Balsamfläschchen mit Kappe und Glasstift

59. W u r m f a r n. Wir bringen ein kleines Stückchen eines Wedels mit Sporenhäufchen (Sori) in einem Wassertropfen unter das Mikroskop und studieren den Bau der Sporenhäufchen. Das Blattstück können wir wie bei **58** zum Dauerpräparat verarbeiten.

60. D a s S c h n e i d e n m i t d e m R a s i e r m e s s e r. Viele Gegenstände sind der mikroskopischen Untersuchung nicht ohne weiteres zugänglich. Wir können mit dem normalen Mikroskop ja nur Objekte betrachten, die so dünn sind, daß das Licht durch sie durchfallen kann. Einen Rosenstengel etwa ohne weitere Präparation untersuchen zu wollen, wäre ganz sinnlos.

Um dickere Gegenstände unter dem Mikroskop studieren zu können, müssen wir sie daher in geeigneter Weise zerkleinern. Das gebräuchlichste Verfahren ist die Herstellung möglichst dünner

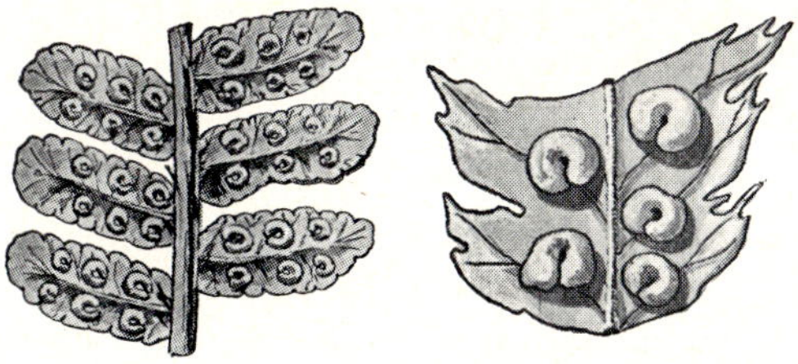

Abb. 73. Fiederblättchen eines Farns mit Sporenhäufchen

Schnitte mit dem Rasiermesser. Am besten verwenden wir ein speziell für mikroskopische Zwecke hergestelltes Rasiermesser, das auf der unteren Seite plan, auf der oberen Seite konkav geschliffen ist. Die vom Friseur gebrauchten, beidseitig hohl geschliffenen Messer eignen sich weniger gut. Zur Not läßt sich an Stelle des Rasiermessers auch eine ungebrauchte kräftige Rasierklinge verwenden, die man zweckmäßig in einen der käuflichen Rasierklingenhalter steckt.

Zum Schneiden legen wir beide Arme bequem auf die Tischplatte. Das Objekt wird mit den drei ersten Fingern der linken Hand gehalten, das Messer wird mit der rechten Hand nahe am Gelenk gefaßt. Beim Schneiden selbst lassen wir den Rücken des Messers auf dem ersten und zweiten Glied des Zeigefingers der linken Hand gleiten, wodurch eine ruhige, gleichmäßige Schnittführung gewährleistet wird. Das Messer wird immer ziehend, niemals drückend, bewegt.

Wir schneiden vom Objekt zuerst eine etwas dickere Scheibe ab, um eine glatte Schnittfläche zu erhalten. Um den zur Untersuchung bestimmten Schnitt zu gewinnen, können wir nun nicht einfach am Rand des Objekts zu schneiden beginnen. Die abgetrennte Scheibe würde viel zu dick werden. Wir setzen vielmehr die Schneide auf die Schnittfläche auf und ziehen das Messer ohne jeden Druck über die Schnittfläche weg. Früher oder später wird dabei das Messer in das Objekt einschneiden. Sowie die Schneide in das Objekt eingedrungen ist, wird das Messer ganz vorsichtig weitergezogen bis der Schnitt auf der Klinge liegt. Mit einiger Übung kann man die Schnittdicke noch während des Schneidens regulieren: Sollte die Schneide zu tief eindringen, so genügt eine winzige Drehung des Messers, um den Schnitt wieder dünner werden zu lassen. Ganz gewiegte Mikroskopiker nützen das planmäßig aus. Sie stellen gegen Ende des Schnittes die Messerschneide so, daß sie ganz allmählich beim weiteren Durchziehen wieder die freie Schnittfläche erreicht. Auf diese Weise „keilt der Schnitt aus“ und ist dann wenigstens an einer Stelle ganz besonders dünn.

Den schlimmsten Fehler machen wir beim Schneiden, wenn wir das Messer durch das Objekt durch-

[20]) Angegeben nach *Schömmer*, Das Kryptogamenpraktikum, Franckh'sche Verlagshandlung Stuttgart.

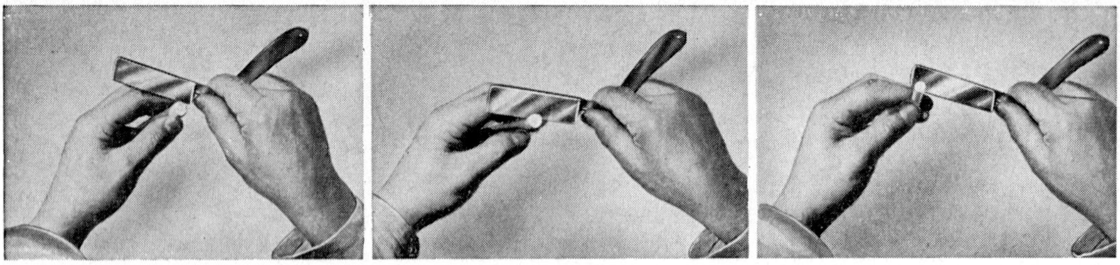

Abb. 74. Wir setzen das Messer an der rechten Ecke des zu schneidenden Objektes an und ziehen es von links nach rechts fortfahrend langsam und ohne Druck mit der ganzen Länge seiner Schneide durch das Objekt, bis sich der Schnitt vom Messerrücken abheben läßt

drücken, anstatt es durchzu ziehen. Das Messer wird möglichst mit der ganzen Länge seiner Schneide durch das Objekt gezogen; nur so erhalten wir schön dünne, gleichmäßige Schnitte. Beim drückenden Schneiden werden die Schnitte zu dick und außerdem werden dabei alle feineren Strukturen zerquetscht und zerrissen.

Betont werden muß noch — obwohl dies eigentlich selbstverständlich ist— daß man „auf sich zu", nicht „von sich weg" schneidet.

Zum Halten des Objekts verwenden wir Holundermark. Nur flache Objekte legen wir ohne weiteres zwischen die Hälften des gespaltenen Marks. Für Stengel, Zweige usw. höhlen wir jede Markhälfte so weit aus, daß das Objekt gerade stramm hineinpaßt, wenn wir beide Hälften wieder zusammenlegen. Nur so ist es möglich, wirklich gleichmäßige dünne Schnitte zu erhalten und Objekte mit großen Hohlräumen (Gräserstengel) und lokkerem Mark (Binsen) überhaupt zu schneiden. Beim „Schneiden aus freier Hand" ist dies unmöglich [21]). Wollen wir Schnitte herstellen, die auch für feinere Untersuchungen dünn genug sind, so müssen wir in den meisten Fällen darauf verzichten, über die ganze Fläche des Objekts hinweg zu schneiden. Winzige, aber hauchdünne Fetzchen lassen oft mehr Einzelheiten erkennen als umfangreiche dikkere Schnitte. Nur zur groben Orientierung fertigen wir einen etwas dickeren Schnitt durch das ganze Objekt an; der feineren Untersuchung dienen dünne Teilschnittchen.

Der Anfänger darf nicht enttäuscht sein, wenn die ersten Schnitte nicht recht gelingen wollen. Die Handschneidetechnik erfordert große Übung. Nach einigen Wochen werden aber auch Mikroskopiker, die über kein besonders empfindliches „Fingerspitzengefühl" verfügen, hinreichend dünne Schnitte herstellen können.

61. Die gute Instandhaltung des Rasiermessers ist unerläßliche Voraussetzung für die Herstellung feiner Schnitte. Die dazu nötigen Handgriffe müssen wir uns aneignen.

Mit einem blauen „Wasserstein" können wir kleinere Scharten recht schnell ausschleifen. Der Stein wird mit Wasser befeuchtet und mit einem Bruchstück desselben Steins, dem „Aufreiber", so lange gerieben, bis ein feiner Brei auf dem Stein entsteht. Das Messer wird — die Schneide voran — in kleinen Kreisen über den Stein bewegt, wobei Schneide und Rücken aufliegen müssen. Es ist darauf zu achten, daß beide Seiten der Schneide gleichmäßig abgeschliffen werden. Gedreht wird das Messer über den Rücken, niemals umgekehrt.

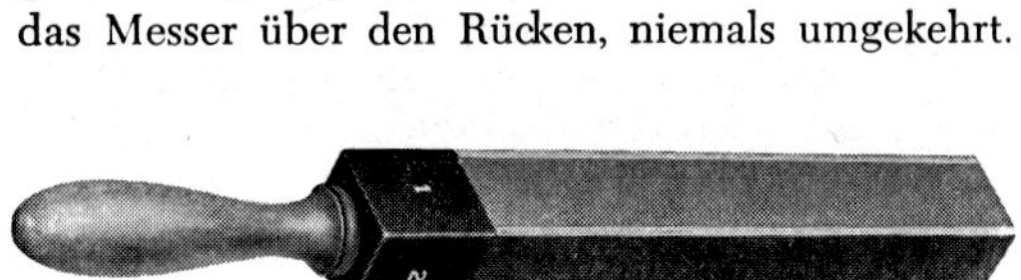

Abb. 75. Vierseitiger Streichriemen nach Zimmer

Von Zeit zu Zeit wird die Schneide geprüft (vorher abwischen); sie soll beim Aufsetzen auf die Fingerbeere „kleben", d. h. leicht in die Hornschicht der Haut eindringen und ein frei gehaltenes Kopfhaar durchtrennen, ohne daß dieses ausweicht. Ist das der Fall, so ziehen wir das Messer — jetzt mit dem Rücken voran — einige Male über den Streichriemen. Auf dem Abziehstein erhält die Schneide nämlich einen mit bloßem Auge kaum wahrnehmbaren Grat, der auf dem Streichriemen entfernt werden muß.

Der gewöhnliche Streichriemen, wie ihn der Friseur benützt, ist für mikroskopische Zwecke wenig geeignet. Unser Messer soll nämlich keine runde Facette bekommen, sondern die gerade Facette behalten. Der Streichriemen muß deshalb auf einer hölzernen Unterlage fest aufliegen; besser ist es, einen Vierkantabziehriemen zu benützen, der auf der einen Seite einen (meist unbrauchbaren) Stein und auf drei Seiten Leder hat. Das schärfste

[21]) Holundermark sammeln wir im Herbst von abgestorbenen Schößlingen. Es darf noch nicht verdorben sein. Steht Holundermark nicht zur Verfügung, so können wir an seiner Stelle auch mit kleinen Korkstückchen arbeiten. Die Korkstückchen schneiden wir aus guten, weichen, mit möglichst wenig Löchern durchsetzten Flaschenkorken heraus. Geeignet sind z. B. die kleinen Korken, die der Apotheker verwendet. Die groben Korken von Weinflaschen u. ä. sind unbrauchbar. Zum Schneiden härterer Objekte ist Kork dem Holundermark unbedingt vorzuziehen.

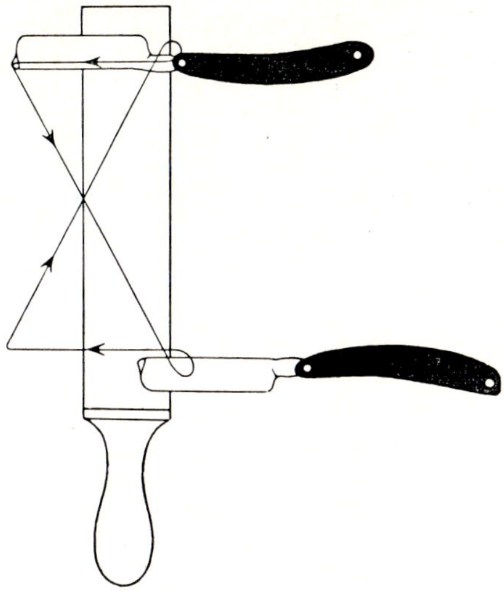

Abb. 76. Abziehen des Messers auf dem Streichriemen, gez. von H. Lauffer

Leder ist das rote, das wir zuerst benützen, dann folgt das schwarze und zuletzt das naturgeschliffene oder weiße Leder. Gelegentlich werden die Riemen mit Butter oder Olivenöl abgerieben, wobei die alte Streichriemenpaste entfernt wird. Dann wird neue Streichriemenpaste aufgetragen, die man am besten mit Fingern oder Handballen kräftig auf dem Leder verreibt.

Beim Abziehen wird das Messer mit dem Rükken voran in der Diagonale so über den Riemen gezogen, daß mit jedem Strich die ganze Schneide abgezogen wird. Am Ende des Riemens wird das Messer über den Rücken gewendet und in entgegengesetzter Richtung geführt. Allzu langes Abziehen auf der schwarzen und auf der nicht bestrichenen Seite ist zu vermeiden. Die Schneide wird sonst zu „glatt“ und faßt nicht richtig beim Schneiden (Abb. 76).

Sehr wichtig ist, daß wir das Messer nicht nur vor Gebrauch auf dem Streichriemen abziehen, sondern vor allem auch nach Gebrauch. Die Schneide weist nämlich — unter dem Mikroskop betrachtet — Zähne auf wie ein Sägeblatt. Wenn wir das Messer abtrocknen, so können wir mit dem Tuch oder Leder doch niemals die allerfeinsten, zwischen den Zähnen haftenden Wassertröpfchen beseitigen. Die Wassertröpfchen würden aber bis zum nächsten Gebrauch die Schneide durch Rostbildung unfehlbar beeinträchtigen. Ziehen wir aber nach Gebrauch das Messer auf der roten Seite nochmals ab, so verdrängt die fette Streichriemenpaste die Feuchtigkeit und überzieht die Schneide mit einem schützenden Fettfilm.

Wir lassen das Messer auf keinen Fall offen auf dem Arbeitstisch herumliegen. Abgesehen davon, daß wir uns leicht verletzen könnten, würde auch die sehr empfindliche Schneide leiden.

62. Maisstengel (*Zea mays*). Wir schneiden uns aus einem Maisstengel 2—3 cm lange Stückchen zurecht, die wir gespalten zur Fixierung und Härtung in Brennspiritus legen (an sich ist Brennspiritus ein sehr schlechtes Fixierungsmittel; da wir beim Mais aber nachher doch den Zellinhalt entfernen, können wir ihn hier ausnahmsweise zur Fixierung verwenden). Je länger das Material im Alkohol liegt, desto leichter läßt es sich schneiden. Wir können nach einigen Tagen die Schneidbarkeit prüfen, doch schadet selbst wochenlanger Aufenthalt im hochprozentigen Alkohol nicht.

Die im Alkohol gehärteten Stengelstückchen klemmen wir zwischen Holundermark und versuchen nun, nach der unter **60** gegebenen Anleitung ganz dünne Schnitte herzustellen. Manchmal ist es günstig, das Messer mit etwas Alkohol anzufeuchten, meist aber wird man mit trockenem Messer bessere Erfolge erzielen. Das Objekt selbst darf aber auf keinen Fall austrocknen und muß bei längerem Arbeiten immer wieder mit Alkohol benetzt werden. Man achte jedoch darauf, daß das Holundermark stets trocken bleibt, feuchtes Holundermark ist zum Schneiden viel zu weich.

Ein bestimmtes Maß für die Schnittdicke läßt sich bei Handschnitten nicht angeben. Wir wollen uns an einem Beispiel klarmachen, wie ein tadelloser Schnitt aussehen soll. Dazu verwenden wir

Abb. 77. Schneide eines Rasiermessers bei starker Vergrößerung. Oben: Nach Schleifen auf Stein. Unten: Gleiche Schneide nach Abziehen auf Riemen. Aufnahme Dr. Mutschke

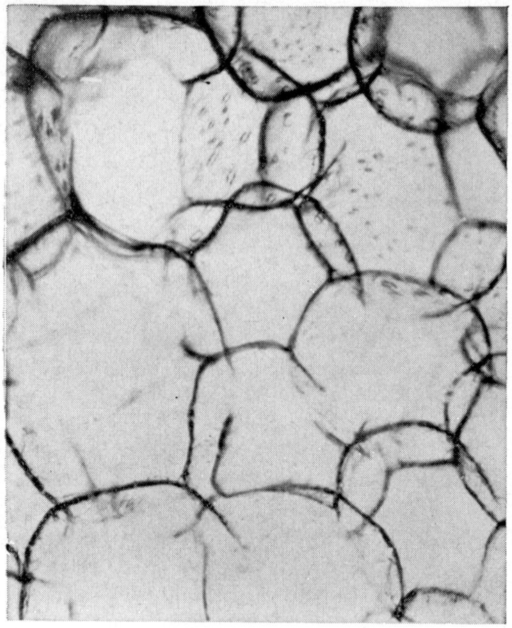

Abb. 78. Querschnitt durch Holundermark. Aufnahme Dr. Mutschke

die bei unseren Schneideübungen entstandenen Holundermarkschnitte. Sie sind brauchbar, wenn sie vom Gewebe, dem Parenchym des Marks, nur eine Zellenlage zeigen. Schimmern dagegen die unteren Zellschichten noch hindurch, so ist der Schnitt zu dick. Die besten Handschnitte werden sich in der Dicke um 30 μ herum bewegen (1 μ = 1 Mikron = $^1/_{1000}$ mm); im günstigsten Fall kann man an Stellen, an denen der Schnitt „auskeilt", 20 μ erreichen. In vielen Fällen sind aber auch Schnitte von 50 μ noch zu gebrauchen[22].

Wir fertigen zuerst einen Übersichtsschnitt, der durch das ganze zu schneidende Organ führt. Er kann ruhig etwas dicker sein, da er nur der groben Orientierung über die Lage der einzelnen Gewebe dient (z. B. Abb. 82). An zarten Teilschnitten werden dann die feineren Strukturen erschlossen. Ist ein Stengel zu stark, so wird er halbiert, geviertelt usw. Stets ist ein Einspannen in Holundermark oder Kork zu raten.

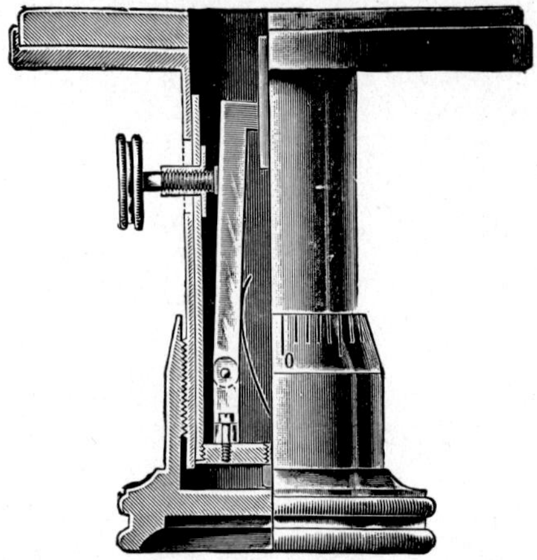

Abb. 79. Ein einfaches Handmikrotom

Die genaue Einhaltung der Schnittrichtung ist beim Schneiden ganz unerläßlich. Nur wenige Zellen und Gewebe nämlich bieten bei verschiedenen Schnittrichtungen dasselbe mikroskopische Bild. Abb. 80 zeigt die verschiedenen Schnittrichtungen im Stengel. Bei zylindrischen Organen, wie bei unserem Maisstengel, läuft der Querschnitt quer, der Längsschnitt parallel zur Längsachse des Organs. Während aber der Querschnitt stets gleiche Strukturen zeigt, kann der Längsschnitt immer noch verschiedene Bilder bieten. Wir unterscheiden deshalb den radialen Längsschnitt, der mit dem Halbmesser des Querschnittkreises zusammenfällt, und den tangentialen Längsschnitt, bei dem die Schnitt-

Abb. 80. Die verschiedenen Schnittrichtungen bei zylindrischen Organen.
a = Tangentialschnitt, b = Querschnitt und c = radialer Längsschnitt durch einen Holzstamm (nach Hofmann).

[22]) Wer aber besonderen Wert darauf legt, Schnitte von genau bestimmter Stärke zu erhalten, muß sich eines der gebräuchlichen Handmikrotome (s. Abb. 79) bedienen. Diese einfachen, nicht allzu teuren Instrumente bestehen aus einer zylindrischen Röhre, die an ihrem oberen Ende einen ringförmigen Aufsatz trägt, in dem eine Glasplatte von 70 mm Durchmesser eingelassen ist. In dem ersten gleitet ein zweiter Zylinder, der durch die unten sichtbare Mikrometerschraube auf und ab bewegt werden kann. Die Mutter der Mikrometerschraube ist am äußersten Rande geteilt. Jeder Teilstrich entspricht einer Hebung des inneren Zylinders um $^1/_{100}$ mm. Das zu schneidende Objekt wird mittels der seitlich sichtbaren Schraube in dem inneren Zylinder gut festgeklemmt. Beim Schneiden wird das Mikrotom mit der linken Hand gehalten, während die rechte das Rasiermesser durch das Objekt zieht, wobei die Glasplatte als Führung dient; das Messer muß also während des ganzen Schneidevorganges fest auf der Glasplatte aufliegen. Zur Herstellung feinster Schnitte ist dieses einfache Handmikrotom natürlich nicht brauchbar, dazu ist ein großes Mikrotom erforderlich, worüber im Anhang nachzulesen ist.

ebene zur Richtung des Halbmessers senkrecht steht. Damit wir uns den Bau eines Pflanzenstengels vorstellen können, müssen wir Schnitte in allen drei Richtungen untersuchen.

Wir fertigen immer eine größere Zahl von Schnitten an (vielleicht 15—20), die wir dann nacheinander in Wasser durchmustern. Die zu dick geratenen Schnitte werden ausgeschieden.

Die fertigen Schnitte werden mit einem weichen Pinsel von der Messerklinge abgestreift und in ein Uhrschälchen mit Wasser gebracht. Zur ersten Untersuchung legen wir eine Anzahl Schnitte auf den Objektträger in einen Tropfen Wasser, bedekken mit dem Deckglas und durchmustern mit schwacher Vergrößerung. Wir merken uns die Lage der zu dick geratenen Schnitte, die gleich anschließend entfernt werden. Um das Deckglas ohne Verletzung der zarten Schnitte wieder abnehmen zu können, bringen wir an den Deckglasrand so viel Wasser, daß das Gläschen zu schwimmen beginnt. Mit Hilfe einer spitzen Pinzette und einer Präpariernadel läßt es sich dann leicht wieder entfernen. Die gut gelungenen Schnitte bringen wir in ein weiteres Uhrschälchen mit Wasser, die schlechten werfen wir weg.

Zur weiteren Präparation müssen wir nun die Schnitte in verschiedene Flüssigkeiten bringen, wir müssen sie färben, entwässern, zuletzt in Caedax einschließen. Die Übertragung der Schnitte von einer Flüssigkeit in die andere ist nicht ganz einfach. Wir können mehrere Wege beschreiten:

1. Die Flüssigkeiten werden in verschiedene Uhrschälchen gefüllt und die Schnitte mit der Lanzettnadel, dem Glasstab oder — besser — mit einem feinen Pinsel von einem Uhrschälchen ins andere übertragen. Die Methode hat den Nachteil, daß die Schnitte leicht verletzt werden und oft — vor allem in undurchsichtigen Farblösungen — verlorengehen.

2. Die Schnitte bleiben bei allen Präparationsgängen im gleichen Uhrschälchen. Die Flüssigkeit im Uhrschälchen wird mit einer fein ausgezogenen Pipette abgesaugt und durch die nächstfolgende Flüssigkeit ersetzt. Bei diesem Verfahren besteht die Gefahr, daß die Schnitte austrocknen oder daß zu viel Flüssigkeit im Uhrglas verbleibt und die nächste verunreinigt. Außerdem müssen wir — um grobes Verunreinigen zu vermeiden — mit mehreren Pipetten arbeiten. Wir brauchen mindestens eine Pipette für Laugen und Säuren, eine für Farblösungen, eine für die wasserhaltigen Alkoholstufen und eine für die nicht wasserhaltigen Flüssigkeiten wie absol. Alkohol, Terpineol, Xylol. Die Pipetten dürfen unter keinen Umständen miteinander verwechselt werden.

3. Die eleganteste Methode ist die Behandlung der Schnitte im Färbesieb. Ein solches Färbesieb

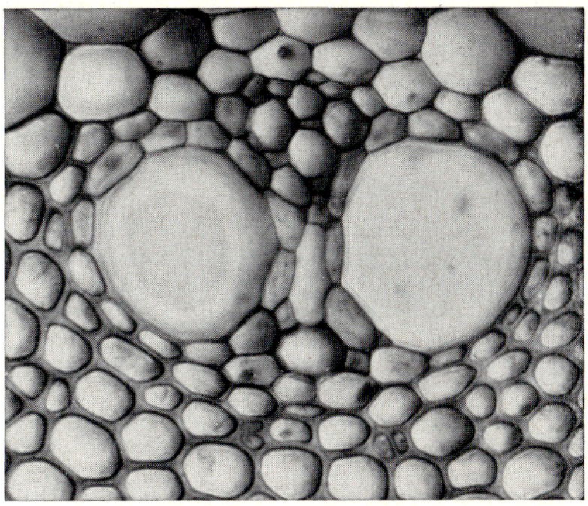

Abb. 81. Leitbündel vom Mais aus einem Stengelquerschnitt (verhältnismäßig dicker Handschnitt), ca. 150fach vergr. Aufnahme K. Löfflath

können wir uns leicht selbst herstellen. Von einem gewöhnlichen Reagenzglas wird das obere 2 bis 3 cm lange Stück mit einer Glasfeile oder Ampullenfeile abgefeilt (eine alte Ampullenfeile schenkt uns sicher unser Hausarzt oder Apotheker). Wir erhalten so eine oben und unten offene Röhre, die am einen Ende (dem oberen) etwas aufgebogen ist. Das obere Ende verschließen wir jetzt mit einem Stückchen eines alten Nylon- oder Perlonstrumpfes: Mit dünnem Perlon- oder Nylonfaden, den wir fest um das Ende des Röhrchens wikkeln, wird das straff über die Öffnung gespannte Strumpfgewebe festgehalten. Die überstehenden Enden des Stoffes werden abgeschnitten. Bei Verwendung eines solchen Färbesiebes füllen wir die einzelnen Flüssigkeiten in kleine, mit Kork verschließbare Präparategläser (etwa 48 × 28 mm, erhältlich bei der Abt. Kosmos-Lehrmittel), legen die Schnitte in das Sieb und stellen das Sieb in das Präparateglas ein, das die gerade benötigte Flüssigkeit enthält. Beim Wechsel der Flüssigkeit nimmt man einfach das ganze Sieb heraus, läßt die Lösung ablaufen und stellt es vorsichtig in die folgende Flüssigkeit ein. Fast alle Nachteile der beiden zuerst genannten Methoden werden damit vermieden. In stärkere Säuren und Laugen sollte man allerdings das Färbesieb nicht einstellen (auch nicht in Eau de Javelle). Zur Behandlung der Schnitte mit Eau de Javelle z. B. nimmt man die Schnitte aus dem Färbesieb heraus, bringt sie in ein Uhrschälchen mit Eau de Javelle und legt sie nach dem Auswaschen der Lauge wieder in das Färbesieb zurück.

Unsere erste Arbeit nach dem Schneiden war, unter dem Mikroskop die guten Schnitte auszuwählen, die zur Herstellung eines Dauerpräparates tauglich erschienen. Jetzt kommen die Schnitte in

Eau de Javelle (Bleichlauge), worin der plasmatische Zellinhalt zerstört wird, so daß nur die Zellwände übrig bleiben. Dadurch ergibt sich dann ein ungemein klares, übersichtliches mikroskopisches Bild. Die Schnitte bleiben in der Lauge, bis sie ganz weiß sind, je nach ihrer Festigkeit 10—30 Minuten. Sie werden danach mit der Lanzettnadel — ja nicht mit dem Pinsel! — herausgehoben und kommen in ein anderes Uhrschälchen mit destilliertem Wasser, das wir zuvor mit einer Spur Eisessig schwach angesäuert haben (ein Tropfen Eisessig auf ungefähr 10 cm³ destilliertes Wasser). Nach einigen Minuten bringen wir die Schnitte in gleicher Weise (oder aber im Färbesieb) in reines destilliertes Wasser und können dann zur Färbung schreiten.

Die schönste Färbemethode für pflanzliche Gewebe, zugleich eine der schnellsten und haltbarsten, ist A s t r a b l a u - S a f r a n i n. Für diese Färbung können die Schnitte beliebig fixiert sein, eine Entfernung des Zellinhalts mit Eau de Javelle ist überflüssig. Wir brauchen zwei Lösungen: Eine 1%ige wäßrige Safraninlösung und eine 0,5%ige Lösung von Astrablau FM in 2%iger wäßriger Weinsäurelösung (gebrauchsfertig bei Kosmos-Lehrmittel). Außerdem brauchen wir Salzsäure-Alkohol (0,5 cm³ konzentrierte Salzsäure auf 100 cm³ 70%igen Alkohol).

Die Schnitte kommen aus Wasser für 2 bis 5 Minuten in die Astrablaulösung, werden in destilliertem Wasser ausgewaschen und dann 5 Minuten in Safranin gefärbt. Auswaschen in destilliertem Wasser. Da das Safranin überfärbt, muß es jetzt differenziert werden. Die Schnitte kommen zuerst in 70%igen Alkohol, der die Hauptmenge des Safranin-Überschusses entfernt (1 bis 5 Minuten). Endgültig differenziert wird in einem weiteren Schälchen mit 70%igem Alkohol, dem einige Tropfen Salzsäure-Alkohol zugesetzt sind. Die Differenzierung wird unterbrochen, wenn nur noch die verholzten Gewebeanteile rot gefärbt sind, die unverholzten Zellwände aber leuchtend blau erscheinen. Dazu übertragen wir die Schnitte in 96%igen Alkohol (1 bis 3 Minuten) und hieraus in 100%igen Isopropylalkohol. Um sicher zu gehen, daß alle Säurespuren entfernt sind, wechseln wir den 100%igen Alkohol mehrfach, mindestens aber zweimal. Die Schnitte werden zugleich entwässert und sollten deshalb mindestens 5 Minuten im 100%igen Alkohol verbleiben (länger schadet nicht!). Schließlich übertragen wir für 5 Minuten in Xylol und schließen hieraus in Caedax ein. Gelungene Präparate — Mißerfolge kommen bei dieser Methode kaum vor — zeigen leuchtende Farben und scharfe Kontraste. Je nach der Differenzierung kann man die Zellkerne rot gefärbt erhalten oder sie wieder entfärben; man erhält dann eine reine Holz-Zellulose-Färbung. Im einen Fall beläßt man die Schnitte etwas länger im Salzsäure-Alkohol, im anderen kürzer.

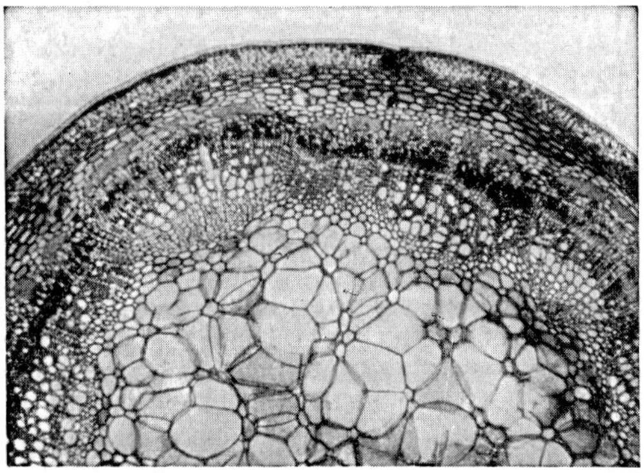

Abb. 82. Rosenstengel quer. Übersichtsschnitt zur groben Orientierung. Etwa 35fach vergr. Aufnahme K. Löfflath

Grundsatz bei all diesen Präparationen: Tadellos sauberes Arbeiten; ungenügende Entwässerung verdirbt die Präparate unweigerlich.

Die H ä m a t o x y l i n - S a f r a n i n - F ä r b u n g ist eine Doppelfärbung, die die unverholzten Zellwände in blauem Ton, die verholzten (beim Mais vor allem die Gefäße) scharf rot darstellt. Die Schnitte werden 3—10 Minuten lang in Hämatoxylin nach Delafield gefärbt, ganz kurz in destilliertem Wasser abgespült und in Leitungswasser „gebläut“. Sind die zuerst rötlichen Schnitte schön blau geworden, so bringen wir sie zur Gegenfärbung in Safraninlösung, in der sie 2—8 Stunden bleiben (Herstellung der Safraninlösung: 2 g Safranin werden in 100 cm³ 50%igem Alkohol gelöst. Zur Färbung verdünnt man 20 cm³ dieser haltbaren Stammlösung mit 80 cm³ 50%igem Alkohol).

Die knallrot gefärbten Schnitte werden kurz in destilliertem Wasser abgespült und in Brennspiritus differenziert. Im Brennspiritus geben die Schnitte die rote Farbe wieder ab. Wir differenzieren, bis die mikroskopische Kontrolle nur mehr die verholzten Zellwände rot gefärbt zeigt; die unverholzten Zellwände lassen dann den blauen Ton der Hämatoxylinfärbung wieder erkennen. Um die Differenzierung zu unterbrechen, übertragen wir die Schnitte für einige Minuten in absoluten Isopropylalkohol, der zugleich die restlichen Wasserspuren aufnimmt, und hieraus in Terpineol. Im Terpineol können die Schnitte beliebig lange verweilen. Wir lassen sie mindestens 5 Minuten darin liegen, ehe wir sie in üblicher Weise in Caedax einschließen. Auf eine Gegenfärbung kann man auch verzichten.

Sehr schöne Färbungen gibt bei pflanzlichen Objekten das D i r e k t t i e f s c h w a r z. Wir stellen uns eine gesättigte Lösung des Farbstoffes in 70%igem Alkohol her. Vor der Färbung wird die Lösung filtriert. Die Schnitte kommen für 5—30 Minuten in die Farblösung (die Färbedauer ist abhängig von der Schnittdicke; dicke Schnitte färben sich sehr rasch an, dünnere brauchen länger). Nach der Färbung wird in 90%igem Alkohol gewaschen, bis keine Farbwolken mehr abgehen. Sind die Schnitte noch zu blaß, so bringen wir sie in die Farblösung zurück. Vor Überfärbung muß man sich hüten, da eine Differenzierung nur sehr schwer möglich ist. Auf den 90%igen Alkohol folgen — wie oben angegeben — abs. Isopropylalkohol, Terpineol, Caedax.

Mit Hilfe eines Kunstgriffes können wir Schrumpfungen weitgehend verhindern: Wir bringen die gefärbten Schnitte auf einen Objektträger in einen Tropfen Farblösung (oder Wasser, z. B. nach Safranin). Mit Filtrierpapier saugen wir vom Rand her die Lösung ab, bis die Schnitte trocken liegen und dem Objektträger dicht angeschmiegt sind. Austrocknen dürfen sie aber auf keinen Fall! Sie sollen gerade noch feucht sein. Mit einer Pipette tropfen wir jetzt 90%igen Alkohol auf den Schnitt. Der Schnitt schwimmt in dem Alkoholtropfen, wird vom Alkohol gleichzeitig gehärtet und kann nun ohne Mühe mit einem trockenen oder in Alkohol ausgewaschenen Pinsel in ein Schälchen mit 100%igem Alkohol übertragen werden. Die gleiche Methode schafft auch Abhilfe, wenn Schnitte beim Übertragen in Alkohol zusammenschnurren.

Wer ganz schnell zum Dauerpräparat kommen will, kann ungefärbte Schnitte direkt aus Wasser in Glycerin oder Glyceringelatine einschließen (s. S. 44). Solche Präparate halten aber keinen Vergleich aus mit Präparaten, die nach einer der oben genannten Methoden hergestellt sind.

Weitere Färbe- und Einschlußverfahren sind in *Krauter*, Mikroskopie im Alltag, beschrieben.

Die Reinigung der Präparate. Wer sauber arbeitet, hat mit der Reinigung der Präparate keine Mühe. Die Caedaxschicht soll ja nur so dick sein, daß der Raum unter dem Deckglas gerade ausgefüllt wird. Ist doch einmal etwas Caedax unter dem Deckglas vorgequollen, so entfernen wir den Überschuß keineswegs mit Xylol, da Xylol den Caedax löst, unter das Deckglas dringt und das ganze Präparat so von neuem beschmiert. Wir warten ruhig, bis der Caedax einigermaßen erhärtet ist und entfernen dann den Überschuß mechanisch mit einem Messer. Die letzten Spuren werden mit einem benzinbefeuchteten Läppchen beseitigt.

63. Schwertlilienblatt. Die Schwertlilie *(Iris germanica)* ist leicht zu beschaffen. Sollte ein Schwertlilienblatt nicht aufzutreiben sein, so können wir die Untersuchungen auch an einem Tulpenblatt, einem Lauchblatt (Abb. 83) oder einem Blatt des Maiglöckchens anstellen. Zur Herstellung des Querschnittes eignet sich auch ein Blatt der Gladiole (Abb. 84).

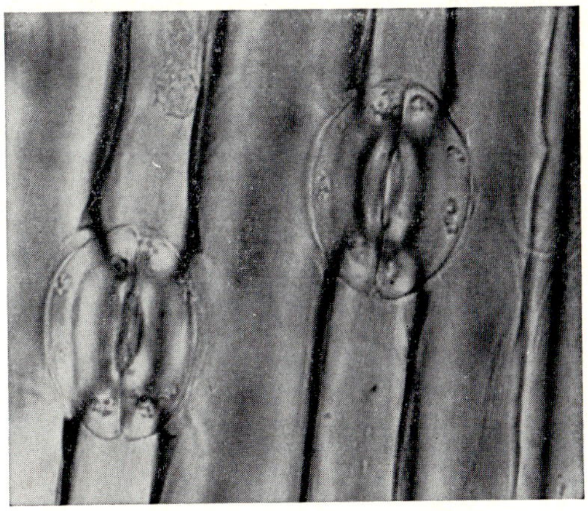

Abb. 83. Oberhaut eines Lauchblattes.
Aufnahme K. Löfflath

Wir fertigen zunächst ein Flächenpräparat von der Blattoberhaut an. Dazu spannen wir das Blatt mit Daumen und Mittelfinger über den Zeigefinger der linken Hand und machen mit dem Rasiermesser einen ganz leichten Einschnitt. Der Schnittrand wird mit der Pinzette gefaßt und ein Stückchen der Oberhaut abgezogen. (Der abgezogene Streifen muß farblos sein; erscheint er grün, so ist er für die Untersuchung zu dick.) Ein kleines Stückchen der Oberhaut bringen wir in einem Tropfen Wasser unter das Mikroskop. Wir sehen farblose, langgestreckte Oberhautzellen und Spaltöffnungen. Die Spaltöffnungen vermitteln den Gasaustausch der Pflanze. Anfertigung eines Dauerpräparats nach **62**, einfache Hämatoxylin- oder Direkttiefschwarzfärbung genügt. (Vor der Bleichung in Eau de Javelle ist eine mehrstündige oder noch längere Behandlung mit Alkohol empfehlenswert, da nur dann der Zellinhalt restlos gelöst wird.)

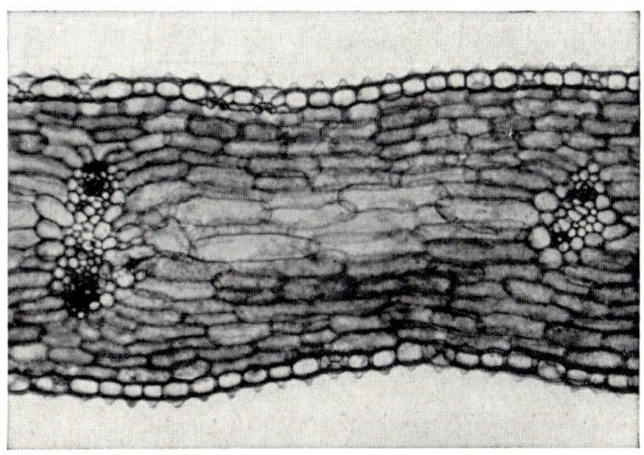

Abb. 84. Querschnitt durch das Blatt einer Gladiole (verhältnismäßig dicker Handschnitt, etwa 400fach vergr.)
Aufnahme K. Löfflath

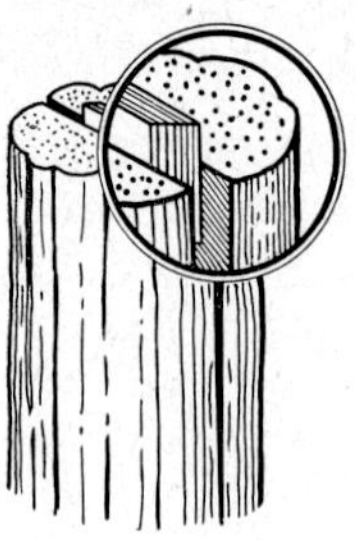

Abb. 85. Einklemmen eines Blattstückchens in Holundermark

Ein Querschnitt zeigt uns nicht nur den feineren Bau der Spaltöffnungsapparate, sondern den ganzen inneren Aufbau des Blattes. Längs der Mittelrippe schneiden wir einen schmalen, höchstens $^1/_2$ cm breiten Streifen heraus. Wir falten den Streifen mehrfach zusammen, klemmen ihn in Holundermark ein und suchen möglichst dünne Schnitte zu erzielen. Durch das Zusammenfalten des Blattes erhalten wir eine größere Schnittfläche und gewinnen außerdem bei jedem Schneiden gleich mehrere Querschnitte. Weiterverarbeitung nach **62**.

64. Apfelsinen- und Zitronenschale. Wir behandeln Apfelsinen- und Zitronenschalen nach **62**, härten also in Brennspiritus, stellen dünne Querschnitte her und färben mit Hämatoxylin oder Direkttiefschwarz. Vor der Färbung untersuchen wir die Schnitte in Wasser und in Glycerin.

In den Randpartien der Schale sehen wir große und kleinere Löcher, die mit ätherischem Öl gefüllt waren. Diese Löcher stellen die Öldrüsen (Sekretbehälter) dar. Wir alle wissen, daß eine Orangenschale eine stark duftende Flüssigkeit verspritzt, wenn wir sie drücken: Durch den Druck platzen die Ölbehälter, deren Form und Bau wir jetzt im Mikroskop genau studieren können. Das Öl selbst sehen wir in den Präparaten freilich nicht mehr: Es wurde durch den Alkohol herausgelöst.

65. Kernteilungen und Riesenchromosomen. Wir setzen eine Küchenzwiebel auf ein mit Wasser gefülltes Glas, so daß die Basis der Zwiebel das Wasser gerade berührt. Nach wenigen Tagen hat die Zwiebel zahlreiche Wurzeln getrieben. Eine solche Wurzel schneiden wir an der Spitze ab (am besten am frühen Morgen, weil dann die meisten Teilungen zu finden sind). Wir halbieren die frische Wurzelspitze mit dem Rasiermesser, wobei es vor allem auf die ersten Millimeter der Spitze ankommt; in den rückwärtigen, älteren Teilen der Wurzel sind kaum mehr Kernteilungen zu finden. Die Hälften der Wurzelspitze werden in einem Gemisch aus 3 Teilen abs. Alkohol (hier kann auch Isopropylalkohol verwendet werden) und 1 Teil Eisessig 15 Minuten lang fixiert.

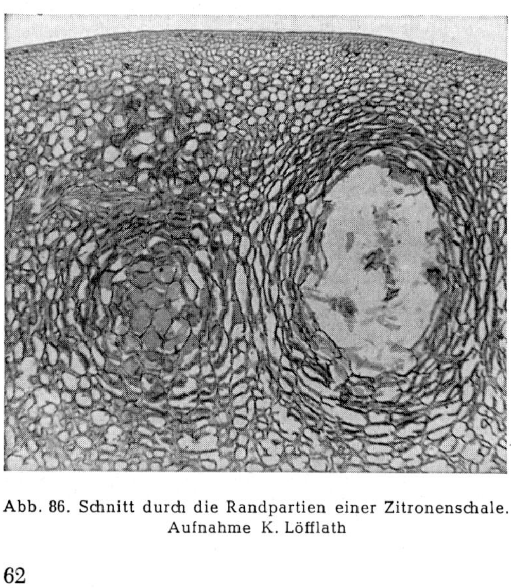

Abb. 86. Schnitt durch die Randpartien einer Zitronenschale. Aufnahme K. Löfflath

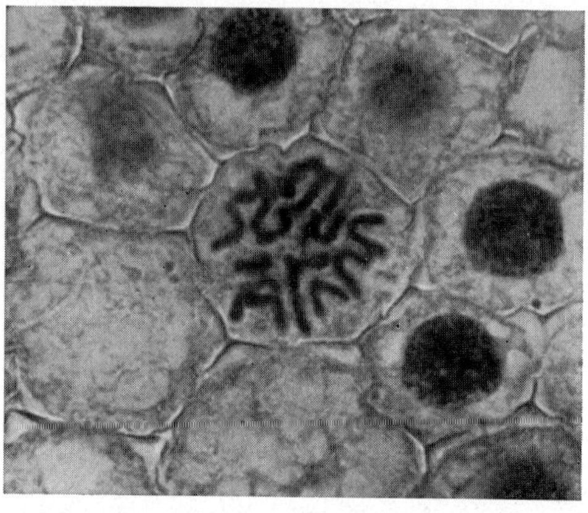

Abb. 87. Kernteilungsfigur aus der Wurzelspitze der Saubohne. Mittlere Vergrößerung. Aufnahme Schaden, aus Mikrokosmos

Die Wurzelspitzen werden dann direkt in ein kleines Reagenzglas mit Karmin-Essigsäure [23]) übertragen und darin 2 Minuten lang gekocht. Aus der heißen Farblösung bringt man die Wurzelspitzen auf den Objektträger in einen Tropfen frischer Karmin-Essigsäure und legt ein Deckglas auf. Durch senkrechten Druck auf das Deckglas mit einer Nadel werden die Hälften der Wurzelspitze so flach gequetscht, daß nur mehr eine Zellenlage unter dem Mikroskop zu sehen ist. Die mikroskopische Untersuchung zeigt die Chromosomen der sich teilenden Kerne scharf rot auf hellem Untergrund. Ist die Färbung nicht intensiv genug, so kann man die Lösung unter dem Deckglas wiederholt aufkochen (Objektträger über die Flamme halten). Unter Umständen muß man dann aber weitere Farblösung vom Rande des Deckglases her zugeben.

[23]) Herstellung der Karmin-Essigsäurelösung: 45 cm^3 Eisessig und 55 cm^3 destilliertes Wasser werden in einem Kochkolben oder Erlenmeyerkolben aus Jenaer Glas gemischt und darin 4—5 g pulverisiertes Karmin gelöst. Nach Aufsetzen eines Rückflußkühlers oder eines langen Siederohres läßt man $^1/_2$ bis eine Stunde über kleiner Flamme ganz schwach sieden. Die völlig erkaltete Lösung wird filtriert und ist bei gutem Verschluß fast unbegrenzt haltbar.

Die Färbung wird zuerst immer intensiver, verliert dann aber allmählich an Schärfe. Schöne Dauerpräparate kann man mit dieser Färbung nicht herstellen. Wer die aufgefundenen Teilungsstadien nicht rasch zeichnen will, kann aber — wenn eine geeignete Einrichtung zur Verfügung steht — Mikroaufnahmen davon herstellen (s. S. 79). Auch die Wurzelspitzen keimender Bohnen eignen sich gut zur Untersuchung von Kernteilungen.

Mit etwas Glück können wir mit Hilfe der Karmin-Essigsäuremethode alle überhaupt vorkommenden Teilungsstadien der Zellkerne zusammensuchen. Für Dauerpräparate der Kernteilungen eignet sich eine Hämatoxylinfärbung besser, besonders das Hämatoxylin nach *Heidenhain.* Allerdings braucht man dazu Mikrotomschnitte, die nicht dikker als 5 μ sein sollten.

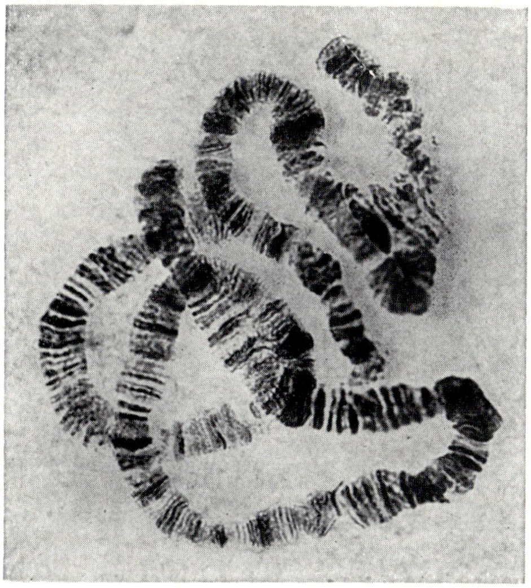

Abb. 88. Riesenchromosomen aus einer Speicheldrüse von *Chironomus.* Aufnahme H.-J. Reinig, aus Mikrokosmos

Die Riesenchromosomen in den Speicheldrüsen von Fliegen- und Mückenlarven sind berühmt wegen ihrer großen Bedeutung in der Vererbungsforschung. Wir können sie mit der Karmin-Essigsäuremethode sehr leicht untersuchen.

Im Winter kann man Zuckmückenlarven unter dem Namen „Rote Mückenlarven" in jeder Aquarienhandlung billig kaufen. Von einer solchen Mückenlarve (*Chironomus*) trennen wir auf dem Objektträger mit der Rasierklinge den Kopf ab und quetschen ihn ein wenig mit der Lanzettnadel. Aus der Schnittfläche treten dann zwei wasserhelle Bläschen aus, die Speicheldrüsen, die wir mit einem Deckglas bedecken und untersuchen. Schon mit schwacher Vergrößerung fallen die großen Zellkerne der Speicheldrüsen auf, in denen die Riesenchromosomen liegen. Das sind gewundene, wurmförmige Gebilde, die eine charakteristische Bänderung zeigen. Auch bei den Riesenchromosomen ist die Anfärbung mit Karmin-Essigsäure sehr empfehlenswert. Die sog. Chromomeren-Scheiben, d. h. die Bänder, in denen die Erbforscher die Gene (Erbfaktoren) vermuten, färben sich intensiv rot an. Sehr empfehlenswert ist es, mit Karmin-Essigsäure gefärbte Präparate mit einem Grünfilter zu betrachten: Die Chromosomen erscheinen dann fast schwarz und so scharf, als ob sie mit Eisenhämatoxylin gefärbt wären.

66. Aufbewahrung von fixiertem Pflanzenmaterial. Viele interessante Objekte, die wir gelegentlich finden, können wir aus Zeitmangel nicht sofort verarbeiten. Wir müssen sie daher bis zur Präparation in einer geeigneten Flüssigkeit aufbewahren.

Jedes lebende Objekt muß zuallererst fixiert werden. Wir kennen eine Unzahl verschiedenster Fixierungsmethoden, von denen viele nur für ganz bestimmte Zwecke in Frage kommen. Brennspiritus oder auch reiner Alkohol, mit dem wir unter 62 fixiert haben, sind schlechte Fixierungsmittel, die wir nur bei derben Objekten für Übersichtspräparate anwenden wollen. Dagegen ist der Formessigsprit nach *Diettrich* eine Fixierungslösung, bei der Brennspiritus ohne Schaden verwendet werden kann, und die bei den meisten pflanzlichen Objekten gute Resultate ergibt.

Formessigsprit nach *Diettrich* setzt sich zusammen aus:

Brennspiritus	100 cm³
Formol (40%ige Formaldehydlösung)	10 cm³
Eisessig	3 cm³

Zweckmäßig mischt man die einzelnen Bestandteile dieser Fixierungsflüssigkeit erst kurz vor Gebrauch. Die Kantenlänge der zu fixierenden Objekte sollte 1—2 cm nicht überschreiten. Stets nehme man mindestens die 50fache Menge an Fixierungsflüssigkeit vom Volumen der zu fixierenden Objekte.

Dauer der Fixierung 24 Stunden. Danach Auswaschen in 60%igem Alkohol, der während 24 Stunden 2—3mal gewechselt wird.

Zur Aufbewahrung der fixierten Objekte verwenden wir bei Pflanzenmaterial die Aufbewahrungsflüssigkeit nach *Strasburger.* Sie besteht aus gleichen Teilen Alkohol, Glycerin und Wasser. Wir können ohne weiteres Isopropylalkohol verwenden, keinesfalls aber Brennspiritus.

Die Objekte kommen aus 60—70%igem Alkohol in die genannte Aufbewahrungsflüssigkeit, in der sie ohne Schaden Jahrzehnte bleiben können. Voraussetzung ist natürlich, daß die Aufbewahrungsgefäße gut verschlossen sind. Als Gefäße sind größere Präparategläser gut geeignet (erhältlich bei

Abt. Kosmos-Lehrmittel). Da aber auch durch tadellos sitzende Korken Alkohol verdunstet, ist es besser, zur längeren Aufbewahrung Flaschen mit eingeschliffenem Glasstopfen zu verwenden. Wir besorgen uns eine große Glasstopfenflasche mit möglichst weitem Hals. Sie wird mit der Strasburgerschen Aufbewahrungsflüssigkeit gefüllt. Außerdem kaufen wir eine Anzahl ganz kleiner Reagenzgläser (50 × 9 mm, zu beziehen durch Kosmos-Lehrmittel). Die fixierten Objekte stecken wir in eines der kleinen Reagenzgläser, füllen mit Strasburgerscher Flüssigkeit auf, verschließen mit einem alkoholgetränkten Wattebausch und stellen das Gläschen in die große Sammelflasche. Wenn wir die Sammelflasche groß genug gewählt haben, so können wir sehr viele dieser kleinen Reagenzgläschen unterbringen und so im Lauf der Jahre zu einer ansehnlichen Materialsammlung kommen. Selbstverständlich muß jedes einzelne Stück der Materialsammlung genau beschriftet sein: In das Reagenzgläschen stecken wir — bevor der Wattebausch aufgesetzt wird — einen schmalen Zettel, auf dem mit Bleistift oder Tusche Art des Objektes, Fundort, Datum und Art der Fixierung vermerkt sind.

Sollte im Laufe der Zeit ein Teil der Aufbewahrungsflüssigkeit verdunsten, so wird eine entsprechende Menge 70%igen Alkohols nachgefüllt. In Abständen von zwei bis drei Jahren wird die Aufbewahrungsflüssigkeit in der Sammelflasche erneuert. Vor der Weiterverarbeitung wird das Material in 70%igem Alkohol ausgewaschen und gegebenenfalls in 95%igem Alkohol nachgehärtet.

67. Behandlung frischer Schnitte. Unter **62** wurde bemerkt, daß sich pflanzliches Material im allgemeinen nach Alkoholhärtung besser schneiden läßt als in frischem Zustand. Nun kostet aber die Alkoholhärtung viel Zeit; außerdem ist es in sehr vielen Fällen nötig, das Material auch lebend zu untersuchen. Haben wir deshalb im Schneiden alkoholgehärteten Materials einige Übung erlangt, so wollen wir uns auch im Schneiden lebender Pflanzenteile üben.

Die Schnitte durch lebendes Pflanzenmaterial untersuchen wir zunächst frisch in Leitungswasser. Gefällt uns ein Schnitt besonders gut, oder haben wir eine interessante Erscheinung an einem Schnitt festgestellt, so können wir auch den frischen Schnitt noch zum Dauerpräparat verarbeiten.

Zur Schnittfixierung eignet sich besonders die Chromessigsäure (S. 42). Dauer der Fixierung 10 bis 20 Minuten. Nach gründlichem Auswaschen des Fixierungsmittels wird wie üblich gefärbt. Besonders schöne Färbungen erhält man nach Chromessigsäurefixierung auch bei Schnitten durch höhere Pflanzen mit Alizarinviridin-Chromalaun (S. 43). Recht gute Ergebnisse lassen sich mit Alizarincyanin RR erzielen: In 100 cm³ destilliertem Wasser kocht man 0,25 g Alizarincyanin RR und 5 g reines Aluminiumchlorid. Nach Erkalten der Lösung wird filtriert, nach weiteren acht Tagen nochmals. In Alizarincyanin bleiben die Schnitte etwa einen Tag; dann wird in destilliertem Wasser gründlich ausgewaschen und in üblicher Weise entwässert. Einschluß in Caedax.

68. Nachweis von Fett. Zum Fettnachweis brauchen wir eine alkoholische Sudanrotlösung, die wir uns wie folgt herstellen:

50 cm³ 50%iger Isopropylalkohol (gleiche Teile dest. Wasser und abs. Isopropylalkohol) werden im Wasserbad erhitzt (mit Kochplatte oder Tauchsieder arbeiten, keine offene Flamme verwenden). In dem heißen Alkohol werden dann 0,1—0,2 g Sudan III gelöst. Die wieder erkaltete Lösung muß gut verschlossen werden.

Wir fertigen dünne Querschnitte durch den Kern einer Walnuß oder einer Haselnuß an. Auf vorherige Fixierung und Härtung müssen wir hier verzichten; das Gewebe läßt sich aber ohne Härtung recht gut schneiden. Die Querschnitte legen wir ohne jede Vorbehandlung direkt in die Sudanrotlösung ein, in der sie 15—30 Minuten bleiben. Sie werden dann in destilliertem Wasser ausgewaschen und in Wasser untersucht. Andere Schnitte untersuchen wir zum Vergleich ungefärbt in Wasser.

Bei den mit Sudan III gefärbten Schnitten sehen wir in den Zellen orangerot gefärbte kleinere und größere Tröpfchen. Es sind Öltröpfchen. Sudan III färbt alle Arten von Fettstoffen. Genau genommen handelt es sich nicht um eine Färbung im üblichen Sinne, sondern um eine Lösung des Farbstoffes in den Öltröpfchen: Sudanrot geht vom schlechteren Lösungsmittel — dem Alkohol — in das bessere Lösungsmittel — das Öl — über. Die Anfärbung mit Sudanrot ist eine recht empfindliche mikrochemische Reaktion auf Fette und fettartige Stoffe. Wir können die Sudan-gefärbten Schnitte zu Dauerpräparaten verarbeiten. Ein Einschluß in Caedax kommt allerdings nicht in Frage, da sich in Caedax das Öl lösen würde. Dagegen ist ein Einschluß in Gelatinol oder Glyceringelatine (S. 38 und 44) möglich. Wählt man den Einschluß in Gelatinol, so kann man sogar die Zellwände noch mit Hämatoxylin anfärben (S. 60).

69. Nachweis von Vitamin C. In 20 cm³ 1%iger Essigsäure lösen wir 1 g Silbernitrat. Diese Lösung ist in einer braunen Flasche lange haltbar. Zweckmäßig bewahrt man sie im Dunkeln auf.

Wir fertigen dünne Querschnitte durch die grünen Teile einer Paprikafrucht oder durch Petersilienblätter oder Fichtennadeln an, und zwar ohne vorherige Fixierung. Die Schnitte legen wir direkt auf den Objektträger in einen nicht zu kleinen Tropfen der angegebenen Silbernitratlösung; nach einigen Minuten wird ein Deckglas aufgelegt und die Schnitte werden in der Silbernitratlösung untersucht.

Schon nach kurzer Zeit finden wir in vielen Zellen schwarze Körnchen — aus der Silbersalzlösung ausgeschiedenes Silber. An jeder Stelle, an der ein solches Silberkörnchen liegt, war vorher Vitamin C gewesen, denn Vitamin C verfügt über eine so hohe „Reduktionskraft", daß es selbst aus einer stark sauren Silbernitratlösung Silber abscheiden kann [24]).

Wir stellen fest, daß besonders die Chlorophyllkörner stark geschwärzt sind. Aus der Verteilung der schwarzen Körnchen können wir uns jetzt ein gutes Bild über die Verteilung des Vitamin C im lebenden Pflanzenorgan machen, und wenn wir in gleicher Weise verschiedene Organe einer Pflanze (Blätter, Stengel, Wurzel) untersuchen, so können wir auch wichtige Aussagen über die Verteilung von Vitamin C in der ganzen Pflanze machen. Sehr reizvoll ist es, auf diese Weise den Vitamin-C-Gehalt in verschiedenen Früchten und anderen Nahrungsmitteln zu untersuchen.

Wir können die Schnitte mitsamt dem durch das Vitamin erzeugten Silberniederschlag zum Dauerpräparat verarbeiten. Dazu bringen wir sie aus der Silbernitratlösung zunächst in destilliertes Wasser, das während 10 Minuten mehrfach gewechselt werden muß. Aus dem destillierten Wasser kommen die Schnitte für 10 Minuten in eine 5%ige Fixiernatronlösung, hierauf wieder für 10 Minuten in mehrfach erneuertes destilliertes Wasser. Gefärbt wird ganz kurz mit Eosin in 0,1%iger wäßriger Lösung. Die schwach roten Schnitte werden mit destilliertem Wasser gespült. Danach wird entweder in Methylglykol stufenlos oder in Alkoholstufen entwässert, schließlich über Terpineol oder Xylol in Caedax eingeschlossen.

G. Vom mikroskopischen Bau der Tiere

Die mikroskopische Untersuchung der Zellen, Gewebe und Organe, aus denen die Tiere aufgebaut sind, gehört zu den anregendsten Studien. Allerdings sind hier für feinste Untersuchungen Mikrotomschnitte nötig. Eine Anleitung zum Gebrauch des Mikrotoms wird im Anhang gegeben. Aber auch schon ohne Mikrotom steht dem Liebhabermikroskopiker ein so ungeheuer weites Arbeitsfeld zur Verfügung, daß wir hier nur die wichtigsten Richtlinien angeben können. Die der Gewebelehre vorausgehende Zellenlehre hat uns bereits der Abschnitt „Streifzüge im Wassertropfen" an einzelligen Tieren und Pflanzen vermittelt. Jetzt werden wir sehen, daß die Zelle auch der Baustein der höheren Tierwelt ist, nachdem wir dies für die Pflanzen bereits festgestellt haben.

70. Schneckenzunge (Radula). Wir töten eine Weinbergschnecke rasch und schmerzlos, indem wir das Tier auf eine harte und glatte Unterlage kriechen lassen und ihm den Kopfteil mit einem raschen Rasiermesserschnitt abtrennen. Der abgeschnittene Kopf wird zur Entfernung der Weichteile und zur Isolierung der Radula 10 Minuten in 30%iger Kalilauge gekocht. (Vorsicht! Über das Arbeiten mit Kalilauge s. S. 35.) Beim Kochen lösen sich die Weichteile auf, und die zuerst klare Flüssigkeit nimmt eine dunklere, bräunliche Färbung an. Nach dem Kochen sehen wir die Radula als durchsichtiges Häutchen im Reagenzglas. Wir bringen die Radula mit der Pinzette in ein Salznäpfchen mit Wasser, in dem sie unter öfterem Wasserwechsel etwa eine Stunde bleibt. Danach überführen wir in ein anderes Näpfchen mit einigen Tropfen Boraxkarmin nach *Grenacher.* Die Färbezeit schwankt und muß ausprobiert werden. Zur Differenzierung bringen wir die gefärbte Radula in salzsauren Alkohol, hieraus in 90%igen, schließlich in 95%igen Alkohol. Zur Entfernung der

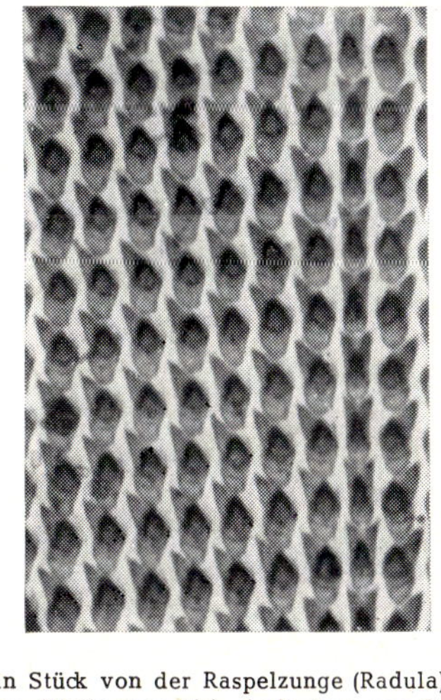

Abb. 89. Ein Stück von der Raspelzunge (Radula) der Weinbergschnecke (*Helix pomatia*). Aufnahme von H. J. Reinig (aus Kosmos)

[24]) Wir entnehmen diesen hübschen Versuch aus *Bukatsch,* Mikrokosmos 43, 149, 1954.

letzten Wasserspuren kommt die Radula aus 95%igem Alkohol noch für 15—30 Minuten in Methylbenzoat. Zum Einschluß bringen wir zuerst nur ein kleines Tröpfchen Caedax auf den Objektträger und legen die Radula darin ein. Dabei müssen wir darauf achten, daß die sehr zahlreichen spitzen Chitinzähnchen, die auf der Radula in regelmäßigen Quer- und Längsreihen angeordnet sind, nach oben liegen (mikroskopische Kontrolle bei schwacher Vergrößerung). Bisweilen ist es notwendig, die bei zu langsamem Arbeiten sich leicht aufwölbenden Ränder der Radula mit der Präpariernadel auszubreiten. Hierbei ist große Vorsicht geboten, denn das spröde Häutchen zerreißt bei grober Behandlung leicht. Ist alles in Ordnung, so bringen wir einen weiteren Tropfen Caedax auf das Objekt und legen das Deckglas auf (Abb. 89).

71. L e b e r e g e l (*Fasciola hepatica* = großer Leberegel, *Dicrocoelium lanceatum* = kleiner Leberegel). Wir erhalten diese Schmarotzer, die in den Gallengängen von Schafen und Rindern leben, aus dem Schlachthof. Zunächst werden die Tiere fixiert, wozu wir zweckmäßig Formol 1 : 4 verwenden (1 Teil 40%ige Formaldehydlösung, 4 Teile Leitungswasser). Fixierungsdauer mindestens 12 Stunden, länger schadet hier nicht. Ausgewaschen wird in 50%igem Alkohol, der im Laufe eines Tages 2—3mal gewechselt wird. Vor der Färbung übertragen wir die Leberegel noch für einige Stunden in 70%igen Alkohol und färben dann in alkoholischem Boraxkarmin nach *Grenacher* 1—3 Tage. Zur Differenzierung kommen die Objekte zwei Tage — besser länger — in salzsauren Alkohol (s. S. 46). Nach der Differenzierung wird in 70%igem Alkohol gründlich ausgewaschen (die Säurespuren müssen restlos entfernt werden, sonst verderben die Präparate in kurzer Zeit) und in 95%igem Alkohol 12—24 Stunden entwässert. Aus dem 95%igen Alkohol überführen wir die Leberegel in Methylbenzoat: In zwei kleine Präparategläschen füllen wir Methylbenzoat. Im ersten Gläschen bleiben die Objekte so lange, bis sie zu Boden gesunken sind; sie kommen dann für 12—24 Stunden in das zweite Gläschen und werden schließlich in Caedax eingeschlossen. Da die Leberegel zu groß sind, um ohne weiteres mit einem Deckglas bedeckt werden zu können, müssen wir kleine Splitter eines zerbrochenen Objektträgers unterlegen.

An dem blattförmig flachen Leberegel sehen wir zunächst einen Mundsaugnapf an der Spitze des kegelförmigen Vorderkörpers und kurz dahinter noch einen größeren Bauchsaugnapf. Der afterlose, gegabelte Darm trägt beim großen Leberegel fein verzweigte Blindsäcke. Da der Leberegel zwittergeschlechtlich ist, besitzt er Hoden, Eierstock, Dotterstock und Uterus.

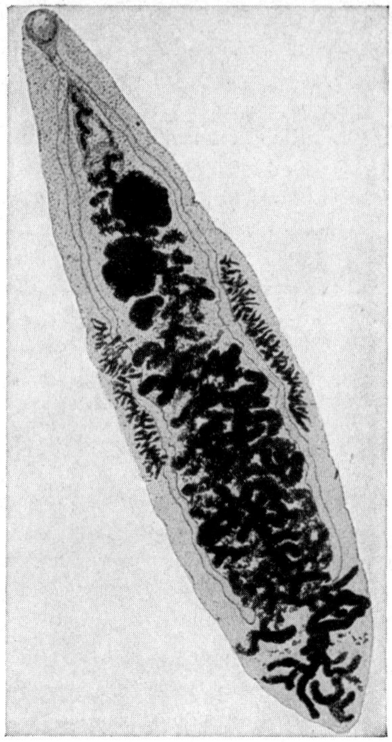

Abb. 90. Der kleine Leberegel (*Dicrocoelium lanceatum*). Aufnahme H. J. Reinig

In gleicher Weise wie den Leberegel können wir alle Tiere entsprechender Größe präparieren. Besonders empfohlen sei als Beispiel für ein Wirbeltier die Präparation eines kleinen Fischchens. Neugeborene, 8—10 mm lange Jungfische des bekannten Aquarienfisches Guppy (*Lebistes*) sind von Aquarienfreunden und Zoogeschäften jederzeit leicht zu beschaffen; sie sind leicht zu präparieren und ergeben sehr interessante Präparate.

72. F i s c h - S c h u p p e n. Man unterscheidet Cycloid- oder Rundschuppen und Ctenoid- oder Kammschuppen. Cycloidschuppen, die wir z. B. beim Hering oder beim Hecht finden, sind runde Platten; Ctenoidschuppen (Flunder, Zander) haben einen gezähnten Saum am freien Hinterrand.

Die abgelösten Schuppen können in Glycerin aufbewahrt und gleich darin untersucht werden. Zur Herstellung von Dauerpräparaten kochen wir die Schuppen in Kalilauge, wässern gründlich und schließen in Glyceringelatine oder in Caedax ein. Zum Caedaxeinschluß ist natürlich eine Entwässerung nötig: 70%iger Alkohol 1/2 Stunde, 95%iger Alkohol 1—2 Stunden, Methylbenzoat 2—12 Stunden, Caedax. Sollten sich die Schuppen bei der Entwässerung stark wölben, klemmt man nach dem Einschluß Deckglas und Objektträger zwischen eine Wäscheklammer und wartet, bis der Caedax erhärtet ist.

Abb. 91. Fisch-Schuppe

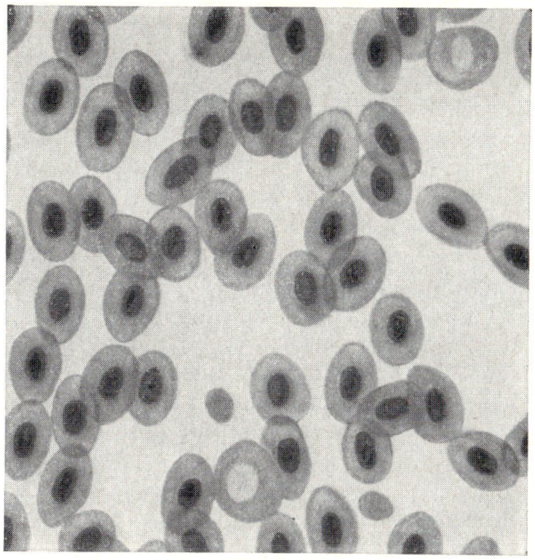

Abb. 92. Fischblut, gefärbt. Etwa 500fach vergr. Aufnahme M. P. Kage

73. F i s c h b l u t. Ein lebender Fisch — sei es nun ein kleiner Karpfen, eine Elritze, ein Stichling oder auch ein Goldfisch (manche Aquarienhandlungen geben Zierfische mit Farbfehlern billig ab) — ist als Untersuchungsobjekt leicht zu beschaffen. Wir fassen das Tier mit einem Tuch und töten es mit einem Holzscheit durch kräftige Schläge auf den Kopf. Die Schwanzregion wird sorgfältig abgetrocknet und der Schwanzstiel mit der Schere abgetrennt. Das herausquellende Blut tupfen wir auf einen zuvor mit Alkohol gut gereinigten Objektträger und fertigen ein Ausstrichpräparat an (s. S. 29). Wichtig ist, daß wir sehr rasch arbeiten, da Fischblut in kürzester Zeit gerinnt.

Den Ausstrich lassen wir an der Luft trocknen. Er kann erst nach zwei Stunden weiterverarbeitet werden, doch können wir ihn einstweilen auch ungefärbt betrachten.

Zur Färbung verwenden wir die *May-Grünwald*-Lösung, die sich auch für Blutausstriche von anderen Wirbeltieren und vom Menschen hervorragend eignet. Die May-Grünwald-Lösung kaufen wir fertig. Sie ist lange haltbar, muß aber immer ganz dicht verschlossen sein.

Vor der Färbung müssen wir etwa 50 cm^3 destilliertes Wasser abkochen. Dazu verwenden wir am besten einen Kochbecher aus feuerfestem Glas, da Metallgefäße das Wasser verunreinigen könnten. Zum Gebrauch muß das Wasser wieder erkaltet sein (s. unten).

Den Blutausstrich legen wir in eine flache Glasschale (Deckel einer Petrischale oder eines Einmachglases) und tropfen mit einer ganz sauberen Pipette unverdünnte Farblösung auf. Wir lassen die Farbe 4—5 Minuten einwirken, wobei wir darauf achten müssen, daß nicht zu viel Lösungsmittel verdunstet — sonst bleibt eine häßliche Farbkruste auf dem Objektträger zurück. Es kann nötig werden, während der Färbung weitere Farblösung nachzutropfen.

Nach etwa 5 Minuten tropfen wir — ohne die Farbe abzugießen — abgekochtes und wieder erkaltetes destilliertes Wasser auf den Ausstrich, und zwar ungefähr ebensoviel, wie wir vorher Farblösung verwendet haben. Dadurch wird die Farbe verdünnt. Wasser und Farblösung müssen gut miteinander vermischt werden; das ist gar nicht so einfach, da wir — um den Ausstrich nicht zu beschädigen — nicht etwa mit einem Glasstab rühren können. Wir müssen daher versuchen, durch vorsichtiges Hin- und Herneigen des Objektträgers beide Flüssigkeiten gleichmäßig miteinander zu vermischen.

Die mit Wasser verdünnte Farblösung lassen wir ebenfalls 5 Minuten einwirken und gießen sie dann ab. Der Ausstrich wird mit einem Strahl destillierten Wassers abgespült (es darf kein Tröpfchen Farblösung zurückbleiben) und der Objektträger zum Trocknen senkrecht auf eine Kante gestellt.

Es ist wichtig, daß wir die beiden Arbeitsgänge der May-Grünwald-Färbung — erst unverdünnte, dann zu gleichen Teilen mit Wasser verdünnte Farblösung — genau einhalten. Nur dann bekommen wir schöne, kontrastreich gefärbte Präparate. Auf den völlig getrockneten gefärbten Ausstrich tropfen wir etwas Caedax und bedecken mit dem Deckglas.

Schon bei der Betrachtung des ungefärbten Ausstriches ist zu erkennen, daß beim Fisch die roten

Blutkörperchen nicht rund sind wie beim Menschen sondern oval. Das gefärbte Präparat zeigt eine weitere Besonderheit: Die roten Blutkörperchen enthalten längliche, scharf gefärbte Zellkerne und sind somit vollwertige Zellen (Abb. 92). Wer Gelegenheit hat, das Blut verschiedener Wirbeltiergruppen vergleichend zu untersuchen, der wird feststellen, daß nur bei den Säugetieren und beim Menschen die roten Blutzellen keine Kerne mehr enthalten.

In gleicher Weise können wir jetzt unser eigenes Blut untersuchen (vgl. S. 29). Wir bemerken, daß die May-Grünwald-Färbung vor allem die weißen Blutkörperchen wunderbar scharf darstellt; wir finden auch, daß es offensichtlich verschiedene Formen von weißen Blutkörperchen gibt: Manche haben gelappte, „segmentierte" Kerne, andere scheinen fast nur aus einem großen, runden Zellkern zu bestehen, dritte enthalten rot gefärbte Körnchen usw. [25]).

Für bescheidene Ansprüche genügt auch eine Färbung mit Hämalaun-Eosin, wie sie für viele zoologische und medizinische Präparate üblich ist:

Wir tropfen auf den lufttrockenen Blutausstrich saures Hämalaun nach *Mayer*, das wir vor der Färbung filtriert haben (Hämalaun ist in Lösung oder in Pulverform käuflich. Von dem Pulver löst man 5 g in 100 cm^3 heißem destilliertem Wasser und filtriert nach Erkalten). Nach 10—12 Minuten gießen wir die Farblösung vom Ausstrich ab und waschen 10—15 Minuten mit mehrfach gewechseltem Leitungswasser; erst durch das Waschen in Leitungswasser tritt der tiefblaue Ton der Kernfärbung in voller Stärke hervor. Zur Gegenfärbung des Plasmas benützen wir eine 0,1%ige Eosinlösung, die wir durch Verdünnen einer 1%igen Stammlösung mit destilliertem Wasser herstellen. Die Eosinlösung muß 3 Minuten einwirken; dann wird der Überschuß an Farbe in destilliertem Wasser ausgewaschen, 3 Minuten in 95%igem Alkohol und 5 Minuten in absolutem Isopropylalkohol entwässert und über Xylol (3—5 Minuten) in Caedax eingeschlossen. Statt Eosin können wir auch Erythrosin verwenden. Erythrosin färbt leuchtender und kräftiger als Eosin, ist aber etwas teurer. Erythrosin wird genau so wie Eosin angewendet.

74. Zergliederung (Sektion) eines Frosches. Der Frosch ist ein sehr geeignetes Objekt zur Einführung in die Zergliederung von Wirbeltieren, die ja stets die Grundlage späterer mikroskopischer, besonders histologischer Untersuchungen bildet. Wer sich einen Frosch nicht besorgen kann, der kann um wenig Geld auch eine weiße Maus in der Tierhandlung kaufen.

[25]) Näheres über die mikroskopische Blutuntersuchung ist in *Krauter*, Mikroskopie im Alltag (Franckh'sche Verlagshandlung Stuttgart) zu finden.

Um den Frosch (entweder den grünen Wasserfrosch *Rana esculenta* oder den Grasfrosch *Rana temporaria)* rasch und schmerzlos zu töten, packen wir ihn an den Hinterbeinen und schlagen ihn kräftig mit dem Kopf auf die Tischkante. Dann wird der Kopf mit der Schere abgetrennt und das Rückenmark durch Einführen einer heißen Stopfnadel in den Wirbelkanal zerstört. Wem dieses Verfahren zu roh vorkommt, der kann den Frosch auch mit Chloroform töten: Man setzt das Tier in ein nicht zu großes Einmachglas, gibt einen großen, gründlich mit Chloroform getränkten Wattebausch zu und bedeckt das Glas mit einer Glasplatte. Der Frosch verfällt in Narkose, aus der er nicht mehr aufwacht, wenn man den Aufenthalt in der chloroformhaltigen Luft genügend lange ausdehnt. Auch kleine Säugetiere (Maus, Goldhamster) tötet man am besten mit Chloroform.

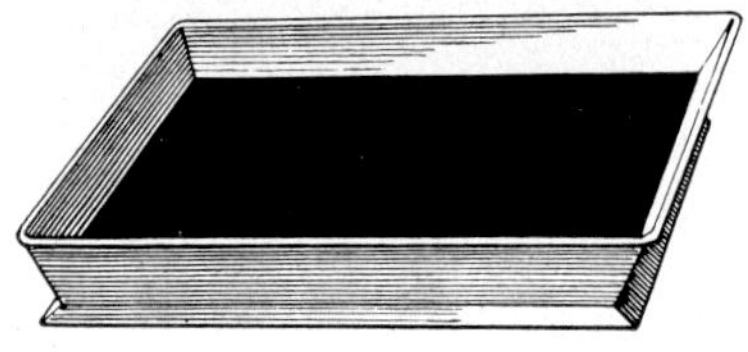

Abb. 93. Sezier- oder Wachsbecken

Zur Sektion wird der Frosch mit der Bauchseite nach oben in einem Sezier- oder Wachsbecken [26]) mit starken, dickköpfigen Stecknadeln befestigt. Die Nadeln stecken wir schräg durch die ausgespreizten Füße tief in die Wachsschicht.

Für die Sektion merken wir uns an allgemeinen Arbeitsregeln:

1. Bei der Sektion kleinerer Tiere füllt man das Wachsbecken mit Wasser und nimmt die Zergliederung unter Wasser vor; das Sezieren wird dadurch erleichtert. Sowie das Wasser schmutzig ist, wird es durch reines Wasser ersetzt.
2. Ein Verletzen der Organe mit Messer oder Schere ist sorgsam zu vermeiden; man schneide niemals etwas fort, das man nicht kennt. Bevor ein Organ entfernt wird, ist seine Lage, Anheftung und Verbindung mit anderen Organen genau festzustellen.
3. Die Instrumente sind stets sauber und blank zu halten. Nach Gebrauch werden sie sofort gereinigt und abgetrocknet.

[26]) Ein solches Wachsbecken können wir uns selbst herstellen: Eine Entwicklerschale aus festem Kunststoff (etwa 18 × 24 cm) wird mit einer Mischung aus Paraffin und Bienenwachs ausgegossen. Gebrauchtes Paraffin kann nicht verwendet werden, der Zusatz an Bienenwachs sollte möglichst hoch sein, damit das erstarrte Gemisch nicht bröselt

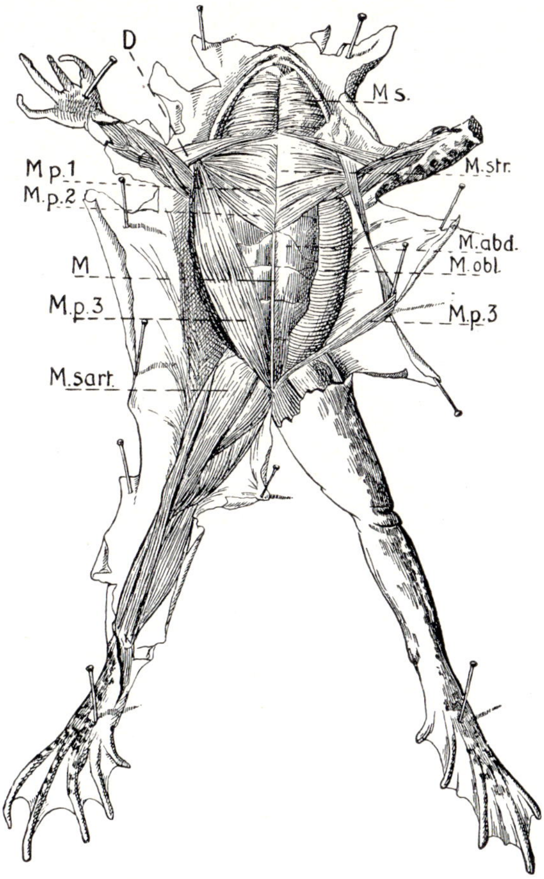

Abb. 94. Muskulatur des Grasfrosches (*Rana temporaria*). D Deltamuskel (M. deltoideus), M.p. 1 vorderer Teil, M.p. 2 hinterer Teil, M.p. 3 Bauchteil des Brustmuskels (M. pectoralis), M.s. Unterkiefermuskel (M. submaxillaris), M.obl. äußerer, schräger Bauchmuskel (M. abdominalis obliquus externus), M.str. Beugemuskel (M. sterno radialis), M.sart. Schneidermuskel (M. sartorius), M.abd. Gerader Bauchmuskel (M. rectus abdominis), M Mittellinie (nach Stridde)

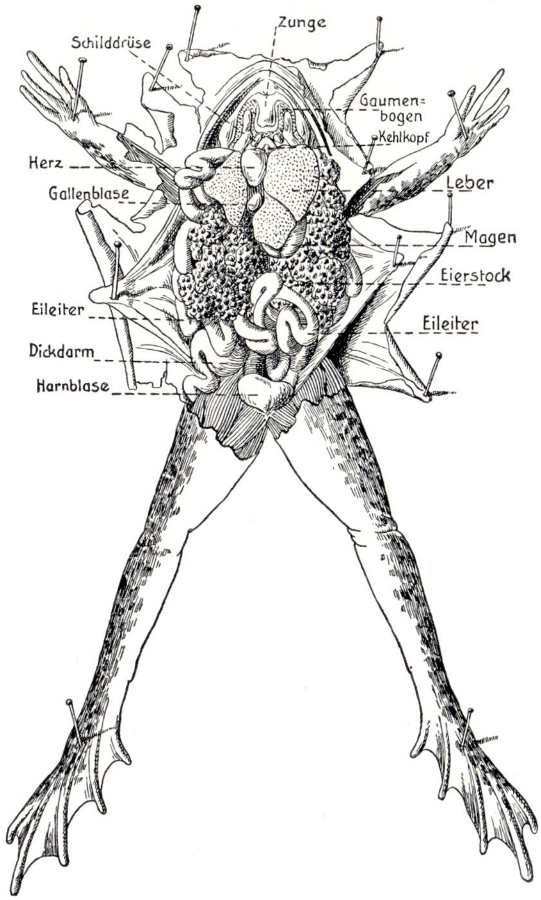

Abb. 95. Innere Organe des weiblichen Grasfrosches (nach Stridde)

Mit einer Pinzette heben wir die Bauchhaut etwas an und schneiden sie mit der kleinen spitzen Schere vom Becken bis zum Unterkiefer auf. Mit seitlichen Schnitten durchtrennen wir die Haut der Beine, klappen die Hautlappen beiseite und stekken sie mit Nadeln im Wachsbecken fest. Durch dieses Abstreifen der Haut wird die Bauchmuskulatur bloßgelegt, deren Anordnung wir in Abb. 94 sehen.

Wir tragen jetzt die Brustmuskeln vorsichtig ab und legen den Schultergürtel und das Brustbein frei. Schneiden wir den Schultergürtel beiderseits nahe dem Oberarm durch, so können wir ihn samt dem Brustbein entfernen. Dabei ist einige Vorsicht nötig, damit das darunterliegende Herz nicht beschädigt wird. Die das Herz überziehende feine Haut, der Herzbeutel, wird vorsichtig aufgeschnitten und entfernt. Nun liegt das ganze Herz frei, das bei einem frisch getöteten Frosch noch schlägt. Wir schneiden es samt den angrenzenden Blutgefäßen heraus und legen es in „froschphysiologische“ (0,6⁰/oige) Kochsalzlösung. Es wird darin noch einige Stunden weiterschlagen. Nach sorgfältiger Entfernung der Muskulatur in der Halsgegend ist das Zungenbein als zarte, aber große Knorpelplatte zu erkennen. Dem Zungenbeinkörper liegen seitlich die Schilddrüsen an. Vom Kehlkopf ausgehend finden wir leicht die beiden Lungen, die frei in die Leibeshöhle ragen. Schlagen wir den großen Leberlappen etwas nach innen, so erblicken wir darunter den ansehnlichen, sackartigen Magen. Wir schneiden ihn auf und betrachten seine Schleimhaut mit den Längsfalten. Legen wir die Leberlappen nach vorne um, so sehen wir zwischen ihnen die dunkelgrüne rundliche Gallenblase. Unter dem Darm finden wir die Milz als rosa bis rotbraun gefärbten Körper. Nun betrachten wir den Darm und seine verschiedenen Anhangsdrüsen in ihrer natürlichen Lage. Spritzen wir vorsichtig mit einer Pipette etwas Wasser in die Kloake ein, so füllt sich die darüber liegende Harnblase, die dadurch ihre Form gut erkennen läßt. Wir entfernen den Darmkanal mit Ausnahme des Enddarms. Die Anhangsdrüsen des Darms werden mitentfernt und die einzelnen Teile des Darmkanals bestimmt. Zuletzt schneiden wir den Enddarm der Länge nach auf und untersuchen Spuren des Darminhalts in Wasser (s. S. 72).

Beim Weibchen sehen wir unter der Leber zu beiden Seiten der Mittellinie die mächtig ausgebildeten Eierstöcke als dunkel pigmentierte Organe. Um sie besser studieren zu können, entfernen wir die sie überlagernden Organe. Entfernen wir die Eierstöcke, so werden die Nieren sichtbar: Zu beiden Seiten der Wirbelsäule liegende, längliche, flache, rotbraune Organe. An der Außenseite jeder Niere läuft als weißlicher Strang der Harnleiter. Entfernen wir auch die Nieren, so sehen wir darunter die Wirbelsäule, und zu deren Seiten kleine gelblich-weiße Körperchen, die Kalksäckchen. Weiter sind die Spinalnerven zu sehen, die aus dem Rückenmark entspringen und nach Rumpf und Extremitäten ziehen. Der stärkste Strang ist der Nervus ischiadicus, der durch den Oberschenkel geht.

Um das Gehirn freizulegen, heben wir durch einen flachen Schnitt mit der Schere das Schädeldach vorsichtig ab. Die fünf Gehirnteile: Nachhirn, Hinterhirn, Mittelhirn, Zwischenhirn und Vorderhirn sind ohne weiteres zu erkennen. Schneiden wir vorsichtig von hinten nach vorn die vom Gehirn ausgehenden Nerven ab, so können wir es aus der Schädelhöhle entfernen und in ein Uhrschälchen legen, um so auch die Bauchseite des Gehirns betrachten zu können.

Eine solche Sektion führen wir zunächst durch, um das Zergliedern zu lernen. Natürlich erhalten wir dabei auch eine Menge Material für mikroskopische Präparate.

75. F r o s c h b l u t. Das beim Abtrennen des Kopfes aus der Wunde quellende Blut liefert gleich das erste Präparat. Wir fertigen einen Blutausstrich, den wir nach **73** behandeln. Bei der Untersuchung fallen die großen, ovalen, kernhaltigen roten Blutkörperchen sofort auf.

76. F l i m m e r e p i t h e l entnehmen wir dem Froschrachen. Wir trennen dem frisch getöteten Frosch den Unterkiefer ab und schneiden mit der Schere ein kleines Stückchen der Rachenwandschleimhaut heraus. Das Schleimhautstückchen bringen wir rasch auf den Objektträger in einen Tropfen 0,6%ige Kochsalzlösung und bedecken mit

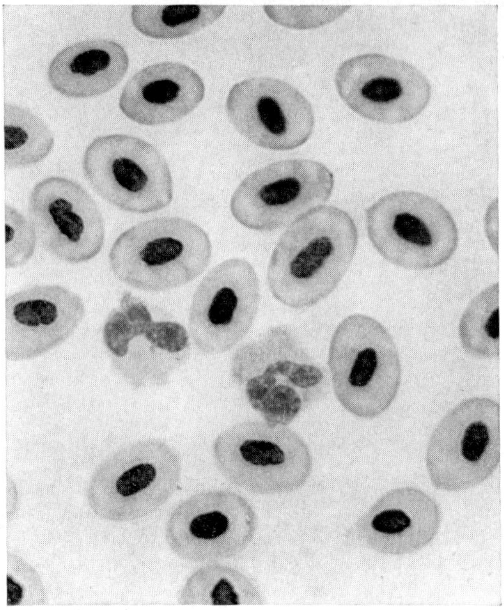

Abb. 96. Froschblut. Objektiv 50×, Okular 10×. Aufnahme M. P. Kage

dem Deckglas (für Frösche ist physiologische Kochsalzlösung 0,6%ig und nicht — wie für Säuger — 0,9%ig). Stellen wir auf den Rand des Präparats ein, so sehen wir bei stärkerer Vergrößerung die zarten Flimmerhaare fortwährend auf und ab wogen, wie etwa ein vom Winde bewegtes Kornfeld. Da wir die den Epithelzellen aufsitzenden Flimmerhaare bei dieser raschen Bewegung nicht unterscheiden können, bringen wir das Gewebe langsam zum Absterben, indem wir dem Objekt einen Tropfen Formol zusetzen. Die lebhafte Bewegung

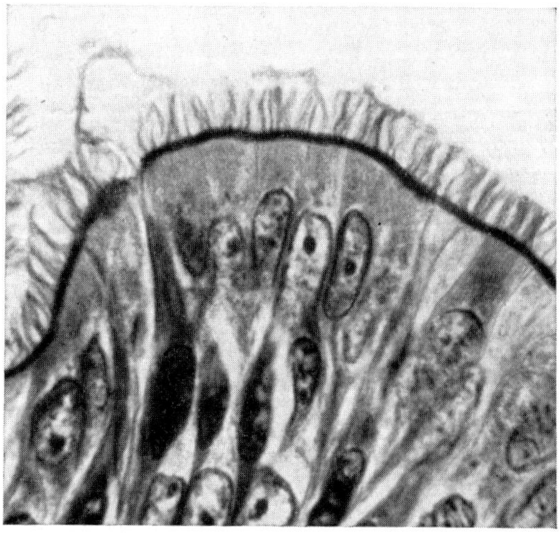

Abb. 97. Flimmerepithel aus der Rachenschleimhaut des Frosches. Aufnahme Dr. Krauter

hört auf, und die einzelnen Wimperhaare treten deutlich hervor. Zur Herstellung eines Dauerpräparates fixieren wir das Schleimhautstückchen in Formol 1 : 4 (1 Teil Formol, 4 Teile Leitungswasser) mehrere Stunden. Anschließend wird einige Stunden in öfters gewechseltem Leitungswasser ausgewaschen und dann in destilliertes Wasser übertragen. Färbung: Hämalaun 10 Minuten, Auswaschen in Leitungswasser (Bläuen) 15—20 Minuten, Gegenfärben in 0,1%iger Eosinlösung 3 bis 5 Minuten, kurzes Auswaschen in destilliertem Wasser, Entwässern in steigenden Alkoholstufen oder stufenlos in Methylglykol, Terpineol oder Methylbenzoat 10—20 Minuten, Abspülen mit Xylol, Caedax.

77. Quergestreifte Muskeln. Von dem enthäuteten Oberschenkel des Frosches tragen wir mit der Schere ein dünnes Scheibchen ab und bringen es auf einen Objektträger in einen Tropfen physiologische Kochsalzlösung. Mit zwei Präpariernadeln zerteilen wir das Bündel der Länge nach in zwei gleich große Hälften. Das gelingt leicht, wenn wir die Präpariernadeln in der Faserrichtung gegeneinander führen. Mit der einen Hälfte wiederholen wir dieses Verfahren und fahren damit fort, bis wir eine größere Anzahl ganz feiner Fäserchen erhalten haben. Nun wird ein Deckglas aufgelegt und das Präparat bei zunächst schwacher, dann stärkerer Vergrößerung betrachtet. Wir erkennen die feine Längsstreifung der Muskelfasern, die durch feinste Fädchen, Muskelfibrillen, hervorgerufen wird. Die Muskelfibrillen durchziehen die Faser in der Längsrichtung, und zwar ist jede Fibrille aus abwechselnd matten und glänzenden Scheibchen aufgebaut. Da die sich entsprechenden Scheibchen aller Fibrillen innerhalb derselben Faser auf gleicher Höhe liegen, erscheint uns die ganze Faser quergestreift.

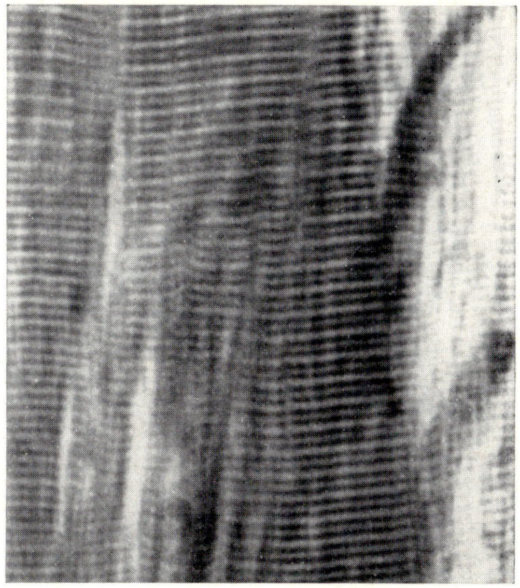

Abb. 98. Quergestreifte Muskulatur vom Frosch. Objektiv 50×, Okular 10×. Aufnahme M. P. Kage

Untersuchen wir die Muskelfasern in Leitungswasser, so sehen wir nach kurzer Zeit, wie sich an einzelnen Stellen das Sarkolemm, das zarte, strukturlose Häutchen, von dem jede Muskelfaser umschlossen ist, als zarte Haut blasenförmig abhebt. Zur Herstellung von Dauerpräparaten fixieren wir ein winziges Stückchen des Muskels in Formol 1 : 4, waschen in Leitungswasser aus, überführen in destilliertes Wasser, färben mit Hämalaun, bläuen in Leitungswasser, entwässern mit Alkohol oder Methylglykol und übertragen schließlich in Terpineol. Auf den Objektträger bringen wir dann zuerst ein Tröpfchen Terpineol und legen das vorher mit Terpineol durchtränkte Muskelstückchen darin ein. Mit zwei Präpariernadeln zerzupfen wir das Muskelstückchen in gleicher Weise wie schon vorher beschrieben wurde. Sind genügend einzelne Fasern isoliert, so werden die gröberen Teile entfernt, der Überschuß an Terpineol mit Filtrierpapier abgesaugt und Caedax aufgetropft. Nach Auflegen des Deckglases ist das Dauerpräparat fertig, an dem wir jetzt sehr schön die Muskelfasern mit Zellkernen und Sarkolemm studieren können. An vielen Stellen sind die Enden der Muskelfasern in feine Fibrillen aufgesplittert.

78. Glatte Muskelfasern. Glatte Muskelzellen erhalten wir aus der Harnblase des Frosches. Ein Stückchen der Harnblasenwand zerzupfen wir in physiologischer Kochsalzlösung. Da die spindelförmigen, langgestreckten Muskelzellen außerordentlich fest aneinanderhaften, müssen wir das Material zu einem ganz feinen Gewebebrei zerzupfen, um einzelne Zellen isoliert betrachten zu können. Jede glatte Muskelfaser enthält einen Zellkern, der bei Zusatz von Essigsäure deutlich hervortritt. Ein Dauerpräparat können wir nach **77** anfertigen.

79. Zylinderepithel. Schöne Zylinderepithelzellen finden wir in der Schleimhaut des Dünndarms. Wir schneiden aus der Wand des Dünndarms ein kleines Stückchen heraus und spalten davon mit scharfem Skalpell oder mit dem Rasiermesser die Schleimhaut von der übrigen Darmwand ab. Das Schleimhautstückchen wird in physiologischer Kochsalzlösung gespült und kommt für 12—24 Stunden in ein geschlossenes Gefäß mit 30%igem Alkohol. Anschließend wird das Gewebe auf dem Objektträger in 30%igem Alkohol zerzupft und nach **76** oder **77** weiterbehandelt.

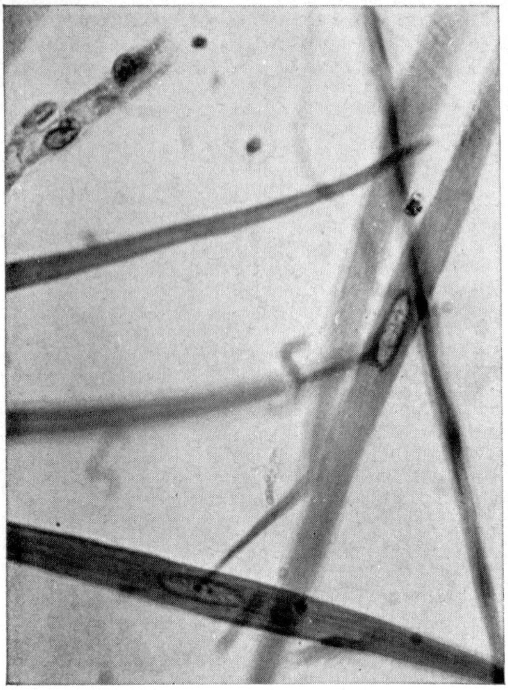

Abb. 99. Glatte Muskelfasern aus der Harnblase des Frosches. Aufnahme Dr. Mutschke

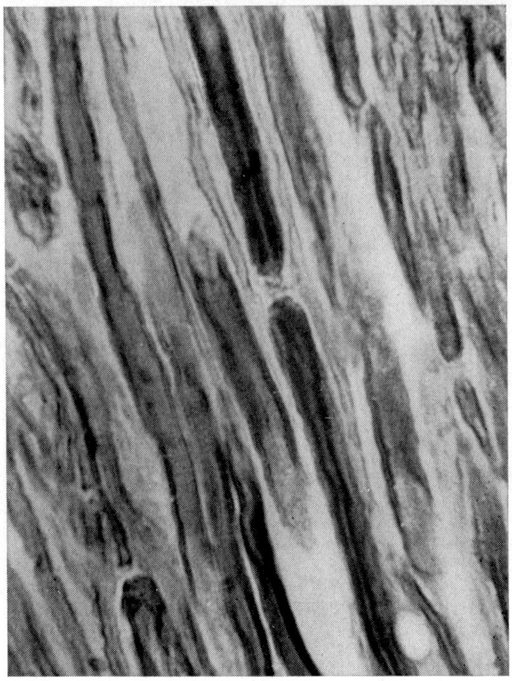

Abb. 101. Nerv, Zupfpräparat. Aufnahme Dr. Mutschke

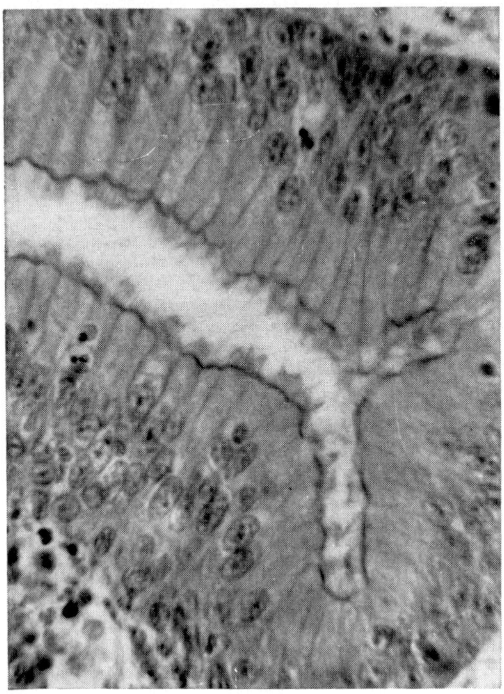

Abb. 100. Zylinderepithel mit Kutikularsaum aus dem Mitteldarm des Frosches, sehr stark vergr. Aufnahme Dr. Mutschke

80. Nervenfasern. Wir präparieren den durch den Oberschenkel ziehenden Nervus ischiadicus heraus, schneiden ein kleines Stückchen ab und bringen es auf den Objektträger in einen Tropfen physiologische Kochsalzlösung. Mit zwei Präpariernadeln wird der Nerv in der Längsrichtung zerzupft. Mikroskopisch erkennen wir markhaltige Nervenfasern mit Achsenzylinder, Markscheide und Ranvierschen Schnürringen.

Zur Herstellung eines Dauerpräparats legen wir ein Stückchen des frischen Nerven ohne jeden Flüssigkeitszusatz auf den Objektträger und breiten es hier mit Hilfe zweier Präpariernadeln so rasch wie nur irgend möglich zu einem feinen weißen Häutchen aus. Auf das Präparat geben wir 1—2 Tropfen einer 0,5%igen Osmiumsäurelösung, die wir 15 bis 20 Minuten einwirken lassen. Durch mehrfaches Auftropfen von destilliertem Wasser waschen wir die Osmiumsäure aus und schließen dann in Glyceringelatine ein. Leider ist Osmiumsäure so teuer, daß das angegebene Verfahren für die meisten Mikroskopiker nicht in Frage kommen wird. Beim Arbeiten mit Osmiumsäure ist zu beachten, daß die Dämpfe die Schleimhäute außerordentlich stark reizen.

81. Darminfusorien vom Frosch. Vom Darminhalt des Frosches bringen wir einen Tropfen mit möglichst viel Darmschleim in physiologische Kochsalzlösung auf den Objektträger. Wir finden große, ovale, abgeplattete Wimpertierchen mit vielen Kernen und einer deutlichen Längs-

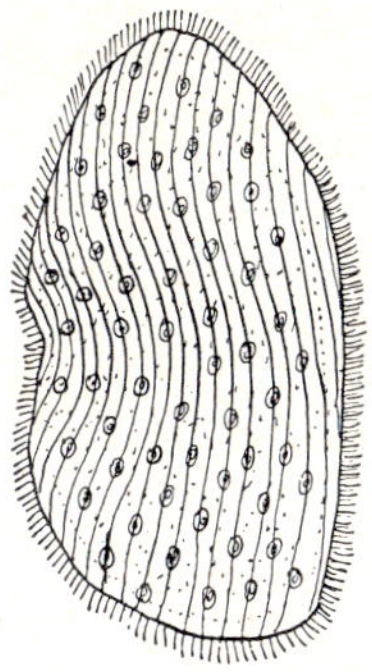

Abb. 102. *Opalina ranarum* aus dem Enddarm eines Grasfrosches

streifung (*Opalina ranarum*, Abb. 102). Auf andere Objektträger streichen wir Darminhalt ohne weitere Zusätze aus und behandeln nach dem Breßlauverfahren.

82. Knorpel im Schnitt. Vom Metzger besorgen wir uns ein etwa 3 cm langes Rippenende eines Kalbs. Mit dem Rasiermesser fertigen wir Dünnschnitte an, wobei wir genau so verfahren, wie wir es bei den Pflanzenschnitten (S. 55) gelernt haben. Damit das Gewebe nicht reißt, befeuchten wir Schnittfläche und Messerklinge mit physiologischer Kochsalzlösung. Die Schnitte kommen in ein Uhrschälchen mit physiologischer Kochsalzlösung. Wenigstens ein Schnitt sollte die Oberfläche des Knorpels mitgefaßt haben.

Die dünnsten Schnitte übertragen wir in mit Leitungswasser verdünntes Formol (1 : 4), waschen nach einer halben Stunde in Leitungswasser aus und färben mit Hämalaun. Weitere Behandlung wie unter **76.**

Bei der Untersuchung achten wir auf den bindegewebigen Überzug (Perichondrium oder Knorpelhaut) und auf die in der Knorpelgrundsubstanz in den „Knorpelhöhlen" liegenden Zellen.

83. Knochenschliff. Mit der Laubsäge sägen wir von einem Markknochen vom Rind 1 bis 2 mm dünne Plättchen quer zur Längsrichtung ab. Das Knochenscheibchen reiben wir auf einem mit Wasser stark benetzten Sandstein (Fensterbank!) in kreisender Bewegung, bis die Unterfläche eben geschliffen ist. Sie wird mit Wasser gereinigt, getrocknet und dann poliert. Dazu spannen wir ein Rehleder ganz straff, bestreuen es mit Kreidepulver und führen das Knochenscheibchen in kreisender Bewegung darüber. Zuletzt wird die polierte Seite auf reinem Rehleder abgerieben und auf einem Objektträger festgekittet. Als Kitt verwenden wir Kanadabalsam, den wir in festen Stücken kaufen (nicht in Lösung kaufen; gelöster Kanadabalsam muß erst über der Flamme vorsichtig eingetrocknet werden). Den Kanadabalsam schmelzen wir auf dem Objektträger und drücken das Knochenscheibchen mit der polierten Seite nach unten in die verflüssigte Harzmasse ein. Der Balsam muß dabei die Scheibe auf allen Seiten umfassen, was man durch mehrfaches Erwärmen und Andrücken mit dem Finger leicht erreichen kann. Ist der Kanadabalsam ganz fest erstarrt, so wird die obere Fläche des Scheibchens auf dem Stein abgeschliffen, bis der Knochen papierdünn ist. Die Oberseite wird dann in angegebener Weise poliert und der Schliff in Glycerin eingeschlossen.

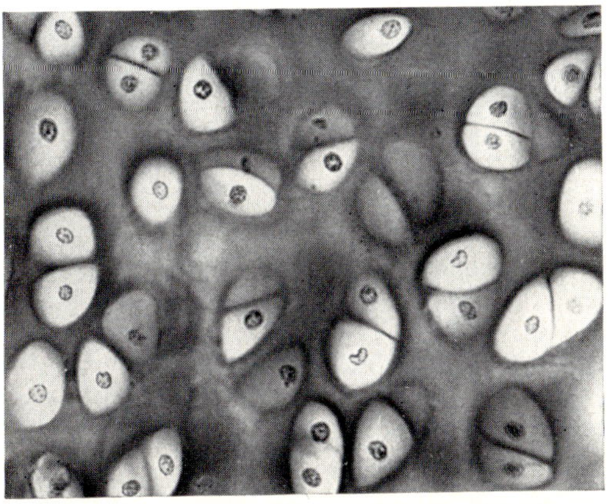

Abb. 103. Knorpel. Objektiv 50×, Okular 10×. Aufnahme M. P. Kage

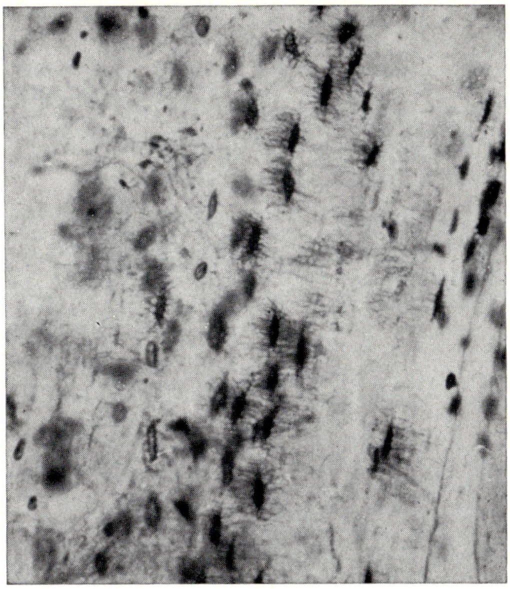

Abb. 104. Knochenschliff. Aufnahme Dr. Mutschke

Wenn der Schliff dünn genug ist, so erkennen wir unter dem Mikroskop die Querschnitte der Haversschen Kanäle, die von ineinandergeschachtelten Knochenlamellen (im Querschnitt als konzentrische Ringe zu sehen) umschlossen sind. Die Räume, in denen die Knochenzellen liegen, sind mit Luft gefüllt und treten dadurch scharf hervor. Diese „Knochenhöhlen" stehen durch verzweigte Ausläufer miteinander in Verbindung.

Zum Aufkleben der Knochenschliffe ist ein neues

Kunstharz, das Polestar, günstiger als Kanadabalsam. Polestar wird von den Farbenfabriken Bayer in flüssiger Form geliefert. Man versetzt es mit einer mitgelieferten Härtepaste, worauf es in kurzer Zeit fest erstarrt. Über das Arbeiten mit Polestar hat *Hagn* im Mikrokosmos 43, 68, 1953, genaue Anweisungen gegeben.

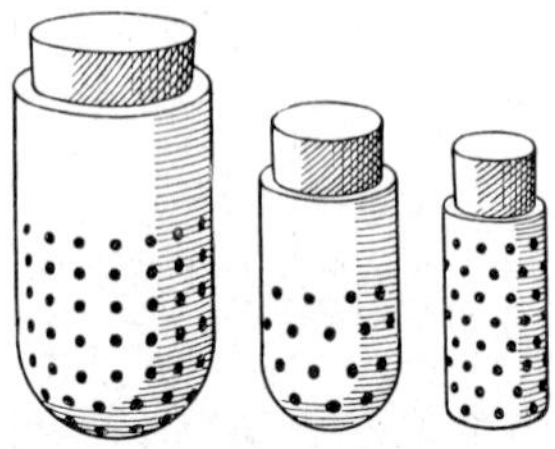

Abb. 105. Fairchildsche Siebeimerchen. Diese durchlöcherten, mit Kork verschließbaren Porzellangefäße leisten sehr gute Dienste beim Wässern der verschiedenen Objekte. Auch für die Entwässerung in Alkoholstufen eignen sie sich gut. Beim Wässern läßt man die Eimerchen mit den Objekten in einem größeren Gefäß schwimmen. Zur Entwässerung mit Alkohol werden die Korken entfernt und die Eimerchen an Bindfäden in die Gläser mit den verschiedenen Alkoholstufen eingehängt

84. Knochenschnitt. Wir zersägen einen Röhrenknochen eines kleinen Säugers in kleine Stückchen. Wichtig ist, daß der Knochen frisch ist. Um den Knochen schneiden zu können, müssen wir ihn entkalken. Zweckmäßig verwenden wir hierzu Trichloressigsäure, die gleichzeitig fixiert und uns dadurch einen Arbeitsgang erspart. Wir bringen kleine Knochenstückchen in eine 5—10%ige Lösung von Trichloressigsäure in Wasser, der wir auf je 100 cm^3 10 cm^3 Formol zugesetzt haben. Die Objekte werden in der Säure öfters umgeschüttelt und alle paar Tage wird die gebrauchte Lösung durch neue ersetzt. Die feste Trichloressigsäure, aus der wir uns die Lösung bereiten, muß immer gut verschlossen sein, da sie aus der Luft Wasser anzieht und dabei zerfließt.

Bei kleinen Knochen können wir nach etwa einer Woche versuchen, ob sie sich schon schneiden lassen. Sind die Knochen ganz weich, so wird die Trichloressigsäure in mehrfach gewechseltem 90%igem Alkohol aus dem Knochengewebe ausgewaschen (mindestens 24 Stunden, länger schadet nicht).

Die Schnitte färben wir mit Hämalaun (s. S. 70) oder — besser — in stark verdünntem Hämatoxylin nach *Delafield.* Wir verdünnen 1 cm^3 der käuflichen Hämatoxylinlösung mit 50 cm^3 destilliertem Wasser und färben darin etwa 5 Stunden. Ausgewaschen wird die Farbe dann mit Leitungswasser. Entwässerung und Caedaxeinschluß in gewöhnlicher Weise.

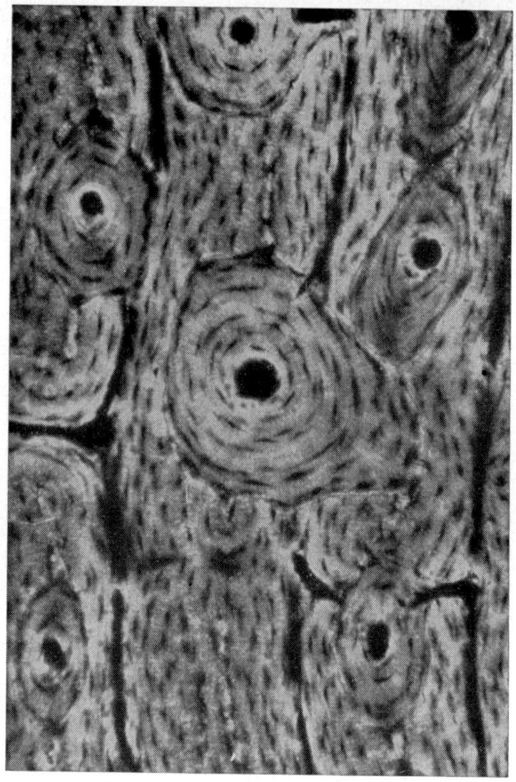

Abb. 106. Knochenschnitt

85. Leber des Schweins. Aus einer frischen Leber schneiden wir 1—2 cm lange und 1/2 cm breite Streifen heraus und fixieren sie in Formol 1 : 4 (1 Teil 40%iges Formol, 4 Teile Leitungswasser). Nach 24 Stunden bringen wir die Stückchen in 50%igen Alkohol, danach in 70-, 80-, 95%igen Alkohol (jede Stufe mindestens einen Tag). Sind die Leberstückchen nach mehrtägigem Aufenthalt in 95%igem Alkohol gut gehärtet, so stellen wir möglichst dünne Rasiermesserschnitte her, wobei es manchmal günstig ist, Schnittfläche und Messerklinge mit 70%igem Alkohol zu befeuchten.

Die Schnitte kommen zunächst in ein Schälchen mit 70%igem Alkohol, hieraus über 50%igen Alkohol in destilliertes Wasser. Gefärbt wird mit Hämalaun-Eosin (s. S. 71), eingeschlossen in Caedax.

Das fertige Präparat zeigt rotgefärbtes Bindegewebe, das den Schnitt in unregelmäßig vieleckige Felder teilt. Jedes Vieleck ist der Querschnitt eines Leberläppchens. In der Mitte eines jeden Feldes ist ein Blutgefäß (die Zentralvene) getroffen. Im Bindegewebe sehen wir quergetroffene Gallengänge.

Ganz entsprechend können wir die allermeisten tierischen Organe bearbeiten. Es ist ein weitverbreiteter Irrtum, man könne tierische Gewebe nur mit Hilfe des Mikrotoms schneiden. Der geübte Mikroskopiker wird von gut gehärteten tierischen Organen auch mit dem Rasiermesser tadellose Schnitte zustande bringen. Nur ist dabei noch wesentlich mehr Übung nötig als bei pflanzlichen Objekten.

Oft ist es bei tierischen Geweben ratsam, sie nach der Härtung in Alkohol noch mit Terpineol zu durchtränken. Die Stücke werden dabei durchscheinend und nehmen eine zum Schneiden sehr geeignete Konsistenz an. Außerdem braucht man bei den mit Terpineol durchtränkten Objekten nicht darauf zu achten, daß sie während des Schneidens nicht austrocknen, da das ölige Terpineol nur äußerst langsam verdunstet. Die Schnitte kommen dann zuerst in 95⁰/₀igen Alkohol und von hier über Alkoholstufen in destilliertes Wasser.

86. Klemmleber. Da sich alkoholgehärtete Leber gut schneiden läßt, können wir sie an Stelle von Holundermark benützen, um kleine Objekte einzuklemmen. Wir härten 2—3 cm lange und 1 bis 2 cm breite Stücke einige Tage in Brennspiritus, der nach dem ersten Tage erneuert wird. Zum Gebrauch spalten wir einen solchen Leberstreifen bis etwa zu halber Höhe, klemmen das Objekt ein und schneiden es mit der Leber zusammen. In Alkohol lösen sich die Leberscheibchen leicht von den Schnitten ab.

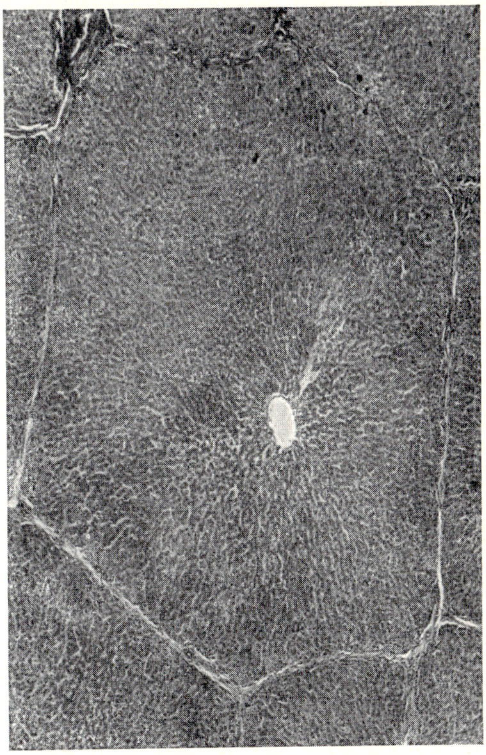

Abb. 107. Leber des Schweines. Schwach vergrößertes Übersichtsbild. Aufnahme M. P. Kage

H. Bakterien

Bei dem Wort „Bakterien" denken wohl die meisten Menschen gleich an Krankheitserreger, Pest, Cholera und andere Seuchen, allenfalls vielleicht noch an Fäulnis und Verwesung. Nun sind aber im Riesenheer der Bakterien die Krankheitserreger nur eine winzig kleine Gruppe, und zwar bei weitem nicht die wichtigste. Viel bedeutsamer als die Parasiten sind die Fäulnisbewohner und Fäulniserreger, die Bakterien des Wassers, die im Darm lebenden Bakterien und die mit anderen Organismen in „Symbiose" vergesellschafteten Bakterien.

Die mikroskopische Untersuchung von Bakterien ist reizvoll, vor allem, wenn sie mit der biologischen Untersuchung durch Kulturverfahren kombiniert wird. Jeder Mikroskopiker sollte die häufigeren Bakterienformen kennen und wenigstens die allerwichtigsten Untersuchungsverfahren einmal geübt haben. Leider fehlt hier der Raum, um außer der mikroskopischen Untersuchung auch die — an sich ebenso wichtige — Untersuchung durch die Kultur zu beschreiben. Wer sich hierfür interessiert, findet Auskunft in dem im gleichen Verlag erschienenen Buch von *Krauter:* „Mikroskopie im Alltag".

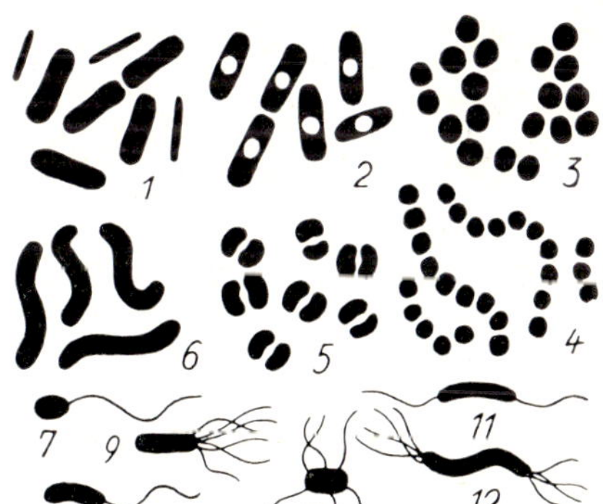

Abb. 108. Verschiedene Formen von Bakterien
1 Bakterien, ohne Sporen, 2 Bazillen, mit Sporen, 3 traubenförmig zusammengelagerte Staphylokokken, 4 perlschnurartig aneinandergereihte Streptokokken, 5 Diplokokken, 6 Spirillen, 7—12 Begeißelungstypen (Bakteriengeißeln). Nach Erdmann aus Mikrokosmos (verändert)

87. Wo finden wir Bakterien? Bakterien kommen praktisch überall auf der Erde vor. Im Wasser, im Boden, in Nahrungsmitteln, selbst in heißen Quellen und im Erdöl können wir Bakterien nachweisen. Für unsere Untersuchungen wollen wir dahin greifen, wo wir ganz gewiß Bakterien in großen Massen finden können: in faulenden Substanzen wimmelt es immer von Bakterien der verschiedensten Arten.

Die am leichtesten erreichbare Quelle für Bakterien ist die Kahmhaut eines Heuaufgusses. Sie besteht fast ganz aus Bakterien. Andere Bakterien finden wir in faulender Jauche oder in einem Ansatz von Gartenerde, Wasser und einigen Stückchen Fleisch, den wir an einem warmen Ort einige Tage bis Wochen faulen lassen.

Wir entnehmen ein Tröpfchen des Untersuchungsmaterials, bringen es auf einen Objektträger, legen ein Deckglas auf und betrachten mit einem stärkeren Objektiv. Wir sehen ein wildes Gewimmel winziger Stäbchen, Kügelchen, Schräubchen — Bakterien.

Manche Bakterien sind beweglich — sie sind mit ganz zarten Geißeln versehen. Die Geißeln selbst können wir zwar nicht beobachten, wohl aber die Bewegung der Bakterienzellen (zur Darstellung der Geißeln sind besondere, nicht ganz leicht zu handhabende Methoden erforderlich). Wir sehen, wie einzelne Bakterien sich in einer Richtung gleichmäßig durch das Gesichtsfeld bewegen. Diese gerichtete Bewegung ist aktiv, im Gegensatz zu der Brownschen Molekularbewegung — einem zitternden Tanzen auf der Stelle —, der auch die nicht begeißelten und darum unbeweglichen Bakterien unterliegen.

Die ganz kleinen kugelförmigen Bakterien sind Kokken; die schraubenförmigen nennt man Spirillen. Bei den stäbchenförmigen unterscheidet man Bakterien (im engeren Sinne) und Bacillen. Bakterien können keine Sporen, also widerstandsfähige Dauerformen, bilden, wogegen wir bei Bacillen oft einen hellglänzenden Innenkörper, die Spore, finden. Man sieht es einem solchen Stäbchen nicht ohne weiteres an, ob es ein Bacterium oder ein Bacillus ist. Nur wenn es eine Spore enthält, kann man mit Sicherheit sagen, daß es sich um einen Bacillus handelt.

88. Das Burrische Tuscheverfahren. Wir verrühren auf dem Objektträger ein Tröpfchen des bakterienhaltigen Untersuchungsgutes mit einem Tropfen echter chinesischer Tusche und streichen die vollkommen gleichmäßige Mischung zu einem dünnen Ausstrich aus. Den Ausstrich lassen wir an der Luft staubgeschützt trocknen und schließen dann direkt in Caedax ein.

Mit starker Vergrößerung erkennen wir die verschiedenen Bakterien hell auf dunklem Untergrund.

89. Färbung von Bakterien. Auf gut gereinigte Deckgläser bringen wir je ein Tröpfchen bakterienhaltiges Material und streichen mit einer Nadel das Tröpfchen über die ganze Fläche des Deckglases aus. Die Ausstriche lassen wir an der Luft trocknen (Bakterienpräparate gehören zu den ganz seltenen Objekten, die ohne Schaden austrocknen können).

Vor der Färbung müssen wir die Ausstriche fixieren und entfetten. Zur Fixierung fassen wir die Deckgläschen mit der Pinzette und ziehen sie — Schichtseite nach oben — dreimal ganz kurz durch eine kleine Flamme. Die wieder erkalteten Deckgläser tauchen wir zur Entfettung mehrmals in Äther und lassen wieder trocknen (die Entfettung ist nicht unerläßlich nötig, aber doch sehr empfehlenswert; auf nicht entfetteten Ausstrichen entstehen manchmal bei der Färbung häßliche, kaum mehr zu entfernende Farbflecke).

Zur Färbung verwenden wir käufliches Methylenblau nach *Löffler* und Karbolfuchsin. Methylenblau färbt die Kokken besonders schön, Karbolfuchsin die Bakterien und Bacillen. Es hat aber wenig Sinn, beide Farben am selben Ausstrich anzuwenden, wenn man nicht einen besonderen Zweck verfolgt. Besser ist es, wir färben den einen Ausstrich mit Methylenblau nach *Löffler*, den anderen mit Karbolfuchsin.

Wir tropfen auf die Ausstriche reichlich Farblösung und lassen sie fünf Minuten lang einwirken. Danach gießen wir die Farbe ab und spülen mit destilliertem Wasser kräftig nach. Wir lassen die Ausstriche lufttrocknen, bringen dann Caedax auf saubere Objektträger und legen die Deckgläser mit der Schichtseite nach unten in den Caedax ein.

Die mikroskopische Untersuchung zeigt uns die Bakterien scharf blau bzw. rot gefärbt.

90. Anwendung der Ölimmersion. Die Betrachtung der gefärbten Bakterien gibt uns die erwünschte Gelegenheit, das Arbeiten mit der Ölimmersion kennen zu lernen. Im Gegensatz zu den gewöhnlichen Trockenobjektiven wird beim Immersionsobjektiv der Raum zwischen Deckglas und Frontlinse des Objektivs mit einer Flüssigkeit ausgefüllt. Dadurch wird das hohe Auflösungsvermögen dieser besonderen Objektive ausgenützt. Stärkste Vergrößerungen und — was viel wichtiger ist — höchstmögliche Auflösung können nur mit Hilfe von Immersionsobjektiven erreicht werden.

Man verwendet hauptsächlich Ölimmersionen, bei denen als Immersionsflüssigkeit ein Öl bestimmter Lichtbrechung gebraucht wird. Eine gute Ölimmersion hat eine numerische Apertur von 1,3; das heißt, daß wir mit ihr bis zu 1300 fache Vergrößerungen anwenden können, ohne den Bereich der förderlichen Vergrößerung zu überschreiten. Noch stärkere Vergrößerungen anzuwenden, ist aber auch mit einer Ölimmersion in den meisten Fällen unsinnig (vgl. S. 11).

Viele Anfänger machen den Fehler, die Ölimmersion ohne Immersionsöl anzuwenden. Man erhält ein viel schlechteres Bild als mit einem Trokkenobjektiv.

Starke Objektive, wie sie in den meisten Ölimmersionen vorliegen, liefern lichtschwache Bilder. Wir sollten deshalb nicht mit Tageslicht, sondern mit einer künstlichen Lichtquelle arbeiten.

Wer mit der Ölimmersion umzugehen versteht, kann die feinsten Strukturen, die das Mikroskop überhaupt zu erschließen vermag, untersuchen. Als Immersionsöl verwenden wir eingedicktes Zedernöl mit dem Brechungsexponenten nD = 1,515 oder ein gutes synthetisches Immersionsöl einer anerkannten Firma.

Um die Ölimmersion zu benützen, stellen wir zuerst eine geeignete Stelle im Präparat mit einem schwächeren Trockenobjektiv ein. Der Tubus wird dann hochgeschraubt, auf das Deckglas geben wir über der zu untersuchenden Präparatstelle mit einem Glasstab einen Tropfen Immersionsöl. Nun senken wir den Tubus mit der Ölimmersion ganz langsam, wobei wir von der Seite her auf das Objektiv schauen. Erst wenn die Frontlinse das Öl berührt, sehen wir in das Mikroskop und stellen vorsichtig das Bild scharf ein. Nach Möglichkeit sollte die Scharfeinstellung nur mit der Mikrometerschraube vorgenommen werden, da ein Aufstoßen der Frontlinse auf das Deckglas unbedingt zu vermeiden ist. Das Präparat verschieben wir — ist die Ölimmersion einmal eingestellt — nur noch um winzige Beträge, damit das Deckglas nicht gar zu sehr mit Öl beschmiert wird.

Der Arbeitsabstand der Immersionsobjekte ist

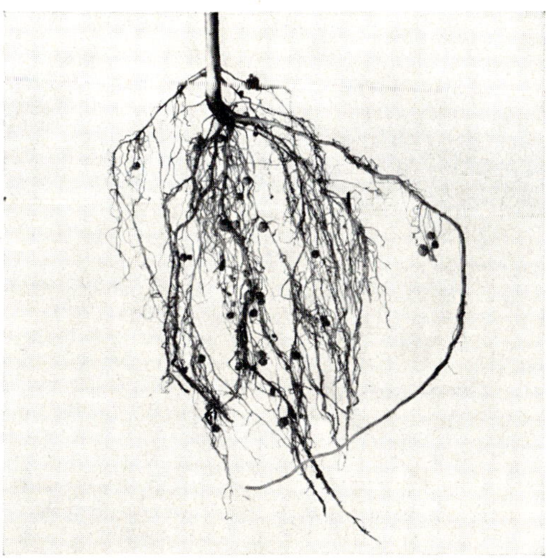

Abb. 109. Wurzel einer Bohnenpflanze mit Wurzelknöllchen. Kosmos-Foto, P. G. Deker

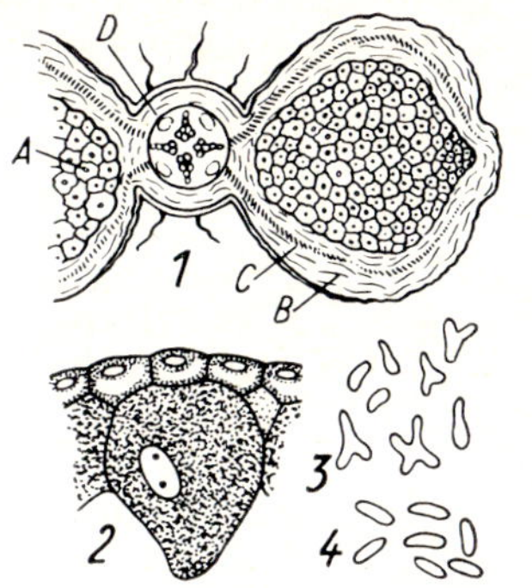

Abb. 110. Bakterienknöllchen einer Wurzel von *Vicia faba* (Saubohne)
1 Junge Knöllchen, A Großzelliges, mit Bakterien angefülltes Gewebe, B Knöllchenrinde mit den darin verlaufenden Tracheidenzügen C, D Wurzel.
2 Eine mit Tausenden von Bakterien erfüllte Zelle des Knöllchens mit benachbarten, nicht infizierten Zellen (oben).
3 Formen von „Bakterioiden" und 4 unveränderte Bakterien (*Rhizobium radicicola*) nach Noll, gez. von H. Lauffer

sehr klein. Verwendet man zu dicke Deckgläser, so kann es vorkommen, daß die Deckglasdicke größer ist als der Arbeitsabstand. Ein derartiges Präparat kann dann mit der Ölimmersion nicht untersucht werden. Wir machen es uns deshalb zur Regel, Präparate, die zur Betrachtung mit der Ölimmersion bestimmt sind, nur mit ausgesucht dünnen Deckgläsern zu versehen. Leider sind die im Handel erhältlichen Deckgläser sehr unterschiedlich: In ein und derselben Schachtel können wir Deckgläser verschiedenster Dicke finden, aus denen wir die dünneren dann auslesen müssen.

Ist die Untersuchung beendet, so wird der Tubus hochgeschraubt und das an der Frontlinse haftende Öl mit einem tadellos sauberen Leinenläppchen abgewischt. Mit einer anderen Stelle des Läppchens, die mit wenig Benzin befeuchtet wird, entfernen wir die Reste des Immersionsöles von der Frontlinse. Zuletzt wird mit trockenem Lappen nachgewischt und mit einer Lupe kontrolliert, ob die Frontlinse wirklich einwandfrei sauber ist. Etwa noch vorhandene Schmierspuren des Öls werden mit benzinbefeuchtetem Lappen entfernt. Beim Reinigen darf kein Druck auf die Linse ausgeübt werden. Xylol darf unter keinen Umständen zum Reinigen der Ölimmersion verwendet werden, da es den Linsenkitt angreift.

Das mit Immersionsöl beschmierte Deckglas können wir mit Xylol reinigen. Besser ist aber auch hier Benzin.

Das Immersionsöl verwahren wir am besten in einem der hierfür konstruierten, dicht schließenden Immersionsfläschchen.

91. Knöllchenbakterien. Wenn wir einen Schmetterlingsblütler, etwa eine Bohnenpflanze, aus dem Boden heben, so fallen schon bei oberflächlicher Untersuchung zahlreiche kugelige, eiförmige oder verzweigte Knöllchen auf, die je nach ihrem Alter stecknadelkopf- bis bohnengroß sind. Ein solches Wurzelknöllchen halbieren wir mit dem Skalpell, schaben von der Schnittfläche etwas Gewebe in einen Tropfen Wasser, verrühren gut und streichen auf einem sauberen Deckglas dünn aus. Den lufttrockenen Ausstrich behandeln wir nach **89**, gefärbt wird mit Methylenblau nach *Löffler*.

Wir finden unregelmäßig geformte Gebilde (Abb. 110) — Bakterien, die im Innern der Wurzelknöllchen leben. Diese Bakterien — es handelt sich um *Rhizobium radicicola* — leben mit der Pflanze in Symbiose. Sie vermögen den Stickstoff der Luft zu binden und führen einen Teil des assimilierten Stickstoffes der Wirtspflanze zu, die also aus diesem Zusammenleben mit einem Bakterium große Vorteile zieht. Man kann Schmetterlingsblütler deswegen auch auf stickstoffarmem Boden kultivieren. In neuerer Zeit versucht man sogar, durch künstliche Beimpfung des Bodens mit Reinkulturen dieser Bakterien die Entstehung solcher Symbiosen zu fördern.

In ganz jungen Knöllchen finden wir die Bakterien noch als schlanke Stäbchen. Erst in älteren Stadien verändern sie ihre Gestalt und werden dabei auch größer. Zuletzt werden die Bakterien von ihren Wirtspflanzen verdaut. Auch in Alkohol konservierte Knöllchen können verwendet werden.

92. Schwefelbakterien (*Beggiatoa*). In Abzugskanälen und in morastigen Gewässern aller Art finden wir oft schon mit bloßem Auge sichtbare, weiße, schleierartige Überzüge und Besätze. Die Gewässer riechen oft nach Schwefelwasserstoff, und die Überzüge bestehen in vielen Fällen aus Schwefelbakterien.

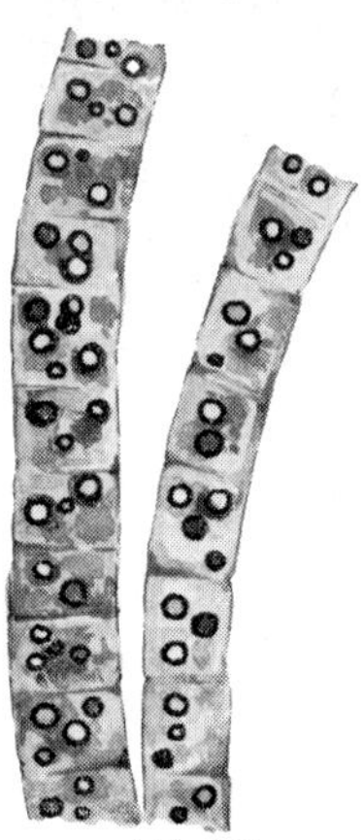

Abb. 111. Schwefelbakterien

Am Fundort füllen wir ein Einmachglas etwa zu einem Drittel mit dem faulenden Schlamm, füllen mit Wasser der gleichen Fundstelle nach und bringen mit einem Blechlöffel Fetzen der weißen Haut in das Glas. Zuhause wird das Gefäß an einem nicht zu hellen Standort aufbewahrt.

Auf den Objektträger bringen wir einen Tropfen des Wassers aus dem Aufbewahrungsgefäß, bringen etwas von dem weißen Belag in den Tropfen und legen ein Deckglas auf.

Mit schwacher Vergrößerung sehen wir allerlei Mikroorganismen des faulenden Wassers herumwimmeln: Massenhaft Infusorien, Fadenwürmer, Algen. Dazwischen fallen farblose lange Fäden auf, die mehr oder weniger zahlreiche, schwarz umrandete Kugeln enthalten. Die Kugeln bestehen aus Schwefel. Die stärkere Vergrößerung gibt genaueren Aufschluß über den Bau dieser Fadenbakterien (Abb. 111).

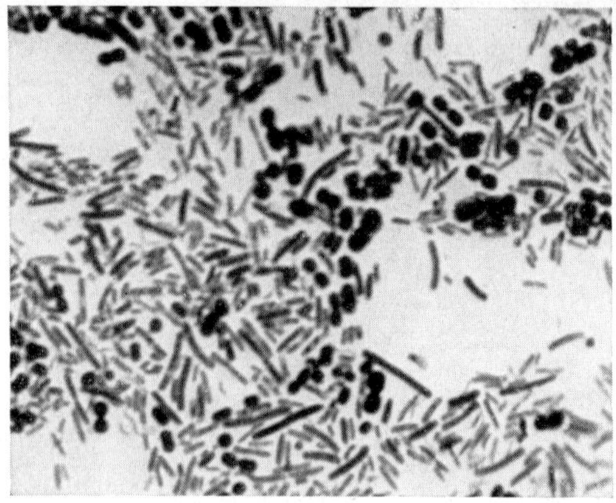

Abb. 112. Bakterien der Kahmhaut. Ölimmersion 100×, Okular 10×. Aufnahme M. P. Kage

Zur Herstellung eines Dauerpräparates lassen wir einen reichlich bakterienhaltigen Wassertropfen auf einem Deckglas lufttrocknen. Nach Hitzefixierung wird mit Karbolfuchsin gefärbt (s. **89**).

93. Färbung der Bacillensporen. Wenn wir die Kahmhaut eines älteren Heuaufgusses untersuchen, so fallen uns viele bewegliche, schlanke Stäbchen auf. Es handelt sich größtenteil um *Bacillus subtilis*, den Heubacillus. Mit Hilfe der Ölimmersion können wir am Lebendpräparat in einzelnen Zellen rundliche, stark lichtbrechende Körperchen beobachten: Sporen, also Dauerformen der Bacillen. Diese Sporen werden unter ungünstigen Verhältnissen (Mangel an Nahrungsstoffen, Sauerstoffmangel u. ä.) im Innern der Zellen gebildet, wobei ein erheblicher Teil des Plasmas verbraucht wird. Wenn die Zellen zerfallen, werden die Sporen frei. Da die Sporen außerordentlich widerstandsfähig sind (sie können ohne weiteres austrocknen und viele vertragen ohne Schaden sogar Siedehitze), können die Bacillen in dieser Dauerform ungünstige Zeiten überstehen. Aus den Sporen keimen dann wieder die uns bekannten Stäbchen.

Sehr schöne große Sporen finden wir beim Buttersäurebacillus, den wir durch eine ganz einfache Kultur gewinnen:

Eine ungewaschene Kartoffel, der noch möglichst viele Bodenteilchen anhaften sollen, wird mit einem Messer an mehreren Stellen tief angestochen. Die Kartoffel legen wir so in ein Einmachglas mit Wasser, daß eine recht hohe Wasserschicht über ihr steht. Der Buttersäurebacillus, den wir in der Kartoffel züchten wollen, gehört nämlich zu den Bakterien, die keinen Luftsauerstoff vertragen. Er ist, wie man sagt, „anaerob“. Die Wasserschicht über der Kartoffel soll den Luftsauerstoff fernhalten. Nach ein bis drei Wochen finden wir im Innern der Kartoffel einen stinkenden, rahmartigen Brei, in dem sich Gasblasen bilden, die die Kartoffel an die Oberfläche treiben. Entnehmen wir dem Brei etwas Material und verreiben es in einem Tröpfchen Wasser, so werden wir sehr wahrscheinlich massenhaft verhältnismäßig große Stäbchen finden, die im Innern eine mittelständige Spore enthalten.

Zur Färbung der Bacillensporen können wir die allgemein gebräuchlichen Bakterienfärbungen nicht verwenden, da die Sporenmembran erst nach besonderer Vorbehandlung die Farbstoffe durchläßt. Wir verfahren nach *Möller*:

Den getrockneten Deckglasausstrich fixieren wir gut, indem wir ihn mehrfach durch die Flamme ziehen. Das Deckglas legen wir dann 2—10 Minuten lang in eine 5%ige Chromsäurelösung. Die Chromsäure wird mit Wasser kurz abgespült und der Ausstrich ganz mit Karbolfuchsin bedeckt. Nun fassen wir das Deckglas mit der Pinzette und halten es über eine kleine Flamme. Sowie von der Karbolfuchsinlösung Dämpfe aufsteigen, entfernen wir das Deckglas aus der Nähe der Flamme und halten es eine Minute lang so, daß die Lösung zwar heiß bleibt, aber nicht zum Sieden kommt. Die Farblösung wird dann mit Wasser abgespült, das Deckglas wenige Sekunden in 5%ige Schwefelsäure getaucht und sogleich wieder mit Wasser gespült. Die Behandlung mit Schwefelsäure ist der schwierigste Arbeitsgang: Die Schwefelsäure entfärbt die Bakterien wieder. Da die Sporen den Farbstoff aber zäher festhalten als der übrige Bakterienkörper, müssen wir den Zeitpunkt erwischen, zu dem nur noch die Sporen gefärbt sind und den Entfärbungsprozeß durch Abwaschen in Wasser unterbrechen. Bleiben die Ausstriche nur ein bißchen zu lange in der Schwefelsäure, so werden auch die Sporen entfärbt. Nach dem Abspülen der Schwefelsäure färben wir einige Minuten mit Löfflerschem Methylenblau in gewöhnlicher Weise, spülen mit Wasser ab und lassen lufttrocknen. Die trockenen Ausstriche werden in Caedax eingeschlossen. Gelungene Präparate zeigen die Sporen rot, die Bakterienkörper blau.

I. Mikrophotographieren

Wer gute Mikroaufnahmen herstellen will, muß sich über die optischen Grundlagen des Mikroskops und der Kamera völlig im klaren sein. Vor allem erfordert die Mikrophotographie gute Beherrschung der Beleuchtungstechnik. Wirklich einwandfreie Mikrophotographien bekommt man nur sehr selten zu sehen, und für wissenschaftliche Zwecke ist in den meisten Fällen die Zeichnung der Mikroaufnahme vorzuziehen. Es wird jedoch manchem Mikroskopiker Freude machen, seltene Präparate und Objekte, die sich nur mit Mühe zum Dauerpräparat verarbeiten lassen, im Bild festzuhalten.

Die nachstehenden kurzen Angaben können nur der allerersten Einführung dienen. Wer sich eingehend mit der Mikrophotographie beschäftigen will, muß sich an die Fachliteratur halten. Wir weisen besonders auf ein Buch hin, das bei der Franckh'schen Verlagshandlung, Stuttgart, erschienen ist: *Bode*, Mikrophotographie für Jedermann.

94. Die Beleuchtung. Mikroaufnahmen für höchste Ansprüche lassen sich nur herstellen, wenn das sog. *Köhler*sche Beleuchtungsprinzip angewendet wird. Die Köhler'sche Beleuchtung ist auch für subjektive Beobachtungen sehr zu empfehlen. Leider brauchen wir aber dafür eine der nicht billigen Niedervoltmikroskopierleuchten mit Kollektor und Leuchtfeldblende. Für bescheidene Ansprüche genügt auch eine andere sehr starke Lichtquelle, etwa ein Projektionsapparat oder dergleichen. Wichtig ist aber, daß dann wenigstens die auf S. 16 angegebenen Beleuchtungsvorschriften genau eingehalten werden.

Um ein gleichmäßig ausgeleuchtetes Gesichtsfeld zu erhalten, schalten wir — wenn eine Niedervoltleuchte nicht zur Verfügung steht — unbedingt eine Mattscheibe in den Strahlengang zwischen Leuchte und Mikroskop ein. Zum Einstellen der Beleuchtung wird die Mattscheibe entfernt. Tageslicht kommt für die Mikrophotographie nicht in Frage; selbst die gewöhnlichen kleinen Mikroskopieranlagen mit direktem Netzanschluß sind meistens zu lichtschwach.

95. Apparate zur Mikrophotographie. Die Qualität der Mikroaufnahmen hängt in höherem Maße von der richtigen Beleuchtung ab als von dem verwendeten Aufnahmeapparat. Mit primitivsten Geräten lassen sich hervorragende Aufnahmen herstellen, da man die Optik des Photoapparates zur Mikrophotographie gar nicht braucht. In vielen Fällen wird die Photo-Optik sogar herausgeschraubt.

Für die meisten Kleinbildkameras werden besondere Mikroansätze geliefert, mit deren Hilfe Mikroskop und Kamera miteinander verbunden werden. Die Druckschriften der betreffenden Firmen geben hierüber Auskunft.

Mit die besten Mikrophotographien werden auch heute noch mit einfachen Aufsatzkameras gemacht. [27]) Im einfachsten Fall bestehen sie aus einem trichterförmigen Aufsatz, auf dem oben eine Mattscheibe sitzt, die bei der Aufnahme durch eine Kassette mit Planfilm oder eine Spule mit Rollfilm 6×6 oder 6×9 ersetzt wird. Beim Einstellen erblickt man auf der Mattscheibe das Bild des Objekts und kann dann noch mit der Mikrometerschraube die Scharfeinstellung korrigieren.

Dazu kann man eine besondere Einstell-Lupe zu Hilfe nehmen, mit der das Bild auf der Mattscheibe vergrößert betrachtet wird. Auf der Mattscheibe kontrolliert man dann auch, ob das Bild richtig ausgeleuchtet ist: das Bild soll an allen Stellen die gleiche Lichtintensität zeigen. Dunkle Stellen im Bild geben auf der Photographie häßliche Schatten; Stellen, die heller als ihre Umgebung sind, zeigen sich in der Photographie als störende Überstrahlungen. Bei richtiger Einstellung der Beleuchtung ist die Ausleuchtung des Bildes völlig gleichmäßig.

Ist das Bild scharf eingestellt und gut ausgeleuchtet, wird die Mattscheibe entfernt und das Aufnahmegerät — mit Plan- oder Rollfilm — auf den Trichter gesetzt. Dabei darf natürlich an der Einstellung nichts mehr geändert werden.

Belichtet wird nun entweder durch Ein- und Ausschalten der Beleuchtung oder durch Auslösen des Verschlusses.

Bei allen Mikrokameras, die nicht starr mit dem Mikroskop verbunden sind, müssen während der Belichtung Erschütterungen vermieden werden. Mit einer Reprosäule, an der die Kamera angeschraubt wird, und einem Mikrobalgen, der sie mit dem Mikroskop verbindet, läßt sich dieses Problem lösen.

96. Lichtfilter und Belichtung. Nur in den seltensten Fällen kann man ohne Lichtfilter photographieren. Wir machen uns zur Regel: Ungefärbte Präparate werden mit einem Grünfilter photographiert, gefärbte mit einem Grün- oder Gelbfilter (Gelbfilter nur dann verwenden, wenn der Grünfilter ein zu hartes Bild liefert) [28]).

Die Frage nach der Belichtungszeit ist sehr schwer zu beantworten. Der Belichtungsmesser nützt bei der Mikrophotographie meist nicht viel; man kommt — wenigstens am Anfang — um einige Probebelichtungen nicht herum. Wer mit Platten photographiert, kann die Probebelichtungen einfach gestalten: Vom gleichen Objekt werden bei völlig unveränderter Einstellung mehrere Aufnahmen auf dieselbe Platte gemacht. Bei der ersten Aufnahme wird der Kassettenschieber ganz herausgezogen. Vor der zweiten Aufnahme wird er um ein kleines Stück eingeschoben, so daß ein Streifen der Platte bei der zweiten Aufnahme nicht belichtet wird. Vor der dritten Aufnahme bedeckt man einen weiteren Streifen der Platte usf. Auf diese Weise erhält man ein Bild, auf dem in einzelnen Streifen die Wirkung verschiedener Belichtungszeiten zu erkennen ist. Wenn man für alle Aufnahmen die gleiche Belichtungszeit gewählt hat (z. B. 3 sec), so kann man sich leicht ausrechnen, wie lange der Streifen, der die zu photographierenden Strukturen am deutlichsten zeigt, insgesamt belichtet wurde. Wer aus technischen Gründen eine solche stufenweise Probebelichtung nicht durchführen kann, der muß eben drei oder vier Probeaufnahmen bei verschiedenen Belichtungszeiten machen. Dabei ist zu beachten, daß die Belichtungszeiten bei der Mikrophotographie im allgemeinen recht hoch sind. Je nach Lichtquelle, Filtern, Objekt und Vergrößerung wird man Belichtungszeiten zwischen 3 und 50 Sekunden wählen müssen. Kennt man erst einmal seine Apparatur, so kann man auch die Belichtungszeiten besser schätzen, und der Erfahrene wird sich nur mehr selten in der Belichtungsdauer vergreifen.

Als Negativmaterial verwenden wir nicht die hochempfindlichen Filme und Platten, wie sie in der normalen Photographie üblich sind. Da die Belichtungszeiten ohnehin hoch liegen, ist es günstiger, mit dem feiner gekörnten Negativmaterial geringer und mittlerer Empfindlichkeit zu arbeiten.

Einen Nachteil der Mikrophotographie können wir mit keinem Hilfsmittel umgehen: Unsere Mikroaufnahmen werden immer eine außerordentlich geringe Schärfentiefe zeigen. Beim subjektiven Mikroskopieren können wir die geringe Schärfentiefe des mikroskopischen Bildes durch die Bewegung der Mikrometerschraube ausgleichen, bei der Mikrophotographie aber ist dies fast unmöglich.

Farbige Mikroaufnahmen erfordern viel Erfahrung. Zu Farbaufnahmen braucht man besonders gute Objektive, sog. Apochromate, die in Verbindung mit besonderen Okularen (Kompensationsokulare) benützt werden. Auf dieses Spezialgebiet können wir hier ebensowenig eingehen wie auf die Verwendung des Elektronenblitzes in der Mikrophotographie.

[27]) Eine Bauanleitung für ein universell verwendbares Gerät zur Mikrophotographie hat Dr. *Rudolf Lindauer* in MIKROKOSMOS **57**, 88—95, H. 2, 1968, gebracht. Anleitung zum Gebrauch in MIKROKOSMOS **57**, 312—319, H. 10, 1968.

[28]) Ein sehr geeigneter Filter für die Mikrophotographie ist der sog. Zettnow-Filter. Er ist ein Flüssigkeitsfilter folgender Zusammensetzung: Wasser 300 cm^3, Kupfersulfat 35 g, Kaliumbichromat 3,6 g, Schwefelsäure 1 cm^3. Man stellt die Flüssigkeit in einer Filterküvette in den Strahlengang der Mikroskopierleuchte.

K. Übersicht über wichtige Präparationsmethoden

In der nachstehenden Übersicht sind Präparationsmethoden zusammengestellt, mit denen wir in sehr vielen Fällen auskommen werden. Die hier erwähnten Verfahren sind alle an anderen Stellen dieses Buches ausführlich beschrieben. Die für die Mikrotomtechnik erforderlichen Methoden, die im Anhang beschrieben werden, sind hier nicht berücksichtigt.

Pflanzliches Material

Objekt	Fixierung und Nachbehandlung	Färbung	Entwässerung und Einschluß
Algen	Chromessigsäure 15 bis 20 Min. Auswaschen in Wasser s. S. 42	Alizarinviridin-Chromalaun (2 Std. bis 1 Tag). Auswaschen in dest. Wasser s. S. 43	In Glyzerin + Wasser 1 : 6 bis 1 : 10 bringen, eindikken lassen, in Glyzerin oder Glyzeringelatine einschließen s. S. 44
Bakterien	Lufttrockene Ausstriche durch Flamme ziehen, evtl. mit Äther entfetten s. S. 76	Methylenblau nach *Löffler* oder Karbolfuchsin. 5 Min. Spülen mit Wasser s. S. 76	An der Luft trocknen lassen. Einschluß in Caedax.
Schimmelpilze	Chromessigsäure 15 bis 30 Min. Auswaschen in Wasser s. S. 42	Hämatoxylin nach *Heidenhain* oder Direkttiefschwarz s. S. 54 u. 60	Alkoholstufen oder Äthylglykol: Xylol, Caedax
Frische Schnitte durch Organe höherer Pflanzen	Chromessigsäure 15 bis 30 Min. Auswaschen in Wasser s. S. 42	Blätter: Alizarinviridin-Chromalaun 2 Std. oder länger. Verholztes Gewebe: Astrablau-Safranin oder Hämatoxylin-Safranin. Übersichtspräparate: Hämatoxylin nach Delafield oder Direkttiefschwarz s. S. 43 u. 60	Alkoholstufen, Terpineol (Xylol), Caedax. Ungefärbte Schnitte ohne Entwässerung in Glyceringelatine einschließen
Organe höherer Pflanzen	Formessigsprit nach *Dietrich* (Formol-Brennspiritus-Eisessig) 24 Stunden. (Stücke nicht zu groß, reichlich Flüssigkeit nehmen.) Auswaschen in 60%igem Alkohol. Bei Rasiermesserschnitten Schnitte evtl. in Eau de Javelle bleichen s. S. 60 u. 63	Siehe oben	Alkoholstufen, Terpineol (Xylol), Caedax

Tierisches Material

Objekt	Fixierung und Nachbehandlung	Färbung	Entwässerung und Einschluß
Infusorien	*Bresslau*sches Ausstrichverfahren s. S. 49		Lufttrockene Ausstriche in Caedax einschließen
Wasserflöhe Rädertierchen und andere Planktontiere Kleine Tiere und Organe (Totalpräparate)	Formol 1 : 4—1 : 10 (1 Teil 40%iges Formaldehyd mit 4—10 Teilen Leitungs- oder Brunnenwasser verdünnen) Stunden bis Tage. Auswaschen in Leitungswasser. In Alkoholstufen bis zum 70%igen Alkohol führen	Boraxkarmin nach *Grenacher*, Differenzieren in salzsaurem Alkohol, Auswaschen der Säure in 70%igem Alkohol s. S. 47	Alkoholstufen, Methylbenzoat, Caedax oder Alkoholstufen, Euparal
Insekten und Insektenorgane (Chitinpräparate)	Fixiert oder unfixiert in Kalilauge kochen, in angesäuertem Wasser gründlich auswaschen, reines Wasser. (Besser als Kochen in Kalilauge ist längeres Mazerieren in kalter Kalilauge)	—	95%iger Alkohol, Methylbenzoat, Caedax oder überschüssiges Wasser mit Filtrierpapier absaugen, Gelatinol (s. S. 38)
Blut	Ausstriche lufttrocknen lassen, mit *May-Grünwald*-Lösung fixieren und färben (ein Arbeitsgang) s. S. 67		Lufttrockene Ausstriche in Caedax einschließen
Zupfpräparate tierischer Organe	Formol (s. oben) 30 Min. bis Tage. Auswaschen in Leitungswasser	Hämalaun-Eosin s. S. 71	Alkoholstufen oder Äthylglykol, Terpineol (Xylol), Caedax

L. Die Mikrotomtechnik

Um dünnste und völlig gleichmäßige Schnitte herzustellen, benötigen wir ein besonderes Gerät, das Mikrotom. Mit Hilfe dieser „Schneidemaschine" können wir außerdem lückenlose Schnittserien gewinnen, was beim Handschneiden auch bei größter Übung niemals gelingen wird. Natürlich können wir aus einer Schnittserie viel mehr ersehen als aus einzelnen Schnitten; so ist es z. B. möglich, an Hand einer Serie den ganzen inneren Aufbau eines Organs zu rekonstruieren.

Mikrotome sind Präzisionsinstrumente und sind dementsprechend teuer; doch genügt für viele Zwecke ein einfaches Handmikrotom, wie es auf S. 58 beschrieben ist. Es kann aber nicht nachdrücklich genug betont werden, daß jeder Mikroskopiker die Handschneidetechnik gründlich beherrschen sollte, ehe er sich an das Mikrotomschneiden heranwagt. Das für jede Schneidearbeit unerläßliche Fingerspitzengefühl kann man sich nämlich am besten beim Anfertigen von Rasiermesserschnitten erwerben. Überdies reichen — besonders bei Objekten aus dem Pflanzenreich — Handschnitte vielfach sogar für wissenschaftliche Zwecke aus.

Wenn wir irgendein Objekt auf dem Mikrotom schneiden wollen, so müssen wir es zuerst in bestimmter Weise vorbehandeln. Die meisten unserer Objekte — seien sie nun tierischer oder pflanzlicher Herkunft — sind nämlich viel zu weich, als daß wir sie ohne weiteres schneiden könnten. Wir müssen sie daher — nach vorangegangener, sorgfältiger Fixierung — in Paraffin oder Celloidin einbetten, wenn wir es nicht vorziehen, ihnen einfach durch Gefrieren einen geeigneten Härtegrad zu verleihen. Als erstes müssen wir uns also mit der Vorbehandlung der Objekte zum Mikrotomieren vertraut machen.

97. Die Fixierung. Pflanzliche und tierische Gewebe, die aus ihrem natürlichen Zusammenhang herausgelöst werden, verändern sich schon nach kurzer Zeit so stark, daß sie zur mikroskopischen Untersuchung untauglich werden. Diesen Vorgang, den man Autolyse (Selbstauflösung) nennt, müssen wir zu verhindern suchen. Sofort nach der Entnahme aus dem Organismus legen wir deshalb die zu untersuchenden Gewebe in eine Flüssigkeit, die die Zellen abtötet, dabei aber ihre Strukturen möglichst naturgetreu erhält. Aus der großen Zahl der bekannten Fixierungsmittel wählen wir für den Anfang wenige, jahrzehntelang erprobte Lösungen, die uns in fast allen Fällen gute Resultate versprechen.

Bei der Fixierung — wie bei allen folgenden Arbeiten — ist größte Sorgfalt geboten. Nachlässiges Arbeiten führt nur zu Mißerfolgen!

Damit die Fixierungsflüssigkeit von allen Seiten gleichmäßig in das Objekt eindringen kann, legen wir dieses in ein kleineres, mit der betr. Lösung gefülltes Glasgefäß auf etwas Glaswolle. Die Menge der Fixierungslösung sollte mindestens das 50fache Volumen von dem des Objektes betragen.

Je nach Art des Mittels ist die Fixierungsdauer sehr verschieden. Wir müssen darauf achten, daß die Organstückchen ganz durchfixiert sind, dürfen sie aber auch nicht zu lange in der Flüssigkeit liegen lassen. Große Objekte sind viel schwerer zu fixieren und später auch viel mühsamer zu schneiden als kleine. Wir wählen daher nach Möglichkeit Organstückchen von 1/2 cm bis höchstens 1 cm Kantenlänge.

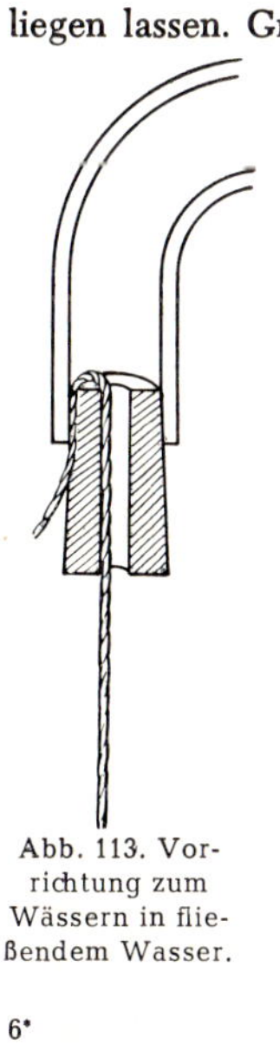

Abb. 113. Vorrichtung zum Wässern in fließendem Wasser.

Eine einfach anzuwendende Fixierungslösung ist das Formol, d. h. die etwa 40%ige Lösung von Formaldehyd in Wasser. Das käufliche Formol verdünnen wir mit Leitungswasser im Verhältnis 1 : 4 und fixieren darin unsere Objekte je nach Größe einen bis mehrere Tage. Danach werden sie in mehrfach gewechseltem 50%igem Alkohol oder in Wasser 2—3 Tage lang gut ausgewaschen.

Ausgezeichnete Ergebnisse gibt das Fixierungsgemisch nach Bouin. Zu seiner Bereitung gießen wir unmittelbar vor Gebrauch 15 cm^3 gesättigte wäßrige Pikrinsäurelösung, 5 cm^3 Formol und 1 cm^3 Eisessig zusammen und fixieren darin sehr kleine Objekte 2 Stunden, größere 1—2 Tage. Nach der Fixierung wird in 3mal gewechseltem 70%igem Alkohol 1—2 Tage lang ausgewaschen. Für Celloidin ungeeignet (siehe Seite 86).

Zur Untersuchung plasmatischer Strukturen eignet sich Kaliumbichromat-Eisessig sehr gut. Kurz vor der Verwendung vereinigen wir 100 cm^3 3%iger Kaliumbichromatlösung mit 5 cm^3 Eisessig und fixieren 24 bis 48 Stunden. Ausgewaschen wird in diesem Falle in Leitungswasser, und zwar am besten in fließendem Wasser, mindestens 12 Stunden lang. Wen das plätschernde Geräusch dauernd fließenden Wassers stört, der kann sich in der in Abb. 113 wiedergegebenen Weise helfen: In den Wasserhahn wird ein durchbohrter Kork gesteckt, an dem eine Schnur bis zum Wasserspiegel herabläuft. Das Wasser fließt dann fast geräuschlos der Schnur entlang.

Die Weiterbehandlung der in Kaliumbichromatlösungen fixierten Organstückchen (siehe unten) muß bis zur Durchtränkung mit Paraffin oder Celloidin im Dunkeln (etwa in einem Schrank) erfolgen, da sich bei starker Belichtung störende Niederschläge bilden.

Trichloressigsäure ist in etwa 7%iger Lösung nicht nur zur Fixierung, sondern auch zur Entkalkung (etwa von Knochen) sehr geeignet. Fixierungsdauer 1—24 Stunden, Auswaschen in öfters zu wechselndem 90%igem Alkohol 1—2 Tage.

Zu den am häufigsten gebrauchten Fixierungsmitteln gehören verschiedene Sublimatgemische. Da Sublimat (Quecksilberchlorid) aber ein schweres Gift ist, erfordert seine Verwendung größte Vorsicht. Sehr schöne Resultate gibt bei richtiger Anwendung Sublimat-Eisessig — ein Gemisch, das vor allem bei embryologischen Untersuchungen angezeigt ist. Wir vereinigen 100 cm^3 gesättigte wäßrige Sublimatlösung mit 5 cm^3 Eisessig und fixieren sehr kleine Objekte 1/2, größere bis zu 24 Stunden.

Die Nachbehandlung sublimatfixierter Objekte ist etwas kompliziert. Wir waschen in 70%igem Alkohol aus und übertragen dann in 80%igen Alkohol, dem wir soviel Jodjodkalilösung (Lugolsche Lösung) zugesetzt haben, bis er die Farbe dunklen Tees angenommen hat. Bei der Fixierung in sublimathaltigen Flüssigkeiten bilden sich nämlich sog. Sublimatniederschläge, die bei der mikroskopischen Betrachtung nicht nur stören, sondern geradezu zu Fehlschlüssen führen können. Durch die „Jodierung" werden diese Niederschläge beseitigt.

98 Entwässerung und Paraffindurchtränkung. Bevor wir die Organstückchen in Paraffin oder Celloidin einbetten können, müssen sie völlig entwässert werden. Dazu ersetzen wir das in den Geweben enthaltene Wasser durch Alkohol. Würden wir unsere Objekte aber gleich in absoluten, d. h. wasserfreien Alkohol übertragen, so wären durch den heftigen Konzentrationsausgleich Wasser — Alkohol Verzerrungen, Schrumpfungen, ja sogar Risse im Gewebe die Folge. Wir müssen also stufenweise entwässern, indem wir das Objekt aus Wasser in 30—50—70—80—95%igen Alkohol überführen. Die niedrigen Stufen (bis 70%) sollen dabei mindestens 4 Stunden, die höheren mindestens 12 Stunden einwirken. Auch hier ist die Zeitdauer natürlich vom Umfang des Objekts abhängig. Bei Verwendung eines Fixierungsmittels, das in Alkohol ausgewaschen wird, setzt die Entwässerung schon mit dem Auswaschen ein. Wir fahren dann mit der nächsthöheren Alkoholstufe fort.

Anstatt in Alkoholstufen kann man auch stufenlos mit reinem Äthylglykol entwässern. Aus Äthylglykol wird dann gleich in abs. Isopropylalkohol übertragen.

Wie die Fixierungsflüssigkeit, so soll auch der Alkohol von allen Seiten an die Organstückchen herantreten können. Wir legen diese daher wiederum auf Glaswolle oder — besser — hängen sie an einem Bindfaden in die obere Schicht des Alkohols. Gute Dienste beim Auswaschen wie beim Entwässern leisten die Fairchildschen Siebeimerchen (s. Abb. 105). Nur müssen beim Entwässern die Korken entfernt und die Eimerchen mit Bindfaden aufgehängt werden. Selbstverständlich müssen alle verwendeten Gefäße verschließbar sein, oder doch mit einer Glasplatte abgedeckt werden.

Aus dem 96%igen Alkohol übertragen wir die Objekte in den absoluten Alkohol. Absoluter Äthylalkohol ist aber stark hygroskopisch (wasseranziehend), so daß er nur schwer ganz wasserfrei zu halten ist. Wir nehmen deshalb lieber absoluten Isopropylalkohol, der auch sonst gegenüber dem Äthylalkohol mancherlei Vorteile bietet.

Der abs. Isopropylalkohol wird 3mal gewechselt; der Gesamtaufenthalt im abs. Alkohol sollte etwa 2—3 Tage dauern.

Da Isopropylalkohol in Paraffin schlecht löslich ist, übertragen wir die Organstückchen nicht unmittelbar aus dem abs. Alkohol in Paraffin, sondern schalten zwischen Alkohol und Paraffin eine Zwischenstufe, ein sog. Intermedium ein. Viele erfahrene Histologen empfehlen als günstiges Intermedium vor allem das Benzol. Der Anfänger wird jedoch mit reinem Terpentinöl bessere Erfahrungen machen als mit leicht flüchtigen Intermedien wie Benzol und Chloroform.

Wir bringen also die Objekte aus dem wasserfreien Alkohol für 12—24 Stunden in Terpentinöl [29]). Bei größeren und schwer zu durchtränkenden Objekten ist es zweckmäßig, auch das Terpentinöl noch ein- bis zweimal zu wechseln.

Der lange Aufenthalt in Isopropylalkohol und Terpentinöl ist nötig, damit die Stücke ganz durchtränkt werden. Leider aber werden die Objekte sowohl in 100%igem Alkohol als auch in Terpentinöl hart und spröde — um so mehr, je länger sie darin verweilen. Wer ganz korrekt arbeiten will und auf gut schneidbare, geschmeidige Blöcke Wert legt, schaltet deshalb zwischen Isopropylalkohol und Terpentinöl noch drei Portionen Methylbenzoat ein. In der ersten Portion bleiben die Objekte, bis sie untergesunken sind (zuerst schwimmen sie an der Oberfläche); sie werden dann in die zweite Portion Methylbenzoat übertragen, in der sie etwa 12 Stunden bleiben (länger schadet nicht), und kommen schließlich für weitere 12 Stunden in die dritte Portion. Methylbenzoat kann noch Wasserspuren aufnehmen. Deshalb genügt hier für mittelgroße Objekte (½ cm Kantenlänge) ein Aufenthalt von 24 Stunden im 100%igen Isopropylalkohol. Da sich Methylbenzoat auch in Paraffin löst, können wir auch den Aufenthalt in Terpentinöl abkürzen: eine halbe bis vier Stunden werden je nach Größe der Stücke genügen — es braucht nur die Hauptmenge an Methylbenzoat ausgewaschen zu werden. Ein Nachteil des Methylbenzoats ist der hohe Preis.

Endlich folgt die Durchtränkung mit Paraffin, bei der das in den Organstückchen enthaltene Terpentinöl möglichst vollständig durch Paraffin verdrängt werden soll. Zu diesem Zweck brauchen wir einen Paraffinofen, d. h. einen heizbaren Kasten, der durch einen automatischen Regler auf einer bestimmten Temperatur gehalten werden kann. Sehr preisgünstig ist der von Kosmos-Lehrmittel, Stuttgart, herausgebrachte kleine Wärmeschrank. Er kann von 20° C bis 100° C eingestellt werden und eignet sich damit sowohl für die Bebrütung von Bakterienkulturen und anderen Mikroorganismen als auch für die Paraffineinbettung. Da das Gerät sehr handlich ist, kann es an die Wand gehängt werden, nimmt also kaum Platz weg — für den Liebhabermikroskopiker, der ohnehin meist nicht genügend Raum für seine Arbeiten hat, ist dies ein wichtiger Vorteil. Wem ein solcher Paraffinofen zu teuer ist, der kann sich mit folgender, von Dr. *H. W. Müller* in „Mikrokosmos" **38**, 140, 1949 beschriebenen Methode behelfen (Abb. 114):

An einem Bunsenstativ wird eine Kohlenfadenlampe angebracht, die in ein Becherglas mit festem

[29]) Reinstes, garantiert wasserfreies Terpentinöl verwenden!

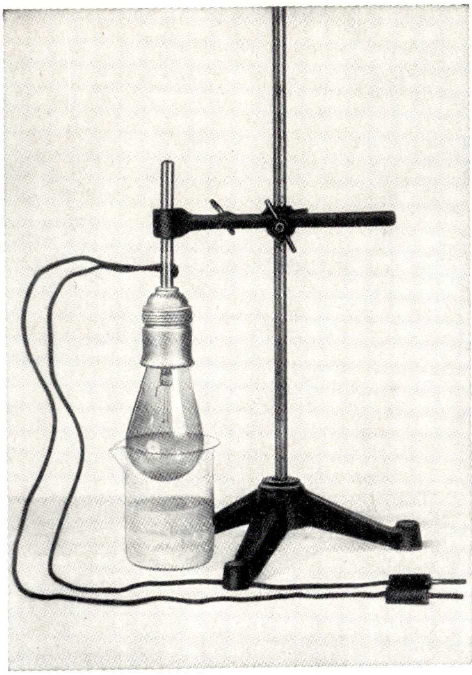

Abb. 114. Paraffindurchtränkung mit Hilfe einer Kohlenfadenlampe (nach Müller aus Mikrokosmos)

Paraffin so eintaucht, daß sie noch 1—3 cm von der Paraffinoberfläche entfernt ist. Durch die Hitze der Kohlenfadenlampe schmilzt das Paraffin 1—2 cm tief ab. Die zu durchtränkenden Objekte liegen nun auf der Grenzzone zwischen festem und flüssigem Paraffin auf und können so unter keinen Umständen überhitzt werden.

Aus dem Terpentinöl übertragen wir in reines, auf etwa 60° erwärmtes Paraffin, das noch einmal gewechselt wird. Der Aufenthalt im flüssigen Paraffin sollte eher etwas zu lang als zu knapp bemessen werden, da das Objekt ja vollständig durchtränkt werden muß. Für mittelgroße Stücke (von etwa ½ cm Kantenlänge) werden 4—8 Stunden genügen, doch schadet auch tagelanger Aufenthalt im heißen Paraffin nicht, wenn vorher sorgfältig genug entwässert wurde.

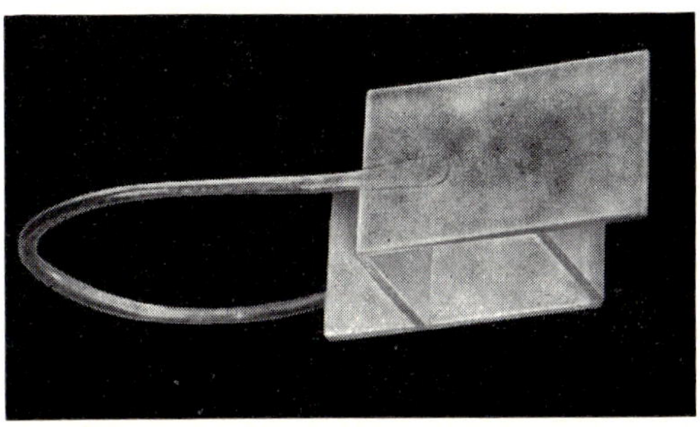

Abb. 115. Einbettrahmen für Paraffin

Die Wahl der richtigen Paraffinsorte ist nicht ganz einfach. Zweckmäßig nehmen wir im Winter Paraffin vom Schmelzpunkt 52° C bis 54° C, im Sommer solches vom Sp. 56—58° C. Das im Handel erhältliche Paraffin ist zur histologischen Verwendung nicht ohne weiteres geeignet. Wir müssen es erst noch in einer flachen Schale (Abdampfschale) erhitzen, bis Dämpfe aufsteigen und es dann durch ein Faltenfilter filtrieren (Glasgeräte aus Jenaer Glas benutzen!) [30]).

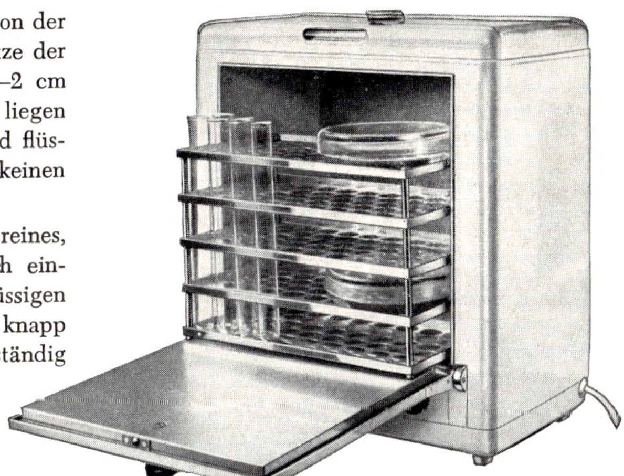

Abb. 116. Kosmos-Wärmeschrank

Manchem mögen all die Arbeitsgänge von der Fixierung bis zur Durchtränkung gar zu langwierig erscheinen. Doch braucht man sich nicht entmutigen zu lassen. Für den geübten Mikroskopiker be-

[30]) Vorsicht! Paraffindämpfe sind feuergefährlich und gesundheitsschädlich.

ansprucht der ganze Vorgang von der Entnahme des Objektes bis zum schnittfertigen Paraffinblock insgesamt nicht viel mehr Arbeitszeit als eine Stunde. Man kann ja alle derartigen Arbeiten „so nebenher laufen lassen".

99. Die Paraffineinbettung. Sind unsere Organstückchen völlig mit Paraffin durchtränkt, so müssen wir sie „einbetten", d. h. mit einem Mantel aus festem Paraffin umgeben. Dazu verwenden wir zweckmäßig ein „Einbettungsrähmchen" aus zwei einander anliegenden Metallwinkeln, die durch eine Klammer zusammengehalten werden. Das Einbettungsrähmchen setzen wir auf eine mit Glycerin bestrichene Glasplatte, gießen ganz reines, noch nicht benütztes Paraffin ein, lassen die Objekte in das Einbettungsrähmchen fallen und „orientieren" sie mit einer heißen Präpariernadel entsprechend der gewünschten späteren Schnittebene. Darauf stellen wir die Glasplatte mit dem Rähmchen in eine Schale, in die wir so lange kaltes Wasser fließen lassen, bis der Wasserspiegel die obere Kante des Einbettungsrahmens erreicht hat. Nach völligem Erstarren des Paraffins wird der „Block" herausgenommen und — falls er nicht sofort geschnitten wird — staubfrei aufbewahrt. Solche Paraffinblöcke können ohne Schaden jahrelang liegen bleiben, während die Objekte beim Aufbewahren in 70%igem bis 80%igem Alkohol oder in Formol mit der Zeit doch leiden und vor allem ihre gute Färbbarkeit einbüßen.

Statt des Einbettrahmens können wir auch ein Glasschälchen verwenden, das wir, ehe Paraffin eingegossen wird, gründlich mit Glycerin ausreiben. Das wieder erstarrte Paraffin läßt sich leicht aus dem Schälchen lösen.

100. Das „Aufblocken" und Zurechtschneiden des Blocks. Vor dem Mikrotomschneiden müssen wir den Paraffinblock zurechtschneiden und auf dem Objekttisch festkleben. Zunächst schneiden wir mit erwärmtem, scharfem Messer so viel Paraffin ab, daß das Objekt allseits noch von einer etwa ½ cm dicken Paraffinschicht umgeben ist. Der Block wird dann auf dem Objekttischchen (bzw. bei Verwendung einer Objektklammer auf einem Holzklötzchen) mit einigen Tropfen heißen Paraffins festgekittet; sitzt er unverschiebbar fest, so schneiden wir von seinen fünf freiliegenden Seiten nochmals so viel Paraffin weg, daß das Objekt gerade noch von einem 1—3 mm dicken Paraffinmantel umkleidet ist. Damit der Block beim Schneiden nicht federt, lassen wir aber der Grundfläche zu etwas mehr Paraffin stehen (Abb. 117).

101. Das Einbetten in Celloidin. Im allgemeinen ist die Paraffineinbettung der Celloidineinbettung vorzuziehen. Celloidinblöcke sind mühevoller herzustellen und schwieriger zu schneiden als Paraffinblöcke, weshalb dem Anfänger geraten sei, sich zuerst in der Paraffintechnik zu üben. Es gibt indessen Fälle, bei denen die Verwendung von Celloidin angezeigt ist, so z. B. bei bindegewebs- und muskelreichen Organen, bei Knochengewebe, Haut, Insekten, ausgewachsenen Pflanzenorganen, die alle bei Paraffineinbettung spröde und schlecht schneidbar werden.

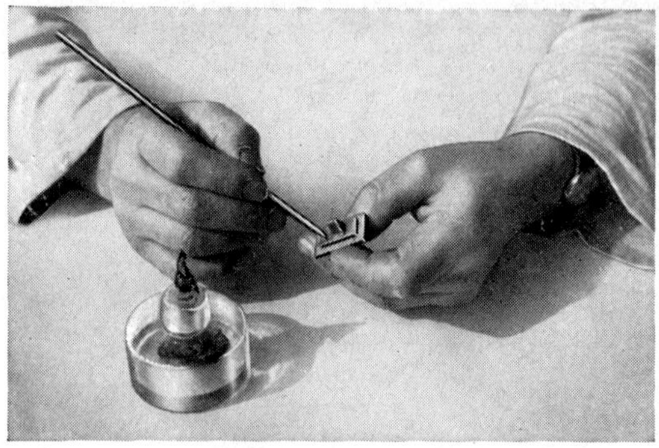

Abb. 117. Zurechtschneiden des Paraffinblocks

Celloidin ist Kollodiumwolle, die in ganz trockenem Zustand explosionsgefährlich ist. Wir verwenden am besten das „Cedukol" der Bayerwerke (Leverkusen), das sofort gelöst werden kann. Cedukol enthält 50% Alkohol, der beim Ansetzen der Lösungen angerechnet werden muß.

Zur Durchtränkung und Einbettung benötigen wir eine 2%ige, eine 4%ige und eine 8%ige Lösung von Celloidin in einem Gemisch gleicher Teile absoluten Äthylalkohols und wasserfreien Äthers. Zur Herstellung der Lösungen übergießen wir in einer gut verschließbaren Flasche Cedukol mit einer entsprechenden Menge von abs. Äthylalkohol und wasserfreiem Äther zu gleichen Teilen.

Vor der Durchtränkung übertragen wir die gut entwässerten Organteile aus abs. Äthylalkohol in ein Gemisch gleicher Teile wasserfreien Äthylalkohols und wasserfreien Äthers. Nach etwa 6 Stunden wird das Alkohol-Äther-Gemisch durch die 2%ige Celloidinlösung ersetzt, in der die Objekte 2 bis 3 Tage lang verweilen. Danach bringen wir sie für je 2—5 Tage in die 4%ige und mindestens ebenso lange in die 8%ige Lösung. Die Ergebnisse werden um so besser, je länger man die Objekte in den einzelnen Celloidinstufen beläßt; denn das Celloidin dringt nur sehr langsam ein. Sind die Objekte hinreichend mit Celloidin durchtränkt, so gießen wir sie mit der 8%igen Lösung in eine Glasschale, die wir in einen mit Schwefelsäure beschickten Exsikkator stellen. Ist hier die Celloidinlösung auf etwa die Hälfte ihres Volumens eingedickt, so bringen wir das Einbettungsgefäß in eine verschließbare Schale, deren Boden mit 70%igem Alkohol bedeckt ist. Sowie sich an der Oberfläche des Celloidins ein Häutchen gebildet hat, was nach einigen Stunden der Fall sein wird, können wir auch in das Einbettungsgefäß selbst 70%igen Alkohol eingießen, wodurch eine Härtung des Celloidins bewirkt wird. Nach 1—2 Tagen können die Objekte umschnitten und vorsichtig herausgehoben werden. Zur „Nachhärtung" werden die Blöcke noch einige Tage in 70%igen Alkohol gelegt, worauf sie zum Schneiden bereit sind.

Zum Aufblocken verwenden wir ein Holzklötzchen, das zuvor 10—15 Minuten in Alkohol-Äther gelegt wird. Den abgetrockneten Celloidinblock kleben wir auf diesem Holzklötzchen mit 8%iger Celloidinlösung fest und legen Klötzchen und Block in 70%igen Alkohol. Nach einigen Stunden ist das zum Aufkleben verwendete Celloidin so weit gehärtet, daß ein Ablösen des Blockes kaum zu befürchten ist. Besser als Holzklötzchen sind Stabilitklötzchen, da der Alkohol aus dem Holz Gerbsäure auszieht, die die Färbbarkeit des Objektes stark beeinträchtigen kann.

Viel einfacher und sicherer wird die Celloidin-Einbettung, wenn man nach dem Vorschlag von *Nultsch* (Mikrokosmos **45**, 112, 1956) Tetrahydrofuran als Lösungsmittel verwendet. Allerdings ist Tetrahydrofuran — auch seine Dämpfe — sehr giftig und feuergefährlich, weshalb folgende Vorsichtsmaßnahmen zu beachten sind: In bewohnten Räumen darf mit Tetrahydrofuran nicht gearbeitet werden. Die Gefäße sollen nur am offenen Fenster oder — wenn vorhanden — unter dem Abzug geöffnet werden. Das Einatmen der Dämpfe ist zu vermeiden, Spritzer auf der Haut sind sofort abzuwaschen. Nur geringe Mengen vorrätig halten und mit geringst-möglichen Mengen arbeiten. Tetrahydrofuran in brauner Flasche lichtgeschützt aufbewahren. Leere Flaschen sofort ausspülen. Vermischung auch kleiner Mengen mit Schwefelsäure kann zu explosionsartigen Reaktionen führen.

Wie bei der normalen Celloidin-Einbettung braucht man auch bei der Tetrahydrofuran-Methode eine 2%ige, 4%ige und eine 8%ige Celloidinlösung.

Nach dem Fixieren und Auswaschen kommen die Objekte in 70%iges Tetrahydrofuran, hierauf in 100%iges Tetrahydrofuran — wir kommen also bei Tetrahydrofuran mit zwei Entwässerungsstufen aus. Die Dauer der Entwässerung hängt natürlich von der Objektgröße ab, doch entwässert Tetrahydrofuran schneller als Alkohol. Man kann übrigens aus Alkoholstufen beliebiger Konzentrationen in 100%iges Tetrahydrofuran übertragen.

Nach *Nultsch* dringen die Tetrahydrofuran-Celloidin-Lösungen so rasch in die Gewebe ein, daß für sehr kleine und weniger dichte Objekte 12—24 Stunden Durchtränkungsdauer in jeder Stufe (2, 4 und 8%) ausreichen. Die Ergebnisse werden aber um so besser, je gründlicher und länger man die Objekte durchtränkt.

Eingedickt wird aus der 8%igen Lösung im Exsikkator über Schwefelsäure wie oben beschrieben. Wir verwenden reine konzentrierte Schwefelsäure, die sich während des Eindickens bräunlich verfärbt, sie soll nur einmal verwendet und danach weggegossen werden. (Beim Arbeiten mit Schwefelsäure ist große Vorsicht geboten. Spritzer vermeiden!) Erfahrungsgemäß genügen 25—50 g konzentrierte Schwefelsäure zum Eindicken von 10 cm³ 8%iger Celloidinlösung. Die 8%ige Celloidinlösung wird bei der Tetrahydrofuran-Methode auf zwei Fünftel ihres ursprünglichen Volumens eingedickt.

Zur Härtung der eingedickten Celloidin-Lösung verwenden wir hier Chloroform. Das Schälchen mit der Celloidinlösung kommt in ein verschließbares Gefäß, dessen Boden mit Chloroform bedeckt ist. Zu Anfang können wir zum Beschleunigen des Härtungsprozesses in viertelstündlichen Abständen ein wenig Chloroform auf die Celloidinlösung auftropfen — aber nur solange, bis die Erstarrung beginnt. Danach lassen wir die Chloroformdämpfe einen Tag oder länger einwirken. Ist das Celloidin völlig erstarrt, wird es zur weiteren Härtung mit flüssigem Chloroform mehrfach überschichtet. Schließlich kommt das Schälchen mit dem erstarrten Celloidin in eine Mischung aus 3 Teilen Chloroform und 10 Teilen 70%igem Alkohol, daraus in reinen 70%igen Alkohol, in dem noch eine Nachhärtung stattfindet. Den Celloidinblock heben wir erst nach der Durchtränkung mit 70%igem Alkohol aus dem Schälchen heraus, nicht etwa schon im Chloroformbad; denn erstens schrumpft das Celloidin im Alkohol ein wenig, weshalb sich der Block dann leichter von den Glaswänden ablösen läßt, zweitens verdunstet Chloroform an der Luft so rasch aus dem Block heraus, daß spröde, harte, kaum schneidbare Stellen entstehen.

102. Das Mikrotom. Mikrotome werden in verschiedenen Konstruktionstypen hergestellt. Welcher Bauart man den Vorzug geben will, ist zum großen Teil Ansichtssache des Einzelnen, und die sehr auseinandergehenden Ansichten der Fachleute beruhen wohl meist auf der Gewöhnung an den einen oder anderen Typ.

Bei den Schlittenmikrotomen läuft der das Messer tragende „Messerschlitten" auf einer waagrechten Bahn, während das Objekt mit dem „Objektschlitten" gewöhnlich durch Verschieben auf schiefer Ebene gehoben wird. Bei manchen Schlittenmikrotomen wird das Objekt im „Objekthalter" mittels einer Schraubenspindel senkrecht gehoben.

Nach diesem Prinzip ist das hier abgebildete, sehr empfehlenswerte Mikrotom HnV der R. Jung A.G., Heidelberg, konstruiert. Es gestattet eine Einstellung der Schnittdicke von 2 zu 2 μ.

Den Schlittenmikrotomen steht das sog. Minotmikrotom gegenüber, bei dem das Objekt am feststehenden Messer vorbeigeführt und nach jedem Schnitt um einen vorher festgestellten Betrag vorgeschoben wird.

Für die Güte unserer Schnitte ist die Beschaffenheit der verwendeten Mikrotommesser entscheidend. Vor allem müssen die Messer stets gut geschliffen sein. Da das richtige Schleifen und Abziehen eines Mikrotommessers ein erhebliches Maß an Geschicklichkeit erfordert, wird der Ungeübte gut daran tun, seine Messer in eigens dazu eingerichteten Werkstätten schleifen zu lassen. Wollen wir unsere Messer selbst schleifen und abziehen, so verfahren wir folgendermaßen:

Auf einem sehr feinkörnigen Schleifstein mit völlig ebener Oberfläche erzeugen wir mit dem „Aufreiber" und Wasser einen dünnen „Schlamm" — wie beim Schleifen des Rasiermessers. Über den Messerrücken stülpen wir eine rinnenförmige Abziehvorrichtung [31]) und ziehen nun das Messer in kreisender Bewegung mit der Schneide nach vorn über den Stein. Dabei achten wir darauf, daß die beiden Seiten der Schneide gleichmäßig abgeschliffen werden. Danach ziehen wir — immer noch mit der Abziehröhre — unser Messer auf dem Streichriemen ab, jetzt natürlich mit dem Rücken voran. Zum Abziehen von Mikrotommessern sind Streichriemen, die sich durchbiegen, völlig unbrauchbar. Wir müssen einen starren, 4seitigen Streichriemen verwenden, wie er auf S. 56 beschrieben ist. Setzen wir das Abziehen allzu lange fort, so wird die Schneide zu fein poliert — zusammengeschobene und verdrückte Schnitte sind dann die Folge. Bei 100facher Vergrößerung soll die Messerschneide eine ganz feine Zähnung zeigen. Manchmal ist es sogar besser, das Mikrotommesser nur auf der groben Seite des Streichriemens abzuziehen.

103. Das Schneiden mit dem Mikrotom. Alle beweglichen Teile des Mikrotoms müssen beim Schneiden mühelos gleiten. Wir achten deshalb darauf, daß das Instrument stets gut geölt ist und daß alle zähen Ölschichten, die oft noch von früherem Gebrauch her anhaften, abgewischt sind.

Paraffinblöcke schneiden wir mit trockenem und gewöhnlich quergestelltem Messer. Niemals darf dicker als 50 μ geschnitten werden, da sonst das Messer leidet und der Block abreißen könnte. Ob wir rasch, langsam oder gar ruckartig schneiden, hängt von der Beschaffenheit des Objektes ab. Hier helfen nur Übung und Erfahrung!

Die Schnitte nehmen wir mit einem feinen Pinsel (Marderhaarpinsel) vom Messer ab. Rollen sie sich beim Schneiden auf, so versuchen wir zunächst, dünner zu schneiden oder jeden einzelnen Schnitt mit einem Pinsel aufzufangen. Nützt das nichts, so bleibt uns nur noch übrig, Raumtemperatur und Schmelzpunkt des Paraffins besser aufeinander abzustimmen. Schieben sich die Schnitte zusammen, so steht meist das Messer gegenüber der Schnittfläche zu flach, splittern sie, so steht es zu steil. Bei Benützung eines verstellbaren Messerhalters kann man die richtige Stellung ausprobieren.

Für den Anfang wollen wir uns mit Einzelschnitten begnügen. Erst wenn wir uns darin geübt haben, gehen wir an das sog. „Bänderschneiden", das die Gewinnung lückenloser Schnittserien zwar sehr erleichtert, aber doch einige Erfahrung erfordert.

Beim Bänderschneiden nehmen wir die einzelnen Schnitte nicht vom Messer, sondern lassen sie ruhig an der Messerschneide haften. Jeder folgende Schnitt verbindet sich dann mit dem vorhergehenden, indem die Ränder beider Schnitte miteinander verschmelzen. Neu hinzukommende Schnitte schieben dann das „Band" um eine entsprechende Strecke auf dem Messer weiter. Auf diese Weise können wir sehr lange Schnittbänder erhalten.

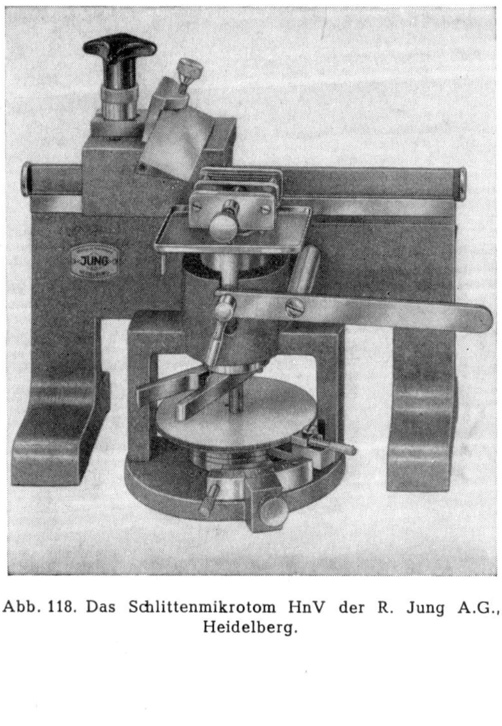

Abb. 118. Das Schlittenmikrotom HnV der R. Jung A.G., Heidelberg.

[31]) Abziehvorrichtungen können von den bekannten Mikrotomfirmen bezogen werden.

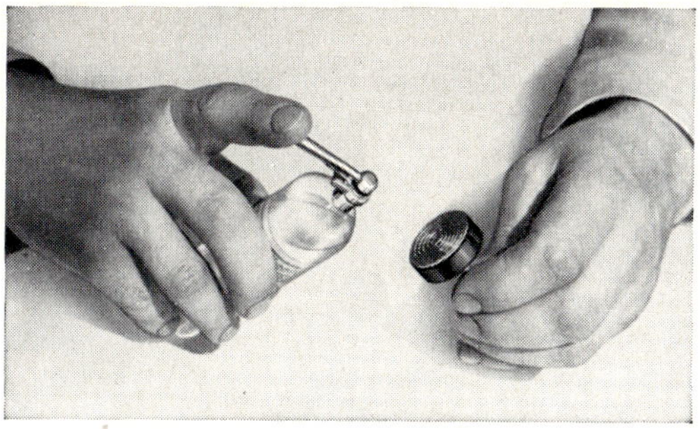

Abb. 119. Gefriertisch für Chloräthyl

Vorbedingung für brauchbare Schnittbänder sind sorgfältiges Einbetten, geeignete Raumtemperatur und geringe Schnittdicke.

Celloidinblöcke schneiden wir nach Möglichkeit mit schräg gestelltem Messer, wobei Block und Messerfläche mit 70%igem Alkohol angefeuchtet werden. Die Schnitte werden in 70%igem Alkohol aufgefangen. Für pflanzliche Objekte, vor allem für ausgewachsene Pflanzenorgane, eignet sich die Celloidinmethode manchmal besser als das Paraffinverfahren, wenn Tetrahydrofuran (s. S. 87) als Lösungsmittel verwendet wird.

Zur Anfertigung von Gefrierschnitten brauchen wir die Organstückchen nicht einzubetten. Wir können sie sogar frisch schneiden; meist ist es aber günstiger, sie vorher in Formol zu fixieren und in Wasser auszuwaschen. Wer kein besonderes Gefrier-Mikrotom besitzt, der kann auf jedes gewöhnliche Mikrotom einen Gefriertisch aufsetzen. Als Gefriermittel dient vielfach Kohlensäure oder Chloräthyl. Gefriertische für Kohlensäure liefern die Herstellerfirmen zu ihren Mikrotomen. Für den Liebhabermikroskopiker, der ja nicht dauernd am Mikrotom arbeitet, genügt meist das Gefrieren mit Chloräthyl: Wir besorgen uns ein auf einer Seite aufgerauhtes Metallwürfelchen, das in die Objektklammer des Mikrotoms paßt. Auf die aufgerauhte Fläche kommt ein angefeuchtetes Stückchen Seidenpapier, darauf das Objekt (kleine Objekte betten wir zuvor in ein Stückchen einer rohen Kartoffel ein). Das Objekt (gegebenenfalls samt dem Kartoffelstückchen) betropfen wir jetzt mit Chloräthyl aus der Spritzflasche (durch vorsichtige Betätigung des Hebelverschlusses können wir statt zu spritzen auch tropfen). Wir überfluten zunächst das Objekt mit Chloräthyl, lassen das Gefriermittel dann verdunsten und tropfen im Abstand von einigen Sekunden jeweils einen oder zwei Tropfen nach — solange, bis das Objekt ganz durchgefroren ist, was man zweckmäßig durch Anschneiden prüft. Damit wir nicht zuviel Chloräthyl verbrauchen, wählen wir die Objekte möglichst klein. Ist das Objekt fest auf der Unterlage angefroren, beginnen wir mit dem Schneiden, wobei wir zwischendurch immer wieder auf die Schnittfläche Chloräthyl tropfen, um ein Auftauen zu verhindern. Zu beachten ist, daß Chloräthyl feuergefährlich ist und narkotisch wirkt. Gefrierschnitte bringen wir in Wasser und behandeln sie dann nach Bedarf weiter. Da man mit der Gefriermethode dünnste Schnitte und Schnittserien kaum erzielen kann, wird man Gefrierschnitte hauptsächlich bei Schnelldiagnosen und Spezialuntersuchungen (z. B. Fett- und Nervengewebe) verwenden.

Pflanzengewebe, vor allem verholzte Organe, werden beim Entwässern und bei der Paraffindurchtränkung oft so hart, daß sie sich auf dem Mikrotom nicht schneiden lassen. In solchen Fällen schneidet man die Paraffinblöcke an einer Seite so an, daß das eingebettete Gewebe freigelegt wird, und legt den Block für einige Tage in eine Mischung aus Glycerin und Wasser (1 : 1 bis 1 : 5). Das Gewebe saugt dann die wäßrige Lösung auf und wird wieder weich. Besser noch wirkt manchmal eine Mischung aus 80%igem Isopropylalkohol (8 Teile) und Glyzerin (2 Teile). Die soldhermaßen „aufgeweichten" Blöcke dürfen dann aber nicht mehr trocknen, sondern müssen stets in der Flüssigkeit aufbewahrt werden.

Für alle hier geschilderten Methoden können wir auch ein Handmikrotom verwenden. Wir dürfen dann aber bei Paraffinblöcken das Messer nicht — wie sonst beim Handmikrotom — durch das Objekt „durchziehen", sondern müssen es ruckartig und senkrecht zum Objekt durchdrücken.

104. Die Weiterbehandlung der Schnitte. Paraffinschnitte sind meist sehr zart. Am besten kleben wir sie daher auf einen Objektträger auf und führen alle folgenden Arbeitsgänge wie Entparaffinieren, Färben usw. mit dem ganzen Objektträger aus [32]). Zum Aufkleben bestreichen wir einen ganz reinen Objektträger hauchdünn mit Eiweißglycerin [33]) und ordnen unsere Paraffinschnitte in der richtigen Reihenfolge darauf an, und zwar so, daß die (glänzende) Unterseite nach unten zu liegen kommt. Nun tropfen wir soviel dest. Wasser auf, daß die Schnitte gerade flottieren und erwärmen den Objektträger auf etwa 45° C. Auch die besten Paraffinschnitte sind nämlich faltig

[32]) Einzelschnitte können auch auf Deckgläser aufgeklebt werden.

[33]) Herstellung: Hühnereiweiß wird zu gleichen Teilen mit Glycerin gut vermischt und durch ein Wattebäuschchen filtriert. Zur Verhinderung der Fäulnis setzt man einige Stückchen Kampfer zu. Das Aufstreichen des Eiweißglycerins erfolgt am besten mit der Fingerkuppe.

Noch besser haften die Schnitte mit Serumglycerin, das gebrauchsfertig zu beziehen ist. Auch dem Serumglycerin setzt man etwas Kampfer zu.

und müssen gestreckt werden. Infolge der Erwärmung — die wir zweckmäßig auf einer Wärmebank vornehmen — breiten sich die Schnitte ganz glatt aus. Keinesfalls darf beim Strecken das Paraffin der Schnitte anschmelzen, da sonst zarte Gewebe zerreißen und schrumpfen würden. Sind alle Schnitte gut geglättet, so lassen wir das überschüssige Wasser ablaufen und stellen den Objektträger zum Trocknen an einem staubfreien Ort auf, am günstigsten in einem auf 40° C erwärmten Trockenschrank. Erst nach vollständigem Trocknen (nach 12 bis 24 Stunden) können wir die Schnitte weiterbehandeln[34].

Damit die Schnitte wirklich fest haften, müssen wir die Eiweißschicht zum Koagulieren bringen. Wir erwärmen deshalb nach dem Trocknen den Objektträger über einer Flamme so lange, bis das Paraffin der Schnitte gerade zu schmelzen beginnt. Da die Schnitte jetzt trocken sind, schadet ein Schmelzen des Paraffins nicht mehr.

Zum Entparaffinieren wird der Objektträger in einen mit Xylol gefüllten Färbezylinder (großes Präparateglas) eingestellt. Nach 2—5 Minuten, wenn das Paraffin völlig gelöst ist, übertragen wir für je 2—5 Minuten in absoluten, 95%igen, 80%igen, 60%igen Alkohol und schließlich in Wasser. Hatten wir das Objekt in einer sublimathaltigen Flüssigkeit fixiert, so müssen wir die Schnitte noch jodieren. Zu diesem Zweck setzen wir dem 80%igen Alkohol einige Tropfen Lugolscher Lösung zu. Da aber Jodspuren für manche Färbungen schädlich sind, müssen wir alles Jod aus den Schnitten wieder entfernen. Wir stellen diese daher aus Wasser für einige Minuten in 0,25%ige Natriumthiosulfatlösung ein und waschen wieder in Wasser aus. Da die stark verdünnte Natriumthiosulfatlösung nicht lange haltbar ist, wird sie jeweils vor Gebrauch aus einer 10%igen Stammlösung frisch bereitet[35].

Celloidinschnitte brauchen wir nicht aufzukleben. Wir übertragen sie aus dem 70%igen Alkohol über 60%igen in Wasser.

Wir können an dieser Stelle keinen Überblick über die zahlreichen heute gebräuchlichen Färbemethoden geben. Eine viel angewandte, ausgezeichnete Färbung für tierische Präparate ist die mit Hämalaun-Eosin, die auf S. 71 beschrieben ist. Für pflanzliche Objekte eignen sich Hämatoxylin- und Direkttiefschwarzfärbungen. Weitere Färbungen beschreibt *Krauter* in seiner „Mikroskopie im Alltag" (Stuttgart 1961).

Nach der Färbung kommen die Schnitte durch die „aufsteigende Alkoholreihe" in abs. Alkohol und Xylol und werden dann in Caedax eingedeckt.

Bei der immerhin komplizierten Technik des Mikrotomschneidens bleiben anfängliche Mißerfolge wohl nie erspart. Ausdauer und vor allem pünktliches Arbeiten sind jedoch die sichersten Voraussetzungen für brauchbare Ergebnisse. Die Befriedigung über eine lückenlose, saubere Schnittserie wiegt alle technischen Schwierigkeiten wieder auf.

[34]) Auch hier eignet sich der Kosmos-Wärmeschrank.

[35]) Durch Verdünnen stärkerer Lösungen können wir in vielen Fällen eine empfindliche Waage ersetzen. Beispiel: Wir brauchen eine 0,1%ige Eosinlösung. 0,1 g lassen sich auch auf einer sehr guten Briefwaage nicht mehr wiegen. Wir können aber 1 g Eosin auf der Briefwaage abwiegen und in 99 ccm destilliertem Wasser lösen. Von dieser 1%igen Lösung entnehmen wir mit der Meßpipette 10 ccm und füllen diese in einem Meßzylinder auf 100 ccm auf. Die hierbei auftretenden Fehler sind so gering, daß sie für die meisten mikroskopischen Arbeiten keine Rolle spielen.

Präparationsbeispiel für Paraffinschnitte*

Fixierung nach Bouin (s. S. 83)	→	Alkohol 70% (3mal wechseln) 2—24 Std. od. länger	→	Alkohol 80% 24 Std.	→	Alkohol 95% 24 Std.
↓ Alkohol 100% (Isopropylalkohol) 3mal 12—24 Std.	→	Terpentinöl (1—2mal wechseln) 12—24 Std.	→	Paraffin 4—24 Std.	→	Schneiden Schnitte aufkleben und trocknen
↓ Xylol 2—5 min	→	Alkohol 100% (Isopropylalkohol) 2—5 min	→	Alkohol 95% 2—5 min	→	Alkohol 80% 2—5 min
↓ Alkohol 60% 2—5 min	→	Destilliertes Wasser	→	Hämalaun 5—10 min	→	Leitungswasser (mehrfach wechseln) 15—20 min
↓ Eosin 0,1% 3—5 min	→	Destilliertes Wasser (Abspülen)	→	Alkohol 60% 2 min	→	Alkohol 80% 2 min
↓ Alkohol 95% 2 min	→	Alkohol 100% (Isopropylalkohol) 5 min	→	Xylol 2—5 min	→	Caedax (Einschluß)

* Die angegebenen Zeiten sind Mindestzeiten, die — mit Ausnahme der Färbezeiten, der Zeiten in 100%igem Alkohol und in Terpentinöl — ohne Schaden überschritten werden können. Zugrunde gelegt wurde eine Objektgröße von 1/2 cm Kantenlänge. Größere Objekte verlangen entsprechend längere Zeiten für die Arbeitsgänge bis zum Schneiden.

Präparationsbeispiel für Celloidinschnitte (Tetrahydrofuranmethode)*

Fixierung Sublimat-Eisessig (s. S. 83)	→	Alkohol 70% (2—5mal wechseln) 12—24 Std.	→	Alkohol 80% (mit Jodzusatz) 24 Std.	→	Tetrahydrofuran (3mal wechseln) 24 Std.
↓ Celloidin 2% mindestens 24 Std., besser länger	→	Celloidin 4% mindestens 24 Std., besser länger	→	Celloidin 8% mindestens 24 Std., besser länger	→	Eindicken über Schwefelsäure auf 2/5
↓ Härten in Chloroformdämpfen 24 Std.	→	Härten in flüssigem Chloroform 12 Std.	→	Härten in Chloroform+70%ig. Alkohol 3 : 10 12 Std.	→	Nachhärten in 70% Alkohol beliebig lange
↓ Aufblocken des Objekts und Schneiden	→	Alkohol 70% 2—5 min	→	Alkohol 70% mit Jodzusatz 5—10 min	→	Alkohol 60% 2—5 min
↓ Destilliertes Wasser 2—5 min	→	Natriumthiosulfat 0,25% 2—5 min	→	Destilliertes Wasser 2—5 min	→	Hämalaun 5—10 min
↓ Leitungswasser (mehrfach wechseln) 15—20 min	→	Eosin 0,1% 3—5 min	→	Destilliertes Wasser (Abspülen)	→	Alkohol 60% 2 min
↓ Alkohol 80% 2 min	→	Alkohol 95% 2 min	→	Alkohol 100% (Isopropylalkohol) 5 min	→	Xylol 2—5 min
↓ Caedax (Einschluß)						

*) Die angegebenen Zeiten sind Mindestzeiten, die — mit Ausnahme der Färbedauer — ohne Schaden überschritten werden können. Zugrunde gelegt wurde eine Objektgröße von 1/2 cm Kantenlänge. Größere Objekte verlangen entsprechend längere Zeiten für die Arbeitsgänge bis zum Schneiden.

M. Wie arbeiten wir weiter?

a. Weiterführende Bücher und Schriften

Wer sich ernsthaft mit der Mikroskopie beschäftigt, fühlt sich zu Anfang oft geradezu erdrückt von der Fülle des Neuen und Rätselhaften. Er vermag die vielen Eindrücke, die auf ihn einstürmen, gar nicht richtig einzuordnen. Allmählich aber lernt der angehende Mikroskopiker, die Welt des Kleinen einigermaßen zu überblicken. Vielleicht wählt er sich ein Spezialgebiet, das seinen Neigungen besonders entspricht, vielleicht will er als echter Liebhaber die Spezialisierung vermeiden. In jedem Fall wird er nach weiterer Anleitung suchen. Wir wollen daher nachstehend einige Bücher kurz besprechen, deren Stoff sich — im engeren oder weiteren Sinne — an die „Mikroskopie für Jedermann" anschließt.

Auch im täglichen Leben wird das Mikroskop in zunehmendem Maße verwendet. Die praktische Untersuchung von Nahrungs- und Genußmitteln, von Bakterien und Pilzen, Schädlingen, Blut, Exkrementen, Parasiten, Textilfasern, Hölzern usw. gehört in den Bereich der angewandten Mikroskopie, die in

Krauter, Mikroskopie im Alltag, Franckh, Stuttgart, 6. Auflage 1968,

dargestellt ist. Dieses Buch wurde bewußt so geschrieben, daß es an die „Mikroskopie für Jedermann" unmittelbar anschließt.

Die mikroskopische Untersuchungstechnik wird in Praktika für den Gebrauch an Hochschulen ausführlich behandelt. Wir nennen:

Braune-Leman-Taubert, Pflanzenanatomisches Praktikum, Gustav Fischer, Jena 1967;

Nultsch-Grahle, Mikroskopisch-Botanisches Praktikum für Anfänger, Georg Thieme Verlag, Stuttgart 1968;

Strasburger-Koernicke, Das kleine botanische Praktikum, Gustav Fischer, Stuttgart 1954.

Wer sich ausführlich über die Untersuchungstechnik vor allem medizinisch wichtiger Mikroorganismen informieren will, findet eine außerordentlich zuverlässige und reich bebilderte Anleitung in

Müller-Melchinger, Methoden der Mikrobiologie, Franckh, Stuttgart 1964.

Die Untersuchung von Pollen (Blütenstaub) fossiler und heute lebender Pflanzen beschreibt

Filzer, Kleines Praktikum der Pollenanalyse, Franckh, Stuttgart, 5. Auflage 1968.

Die Untersuchung tierischer Zellen und Gewebe behandelt:

Burck, Histologische Technik, Georg Thieme Verlag, Stuttgart 1966.

Viele Mikroskopiker haben eine besondere Freude an Infusorien, Geißeltierchen, Amoeben — kurz, an der prächtigen Welt der Einzeller. Sie finden eingehende Anweisungen zur Kultur und Präparation tierischer Einzeller in

Mayer, Kultur und Präparation der Protozoen, Franckh, Stuttgart, 3. Auflage 1966.

Dieses Buch beschreibt ausführlich auch die Präparation parasitischer Protozoen.

Die Untersuchung der Planktonorganismen ist recht ausführlich in dem reich illustrierten Werk

Baumeister, Planktonkunde für Jedermann, Franckh, Stuttgart, 5. Auflage 1966,

dargestellt. Das Buch ist in einen einführenden und einen speziellen Teil gegliedert.

Die unerhörte Formenfülle der Kleinlebewelt des Wassers läßt es nicht zu, all die verschiedenen Organismen in nur einem Buch ausführlich genug zu behandeln.

Der Kosmos-Verlag, Franckh'sche Verlagshandlung, Stuttgart, bringt daher eine Sammlung von Einzelabhandlungen heraus („Einführung in die Kleinlebewelt"), von denen jede eine bestimmte, wichtige Organismengruppe beschreibt. Jeder Band berichtet über die Präparation, die Lebensweise, das Vorkommen und die biologischen Eigentümlichkeiten der jeweils dargestellten Lebewesen. Bestimmungstafeln ermöglichen dem Liebhaber eine genaue Einordnung der gefundenen Formen.

In dieser Reihe sind außer dem schon oben erwähnten Buch von *Mayer* bisher erschienen:

Donner, „Rädertiere (Rotatorien)",
Hustedt, „Kieselalgen (Diatomeen)",
Klotter, „Grünalgen (Chlorophyceen)",
Grospietsch, „Wechseltierchen (Rhizopoden)",
Dittrich, „Bakterien, Hefen, Schimmelpilze",
Meyl, „Fadenwürmer (Nematoden)",
Rieth, „Jochalgen (Konjugaten). Zieralgen und fädige Formen",
Follmann, „Flechten (Lichenes)",
Kiefer, „Ruderfußkrebse (Copepoden)",
Herbst, „Blattfußkrebse (Phyllopoden: Echte Blattfüßer und Wasserflöhe)",
Göke, „Meeresprotozoen (Foraminiferen, Radiolarien, Tintinninen)",
Hirschmann, „Milben (Acari)",
Matthes/Wenzel, „Wimpertiere (Ciliata)".

Ein Band über Urinsekten ist in Arbeit.

Für die Freunde der Photographie wurde das Buch

Bode, Mikrophotographie für Jedermann, 2. Auflage 1965, geschrieben.

Beleuchtungsanordnung, Apparate, Selbstbau, Filter, Dunkelkammerarbeit u. a. werden zuverlässig und ausführlich geschildert.

Eines der reizvollsten und biologisch bedeutsamsten Arbeitsgebiete des Mikroskopikers sind Chromosomenuntersuchungen an Pflanzen und Tieren, Der apparative Aufwand für mikroskopische Untersuchungen an Chromosomen ist bei den meisten Methoden erstaunlich gering — abgesehen davon, daß man natürlich ein gutes Mikroskop braucht. Die weltberühmten Chromosomenforscher Prof. Dr. *Darlington* und Prof. Dr. *La Cour* beschreiben in ihrem Werk

„Methoden der Chromosomen-Untersuchung"
(Franckh, Stuttgart 1963)

alle Verfahren, die für den Studenten und den Amateur, für den Forscher sowie den Praktiker der Tier- und Pflanzenzüchtung wichtig sind.

Daß die Mikroskopiker ihre eigene Zeitschrift haben wollen, versteht sich von selbst. Die Zeitschrift

Mikrokosmos, Franckh, Stuttgart,

erscheint monatlich. Der Mikrokosmos gibt Anfängern Anleitungen zum selbständigen Arbeiten, vermittelt den fortgeschrittenen Mikroskopikern neue Erkenntnisse der Wissenschaft, sucht die Mikroskopie in der Schule zu fördern und veröffentlicht neue Methoden der Mikrotechnik.

b. Reagenzien, Arbeitsgeräte und Glaswaren

Für Mikroskopiker, die in einer größeren Stadt wohnen, ist die Beschaffung von Reagenzien, Glaswaren und Farbstoffen nicht allzu schwierig: Auch wenig gebräuchliche Chemikalien kann man in Apotheken und Drogerien bestellen, Glasgeräte erhält man in Sanitätsgeschäften und Handlungen für Laborbedarf. Allerdings muß man oft recht große Mengen abnehmen, abhängig von der jeweils kleinsten von der Industrie gelieferten Packung.

Damit auch Mikroskopiker an kleinen Orten ihren Bedarf an Glaswaren und Reagenzien mühelos decken können, und damit der Amateur nicht so große Substanzmengen kaufen muß — sie sind für Institute und größere Laboratorien gedacht —, hat die Lehrmittelabteilung des Kosmos-Verlages seit langer Zeit ein Sortiment häufig benötigter Hilfsmittel für den Mikroskopiker geschaffen. Dort bekommt man auch kleine Mengen, und jedermann kann sich seinen Mikroskopierbedarf mit der Post schicken lassen.

Wir können hier leider nicht die ganzen Druckschriften von Kosmos-Lehrmittel über Mikroskopierbedarf wiedergeben — dazu ist das Sortiment viel zu groß. Statt dessen nennen wir bei der nachstehenden Besprechung empfehlenswerter Farbstoffe und Geräte die großen Gruppen oder die Nummer der Druckschrift. Unter Angabe der Nummer oder Gruppe kann sich der Mikroskopiker die ihn interessierenden Druckschriften bzw. Preislisten beim Kosmos-Lehrmittelverlag, Abt. 16, bestellen.

1. Optische Geräte. An erster Stelle steht natürlich das Mikroskop. Wir raten dem Anfänger zu einem guten, mittleren Mikroskop, das voll ausbaufähig ist (Beispiel: Das Kosmos-Mikroskop „Humboldt" oder ein vergleichbares Instrument. Druckschrift N 25-00). Einfacheren Ansprüchen genügen Schülermikroskope mit guter (genormter!) Optik, die allerdings nicht voll auszubauen sind und meist keinen Kondensor besitzen. Untersuchungen an Pflanzengeweben, Algen und Einzellern sind auch mit diesen Mikroskopen möglich und erfolgversprechend (Beispiel: Das Kosmos-Mikroskop „Liebig", Druckschrift N 25-00). Dagegen raten wir von Mikroskopen ab, deren Optik nicht genormt ist, und für deren Qualität kein bekannter Firmenname bürgt.

Zur anatomischen Präparation kleiner Tiere, zur exakten Untersuchung von Blüten usw. ist eine stereoskopische Prismenlupe („Binokular") hervorragend geeignet (Druckschrift N 25-00).

2. Glaswaren. Für den Anfang kommt der Mikroskopiker mit wenigen Glasgeräten aus. Außer einigen Uhrgläschen, Pipetten, Reagenzgläsern, Objektträgern und Deckgläsern sind noch anzuraten:

Erlenmeyerkolben zum Ansetzen von Farblösungen, Kulturflüssigkeiten usw.,

Kochbecher,

Präparategläser 90×30 mm mit Kork zum Aufbewahren fixierter Objekte,

Präparategläser 48 × 28 mm zum Färben und Weiterbehandeln von Schnitten und zum Fixieren kleiner Objekte,

Petrischalen zur Kultur von Bakterien, Schimmelpilzen usw. sowie zur Beobachtung kleiner Tiere,

100-ml-Meßzylinder.

3. Sonstige Hilfsmittel. Ein Dreifuß mit Asbestnetz ist zum Kochen von Farblösungen und anderen Reagenzien im Kochbecher oder Erlenmeyerkolben zweckmäßig. In vielen Fällen arbeitet man nämlich besser und gefahrloser mit dem Kochbecher als mit dem Reagenzglas (vorausgesetzt, daß der Kochbecher auch wirklich aus feuerfestem Glas besteht).

Ein Bunsenbrenner ist bei den meisten Arbeiten angenehmer als eine Spiritusflamme, deren Hitze oftmals nicht ganz ausreicht.

Wer seine Lösungen selbst ansetzen will (was auf die Dauer billiger kommt), kann bei größeren Substanzmengen mit einer Briefwaage arbeiten. Genauer und auch für sehr geringe Substanzmengen verwendbar ist eine Apothekerwaage mit Hornschalen.

Der Amateur-Hydrobiologe braucht vor allem ein Planktonnetz mit Zubehör. Man wähle die Maschenweite lieber etwas größer als zu klein: Die Maschen werden beim Gebrauch durch anhaftende Schmutzteilchen ohnedies enger, und bei zu geringer Maschenweite entsteht vor dem Netz ein

„Stau“, der die Filtrationswirkung des Netzes stark herabsetzt.

4. Färbemittel. Es sei nochmals betont, daß eine nicht mehr zu überblickende Sammlung verschiedenster Farbstoffe eine „Anfängerkrankheit“ ist. Mit Gentianaviolett, Hämatoxylin, Boraxkarmin, Direkttiefschwarz, Astrablau, Safranin und Eosin kann man schon sehr viele färberische Arbeiten ausführen. Dazu käme noch für Mikroskopiker, die speziell Algen färben wollen, das Alizarinviridin-Chromalaun.

5. Arbeitskasten Mikroskopie. Wer seine Geräte und Reagenzien nicht selbst zusammenstellen will, findet in diesem Arbeitskasten das für den Anfang Nötige. Der Arbeitskasten bietet außerdem noch einen großen Vorteil: Man arbeitet nach Arbeitsplänen, die den Gang der Präparation genau vorschreiben, das heißt, die angeben, mit was und mit welchen Zeiten gefärbt und entwässert werden muß. Material zur Herstellung der ersten Präparate liegt dem Arbeitskasten bei. Hersteller: Kosmos-Lehrmittelverlag, Stuttgart.

N. Bücher für den Mikroskopiker

Aichele, D.: Von Samenkorn zu Samenkorn. Franckhsche Verlagshandlung, Stuttgart.

Aichele, D. und *Schwegler, H. W.:* Unsere Moos- und Farnpflanzen. Franckh’sche Verlagshandlung, Stuttgart.

Ammon, R. und *Dirscherl, W.:* Fermente, Hormone, Vitamine. Georg Thieme, Leipzig.

Appelt, H.: Einführung in die mikroskopischen Untersuchungsmethoden. Akadem. Verlagsanstalt Geest und Portig K.G., Leipzig.

Arendt-Doermer: Technik der Experimentalchemie. Quelle & Meyer, Heidelberg.

Bader, R.: Das Schulaquarium. Franckh’sche Verlagshandlung, Stuttgart.

Bässler, U.: Das Stabheuschreckenpraktikum. Franckh’sche Verlagshandlung, Stuttgart.

Bargmann, W.: Histologie und mikroskopische Anatomie des Menschen. Georg Thieme Verlag, Stuttgart.

Bauer, K. F.: Methodik der Gewebezüchtung. S. Hirzel Verlag, Stuttgart.

Baumeister, W.: Planktonkunde für Jedermann. Franckh’sche Verlagshandlung, Stuttgart.

Bergstermann, Mendheim, Scheid: Die parasitischen Würmer des Menschen in Europa. Ferdinand Enke Verlag, Stuttgart.

Biebl, R. und *Germ, H.:* Praktikum der Pflanzenanatomie. Springer-Verlag, Wien.

Bode, Fr.: Mikrophotographie für Jedermann. Franckh’sche Verlagshandlung, Stuttgart.

Brauner-Bukatsch: Das kleine pflanzenphysiologische Praktikum. Verlag G. Fischer, Jena.

Brohmer, P.: Fauna von Deutschland. Verlag Quelle und Meyer, Heidelberg.

Brünner, G.: Aquarienpflanzen. Franckh’sche Verlagshandlung, Stuttgart.

Buchner, P.: Endosymbiose der Tiere mit pflanzlichen Mikroorganismen. Bd. 12 der Reihe der experimentellen Biologie. Birkhäuser, Basel.

Buchner, P.: Tiere als Mikrobenzüchter. Springer-Verlag, Berlin-Göttingen-Heidelberg.

Bukatsch, Fr.: Nahrungsmittelchemie für Jedermann. Franckh’sche Verlagshandlung, Stuttgart.

Burck, H.-C.: Histologische Technik. Georg Thieme Verlag, Stuttgart.

Butler, J. A. V.: Vom Haushalt der Zelle. Vieweg, Braunschweig.

Darlington, C. D. und *La Cour, L. F.:* Methoden der Chromosomen-Untersuchung. Franckh’sche Verlagshandlung, Stuttgart.

v. Denffer-Schumacher-Harder-Firbas: Lehrbuch der Botanik für Hochschulen. G. Fischer, Stuttgart.

Dittrich, H. H.: Bakterien, Hefen, Schimmelpilze. Franckh’sche Verlagshandlung, Stuttgart.

Doflein-Reichenow: Lehrbuch der Protozoenkunde. Verlag Gustav Fischer, Jena.

Donner, J.: Rädertiere (Rotatorien). Franckh’sche Verlagshandlung, Stuttgart.

Ehringhaus, A.: Das Mikroskop. Seine wissenschaftlichen Grundlagen und seine Anwendung. B. G. Teubner, Stuttgart.

Engelhardt, W.: Was lebt in Tümpel, Bach und Weiher? Franckh’sche Verlagshandlung, Stuttgart.

Filzer, P.: Kleines Praktikum der Pollenanalyse. Franckh’sche Verlagshandlung, Stuttgart.

Follmann, G.: Flechten. Franckh’sche Verlagshandlung, Stuttgart.

Freund, H. (Herausgeber): Handbuch der Mikroskopie in der Technik. 8 Bände. Umschau-Verlag, Frankfurt/M.

Freund, H. u. A. Berg (Hrsg.): Geschichte der Mikroskopie. I. Biologie. Umschau-Verlag, Frankfurt.

Gassner, G.: Mikroskopische Untersuchung pflanzlicher Nahrungs- und Genußmittel. Gustav Fischer, Stuttgart.

Geitler: Morphologie der Pflanzen. (Sammlung Göschen.) Walter de Gruyter, Berlin.

Glick, D.: Techniques of Histo- and Cytochemistry. Interscience Publishers Inc. New York 1, N. Y.

Göke, G.: Methoden der Mikropaläontologie. Franckh’sche Verlagshandlung, Stuttgart.

Goldschmidt, R.: Die Lehre von der Vererbung. Springer-Verlag, Berlin-Göttingen-Heidelberg.

Gomori, G.: Microscopic Histochemistry. The University of Chicago Press. 5750 Ellis Avenue, Chicago 37, Ill., USA.

Greguss, Pál: Holzanatomie der europäischen Laubhölzer. Verl. Akadémiai Kiadó, Budapest, 1959, Auslieferung: Kunst u. Wissen, E. Bieber, Stuttgart, Wilhelmstr. 4.

Grell, K. G.: Protozoologie. Springer Verlag, Berlin, Göttingen, Heidelberg.

Grospietsch, Th.: Wechseltierchen (Rhizopoden). Franckh'sche Verlagshandlung, Stuttgart.

Haas, J.: Physiologie der Zelle. Gebr. Bornträger, Berlin.

Habs, H.: Bakteriologisches Taschenbuch. J. A. Barth, Leipzig.

Haitinger, M.: Fluoreszenzmikroskopie. Akademische Verlagsges. Geest und Portig.

Hallmann, L.: Klinische Chemie und Mikroskopie. Georg Thieme Verlag, Stuttgart.

— —: Bakteriologische Nährböden. Georg Thieme Verlag, Stuttgart.

Harms, J. W.: Zoobiologie. Gustav Fischer Verlag, Jena.

Hartmann, B.: Angewandte Textilmikroskopie. Fachbuchverlag GmbH., Leipzig.

Hartmann, M.: Allgemeine Biologie. G. Fischer, Stuttgart.

Hartmann, M.: Die Sexualität. Gustav Fischer, Stuttgart.

Haug, H.: Leitfaden der mikroskopischen Technik. Verlag Georg Thieme, Stuttgart.

Hawke, L. E., Linton, A. H., Folkes, F. B. und *Carlile, M. J.:* Einführung in die Biologie der Mikroorganismen. Georg Thieme Verlag, Stuttgart.

Heberer, G. (Herausgeber): Die Evolution der Organismen. Ergebnisse und Probleme der Abstammungslehre. Gustav Fischer, Stuttgart.

Heidermanns, C.: Grundzüge der Tierphysiologie. Gustav Fischer Verlag, Stuttgart.

Heunert, H. H.: Praxis der Mikrophotographie. Springer-Verlag, Berlin-Göttingen-Heidelberg.

Huber-Pestalozzi: Das Phytoplankton des Süßwassers. Verlag Schweizerbarth, Stuttgart.

Huber-Pestalozzi, G.: Phytoplankton. Band XVI der Reihe „Binnengewässer". E. Schweizerbarth'sche Verlagsbuchhandlung, Stuttgart.

Hustedt, Fr.: Kieselalgen (Diatomeen). Franckh'sche Verlagshandlung, Stuttgart.

Johansen, D. A.: Plant Embryology — Embryogeny of the Spermatophyta. The Chronica Botanica Co. Waltham, Mass. USA.

Kaestner, A.: Lehrbuch der speziellen Zoologie. Gustav Fischer, Jena.

Kalmus, H.: Einfache Experimente mit Insekten. Verlag Birkhäuser, Basel.

Kiefer, Fr.: Ruderfußkrebse (Copepoden), Franckhsche Verlagshandlung, Stuttgart.

Koch, W. und *Heim, G.:* Die Haltung und Zucht von Versuchstieren. Ferd. Enke, Stuttgart.

Klotter, H. E.: Grünalgen (Chlorophyceen). Franckh'sche Verlagshandlung, Stuttgart.

Krauter, D.: Mikroskopie im Alltag. Franckh'sche Verlagshandlung, Stuttgart.

Kühnelt, W.: Bodenbiologie (mit besonderer Berücksichtigung der Tierwelt). Verlag Herold, Wien.

Kükenthal-Matthes: Leitfaden für das zoologische Praktikum. Verlag G. Fischer, Stuttgart.

Küster, E.: Die Pflanzenzelle. Verlag Gustav Fischer, Jena.

Lehnartz, E.: Chemische Physiologie. Springer-Verlag, Berlin und Heidelberg.

Liebmann, H.: Handbuch der Frischwasser- und Abwasserbiologie. Verlag R. Oldenbourg, München.

Lipp, W. (Herausgeber): Histochemische Methoden. Verlag R. Oldenbourg, München.

Loske, Th.: Methoden der Textil-Mikroskopie. Franckh'sche Verlagshandlung, Stuttgart.

Lundegårdh, H.: Pflanzenphysiologie. G. Fischer, Jena.

Mägdefrau, K.: Paläobiologie der Pflanzen. Verlag Gustav Fischer, Jena.

Martini, E.: Lehrbuch der medizinischen Entomologie. Verlag Gustav Fischer, Jena.

Mayer, M.: Kultur und Präparation der Protozoen. Franckh'sche Verlagshandlung, Stuttgart.

Meyer, R.: Mikrobiologisches Praktikum. Wolfenbütteler Verlagsanstalt GmbH., Wolfenbüttel u. Hannover.

Michel, K.: Die Grundlagen der Theorie des Mikroskops. Wissenschaftliche Verlagsanstalt, Stuttgart.

Michel, K.: Grundzüge der Mikrophotographie. Verlag G. Fischer, Jena.

Molisch, H.: Botanische Versuche und Beobachtungen ohne Apparate. Gustav Fischer, Stuttgart.

Molisch-Höfler: Anatomie der Pflanze. Gustav Fischer, Jena.

Mörike, Kl. D. und *Mergenthaler, W.:* Biologie des Menschen, Quelle und Meyer Verlag, Heidelberg.

Müller, H. W.: Pflanzenbiologisches Experimentierbuch. Franckh'sche Verlagshandlung, Stuttgart.

Müller, J. u. H. Melchinger: Methoden der Mikrobiologie. Franckh'sche Verlagshandlung, Stuttgart.

Müntzing, A.: Vererbungslehre, Methoden und Resultate. Gustav Fischer Verlag, Stuttgart.

Patzelt-Raaz: Das Mikroskop und seine Nebenapparate im Dienst der Naturwissenschaften, Medizin und Technik. Verlag Georg Fromme u. Co., Wien.

Prescott, S. C. und *Dunn, C. G.*: Industrielle Mikrobiologie. Dt. Verlag d. Wissenschaften, Berlin.

Pringsheim, E. G.: Algenreinkulturen. Gustav Fischer, Jena.

Reichenow, Ed.: Einzeller, Protozoen, Band I. Sammlung Göschen. Walter de Gruyter, Berlin.

Römpp, H.: Chemie-Lexikon. Franckh'sche Verlagshandlung, Stuttgart.

Rockitzka, A.: Allgemeine Mikrobiologie, C. Hanser, München.

Romeis, B.: Mikroskopische Technik. R. Oldenbourg Verlag, München.

Ruthmann, A.: Methoden der Zellforschung. Franckh'sche Verlagshandlung, Stuttgart.

Ruttner, F.: Grundriß der Limnologie (Hydrobiologie des Süßwassers). Verlag Walter de Gruyter, Berlin.

Rylov, W. M: Das Zooplankton der Binnengewässer. E. Schweizerbarth'sche Verlagshandlung, Stuttgart.

Schaller, F.: Die Unterwelt des Tierreichs. Springer-Verlag, Berlin-Göttingen-Heidelberg.

Schlieper, C.: Praktikum der Zoophysiologie. Gustav Fischer, Stuttgart.

Schömmer, F.: Kryptogamenpraktikum. Praktische Anleitung zur Untersuchung der Sporenpflanzen. Franckh'sche Verlagshandlung, Stuttgart.

Schwartz, W. u. A.: Grundriß der allgemeinen Mikrobiologie. Walter de Gruyter, Berlin.

Schwoerbel, J.: Methoden der Hydrobiologie. Franckh'sche Verlagshandlung, Stuttgart.

Seidel, F.: Entwicklungsphysiologie der Tiere (Sammlung Göschen). Walter de Gruyter, Berlin.

Sitte, P.: Bau und Feinbau der Pflanzenzelle. Gustav Fischer Verlag, Stuttgart.

Smith, G. M. (Herausgeber): Manual of Phycology. The Chronica Botanica Co., Waltham, Mass., USA.

Spannhoff, L.: Einführung in die Praxis der Histochemie. Gustav Fischer Verlag, Jena.

Stehli, G.: Sammeln und Präparieren von Tieren. Neu bearbeitet von *W. Richter, A. Belger* und *Seelzle*. Franckh'sche Verlagshandlung, Stuttgart.

Stehli, G. und *G. Brünner*: Pflanzensammeln — aber richtig. Franckh'sche Verlagshandlung, Stuttgart.

Steiner, G.: Das Zoologische Laboratorium. Schweizerbart'sche Verlagsbuchhandlung, Stuttgart.

Strasburger-Koernicke: Das kleine botanische Praktikum für Anfänger. Gustav Fischer, Stuttgart.

Strugger, S.: Fluoreszenzmikroskopie und Mikrobiologie. M. u. H. Schaper, Hannover.

Strugger, S.: Praktikum der Zell- und Gewebephysiologie der Pflanze. Springer-Verlag, Berlin.

Thienemann, A.: Die Binnengewässer in Natur und Kultur. Springer-Verlag, Berlin.

Tillmanns-Ohnesorge: Praktikum der klinischen, chemischen, mikroskopischen und bakteriologischen Untersuchungsmethoden. Verlag Urban u. Schwarzenberg, Berlin-München.

Tobler, F. und *Tobler-Wolff, G.*: Mikroskopische Untersuchung pflanzlicher Faserstoffe. S. Hirzel Verlag, Leipzig.

Troll, W.: Praktische Einführung in die Pflanzenmorphologie. Gustav Fischer, Jena.

Ullrich, H. und *Arnold, A.*: Lehrbuch der allgemeinen Botanik. Walter de Gruyter, Berlin.

Walter, H.: Die Grundlagen des Pflanzenlebens. Einführung in die allgemeine Botanik für Studierende der Hochschulen. Verlagsbuchhandlung Eugen Ulmer in Stuttgart.

Weber, H.: Botanik. Wissenschaftliche Verlagsgesellschaft m. b. H., Stuttgart.

Wesenberg-Lund, C.: Biologie der Süßwassertiere. Wirbellose Tiere. J. Springer, Wien.

Wickler, W.: Das Züchten von Aquarienfischen. Franckh'sche Verlagshandlung, Stuttgart.

Wickler, W.: Das Meeresaquarium. Franckh'sche Verlagshandlung, Stuttgart.

Wigglesworth, V. B.: Physiologie der Insekten. Birkhäuser Verlag, Basel und Stuttgart.

Wurmbach, H.: Lehrbuch der Zoologie. Bd. I, Allgemeine Zoologie und Ökologie. Gustav Fischer, Stuttgart.
Bd. II, Spezielle Zoologie. Gustav Fischer, Stuttgart.

Sachregister

Eigene Rezepte und Erfahrungen

Eigene Rezepte und Erfahrungen

KOSMOS-Mikroskop Humboldt F

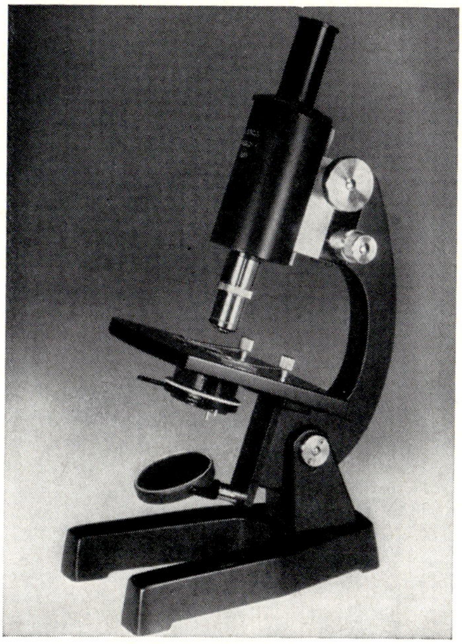

Dieses Gerät ermöglicht bereits in der Grundausrüstung (Objektive 10 : 1 und 63 : 1, Okulare 5- und 10fach) bis zu 630fache Vergrößerung und kann mit weiterer Normoptik bis zu 1300facher Vergrößerung ausgebaut werden.
Die große Auswahl an Normoptik (achromatische Objektive, Huygens- und periskopische Okulare) und Ausbauteilen wie Kondensoren, Ansteckleuchten, Kreuztisch, Opak-Illuminator und Schrägeinblicke machen dieses Mikroskop zum idealen Instrument für den Mikroskopiker. Es findet sowohl in der Biologie und Medizin, wie auch zur Auflichtuntersuchung in Mineralogie und Petrografie Verwendung. Auch für Mikrofotografie geeignet.
Prospekt N 25-00

KOSMOS-Mikroskop Liebig

Das Mikroskop LIEBIG ist ein preiswertes, leicht zu bedienendes Präzisions-Instrument. Vergrößerung 30- bis 240fach (Grundausrüstung), ausbaufähig bis 600fach; Tubus für genormte Optik.

Mechanische Ausstattung

Standfester Fuß, Tubusträger für bequemen Schrägeinblick bis 90° umlegbar, Scharfeinstellung mit Zahn und Trieb, feststehender Objekttisch 95×95 mm mit zwei Objektklammern, Lackierung schwarz hammerschlag, Tubus und Tisch schwarz seidenglanz.

Optische Ausstattung

Mit Irisblende und ausklappbarem Filterhalter unter dem Objekttisch sowie ein Plan- und Hohlspiegel für Beleuchtung mit Tages- und Kunstlicht. Prospekt N 25-00

KOSMOS-Lieder-Mikrodias

(Farbige Original-Aufnahmen)

Farbige Diapositive sind als neuzeitliches Anschauungsmittel aus dem modernen Schulunterricht nicht mehr hinwegzudenken. Die ständig steigende Nachfrage auf diesem Gebiet war der Anlaß zur Schaffung der neuen KOSMOS-Mikrodias und -Diareihen. Es war dabei von vornherein unser Bestreben, ein Höchstmaß an Qualität zu bieten.

- Wir liefern deshalb keine Kopien von einmal gemachten Aufnahmen, sondern fertigen ausschließlich Original-Aufnahmen an.

Die unter diesen Voraussetzungen hergestellten KOSMOS-Mikrodias (Original-Aufnahmen) zeichnen sich aus durch

gestochene Schärfe
ein Höchstmaß an Brillanz und Kontrast
klare und naturgetreue Farbwiedergabe

Jedes von uns gelieferte KOSMOS-Mikrodia ist eine solche Original-Aufnahme.
Prospekt N 23.31 auf Anfrage

Für das Mikrolabor benötigt man Instrumente, Geräte und Glaswaren

Präparierbestecke, Lupen, Glaskolben, Reagenzgläser und Petrischalen, Objektträger und Deckgläser, Präparategläser und Planktonsammelgeräte finden Sie in dem
Prospekt N 19/16

Reagenzien, Einschlußmittel und Farbstoffe

wie Methylbenzoat, Caedax, Glyceringelatine und Gelatinol, Acridinorange, Fast Green, Methylviolett und Rutheniumrot finden Sie in dem
Prospekt N 19/16

Wärmeschrank

Für Paraffineinbettung und zur Bakterienzüchtung

Mit automatischer Temperaturregelung. Stufenlos einstellbar bis +60° C. Mit Übertemperatursicherung und Kontrollthermometer. Rundfunkentstört. Minimaler Stromverbrauch. Das handliche, zuverlässige und vielseitig verwendbare Gerät für biologische und medizinische Laboratorien, für Schulen und Mikroskopiker.
Der KOSMOS-Wärmeschrank liegt mit seinem Temperaturbereich so günstig, daß er sowohl zum Bebrüten von Kulturen (im allgemeinen zwischen 30 und 37° C) als auch zur Paraffindurchtränkung verwendet werden kann.
Der KOSMOS-Wärmeschrank kann aufgestellt oder an die Wand gehängt werden. Er ist mit einem vierstöckigen gelochten Einsatzgestell ausgestattet, das bis 8 Petrischalen oder bis 57 Reagenzgläser aufnehmen kann.
Prospekt N 25-00

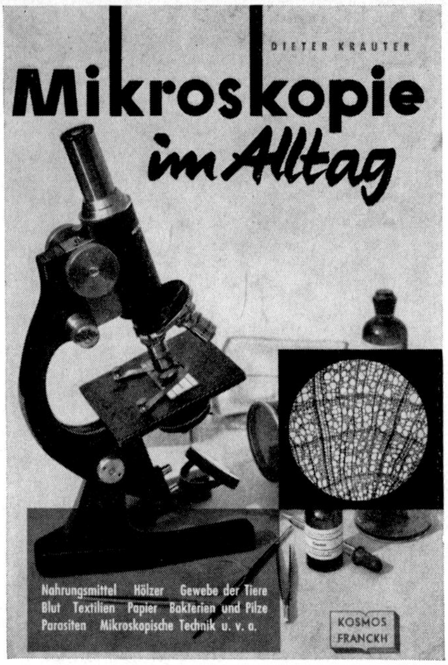

Mikroskopie im Alltag

Dr. Dieter Krauter

Aufbauend auf den Kenntnissen und Fertigkeiten, die Dr. G. Stehli im vorliegenden Buch „Mikroskopie für Jedermann“ lehrt, sind für den Liebhaber-Mikroskopiker, für die Bedürfnisse der Schulmikroskopie und der Fachausbildung in dem Band „Mikroskopie im Alltag“ Untersuchungen ausgewählt an Objekten, die uns im Alltag begegnen, die für jedermann wichtig sind und die der Mikroskopiker leicht beschaffen kann. Im Vordergrund steht die praktische Bedeutung des beschriebenen und abgebildeten Untersuchungsgutes. Ein besonderes Kapitel über die mikroskopische Technik erleichtert es dem Ungeübten, sich in die Methodik einzuarbeiten. Eine Ausklapptafel ermöglicht die Bestimmung von Chemiefasern, die – im Gegensatz zu den natürlichen Textilfasern – der direkten mikroskopischen Untersuchung schwer zugänglich sind. So ist das Buch zugleich eine praktische Vorschule für die Berufsarbeit in den Laboratorien der verschiedenen wissenschaftlichen und technischen Zweige.

7. Auflage, 129 Seiten mit 121 Abbildungen und 1 Ausklapptafel zur Bestimmung von Textilfasern.

MIKROKOSMOS

Zeitschrift für angewandte Mikroskopie, Mikrobiologie, Mikrochemie und mikroskopische Technik. Herausgegeben von Dr. Dieter Krauter.

Die Monatshefte **Mikrokosmos** fördern die Fortbildung in allen Bereichen der mikroskopischen Praxis und Technik. Die Zeitschrift berichtet in Wort und Bild über interessante Beobachtungen und gibt Anleitungen zu aufschlußreichen Untersuchungen auf allen Gebieten der mikroskopischen Arbeit, der allgemeinen Biologie, der Histologie, Bakteriologie und Planktonkunde. Aus der Forschung berichten zahlreiche Originalbeiträge; aus der angewandten Mikroskopie veröffentlicht der **Mikrokosmos** Untersuchungsergebnisse und Erfahrungsberichte. Viele Anregungen zur mikroskopischen Technik werden gebracht, die Anwendung der Geräte und Hilfsmittel, Präparations- und Färbemittel werden beschrieben. Winke fürs Labor befassen sich mit der Laboratoriumsarbeit des Mikroskopikers, des Laboranten, technischen Assistenten und Biologen. Aufsätze zur Einführung in die Mikroskopie wollen das Können und das Verständnis des Anfängers systematisch fördern und der Mikroskopie neue Freunde zuführen. Eine besondere Rubrik „Mikroskopie in der Schule“ gibt den Lehrkräften von Mittel-, Ober- und Berufsschulen in Beiträgen versierter Pädagogen Vorschläge für Beobachtungen und Versuche, die sich im Unterricht oder in Arbeitsgemeinschaften erfolgreich durchführen lassen. Bezieher des **Mikrokosmos** erhalten die vom Kosmos-Verlag herausgegebenen Bücher zu den in den Verlagsankündigungen jeweils in Klammern angegebenen ermäßigten Preisen.

MIKROKOSMOS erscheint monatlich. Jahresbezugspreis DM 36,–. Für Schüler und Studenten jährlich DM 30,–. Einzelheft DM 3,60.

Über die Buchreihen EINFÜHRUNG IN DIE KLEINLEBEWELT, KOSMOS-STUDIENBÜCHER, METHODEN DER WISSENSCHAFT, HANDBÜCHER FÜR DIE PRAKTISCHE NATURWISSENSCHAFTLICHE ARBEIT, ERLEBTE BIOLOGIE unterrichtet Sie eine Sonderschrift, die wir Ihnen auf Wunsch kostenlos zusenden.

Bücher und Zeitschriften aus dem KOSMOS-Verlag erhalten Sie in jeder guten Buchhandlung!

KOSMOS-Verlag · Franckh'sche Verlagshandlung · Stuttgart